赢得输家的游戏
投资者如何长期战胜市场

[美] 查尔斯·D. 埃利斯（Charles D. Ellis）著　刘建位 译

| 原书第 8 版 |

WINNING
THE
LOSER'S GAME

Timeless Strategies
for Successful Investing

Eighth Edition

Charles D. Ellis.Winning the Loser's Game: Timeless Strategies for Successful Investing, Eighth Edition.

ISBN: 978-1-264-25846-8

Copyright © 2021 by McGraw-Hill Education.

All Rights reserved. No part of this publication may be reproduced or transmitted in any form or by any means, electronic or mechanical, including without limitation photocopying, recording, taping, or any database, information or retrieval system, without the prior written permission of the publisher.

This authorized Chinese translation edition is published by China Machine Press in arrangement with McGraw-Hill Education (Singapore) Pte. Ltd. This edition is authorized for sale in the Chinese mainland (excluding Hong Kong SAR, Macao SAR and Taiwan).

Translation Copyright © 2025 by McGraw-Hill Education (Singapore) Pte. Ltd and China Machine Press.

版权所有。未经出版人事先书面许可，对本出版物的任何部分不得以任何方式或途径复制传播，包括但不限于复印、录制、录音，或通过任何数据库、信息或可检索的系统。

此中文简体翻译版本经授权仅限在中国大陆地区（不包括香港、澳门特别行政区及台湾地区）销售。

翻译版权 © 2025 由麦格劳 – 希尔教育（新加坡）有限公司与机械工业出版社所有。

本书封面贴有 McGraw-Hill Education 公司防伪标签，无标签者不得销售。

北京市版权局著作权合同登记　图字 01-2022-1625 号。

图书在版编目（CIP）数据

赢得输家的游戏：投资者如何长期战胜市场：原书第 8 版 /（美）查尔斯·D. 埃利斯（Charles D. Ellis）著；刘建位译. -- 北京：机械工业出版社，2024. 12.
ISBN 978-7-111-77155-5

Ⅰ. F830.593

中国国家版本馆 CIP 数据核字第 2025X3S811 号

机械工业出版社（北京市百万庄大街 22 号　邮政编码 100037）
策划编辑：王　颖　　　　　　　　　　责任编辑：王　颖
责任校对：孙明慧　张慧敏　景　飞　　责任印制：任维东
河北宝昌佳彩印刷有限公司印刷
2025 年 8 月第 1 版第 1 次印刷
170mm×230mm・21 印张・1 插页・257 千字
标准书号：ISBN 978-7-111-77155-5
定价：99.00 元

电话服务　　　　　　　　　　网络服务
客服电话：010-88361066　　　机　工　官　网：www.cmpbook.com
　　　　　010-88379833　　　机　工　官　博：weibo.com/cmp1952
　　　　　010-68326294　　　金　　书　　网：www.golden-book.com
封底无防伪标均为盗版　　　　机工教育服务网：www.cmpedu.com

谨以此书献给琳达·洛瑞茉（Linda Lorimer），我挚爱的妻子和最好的朋友。是你帮助我把这本书写得更好，也让我这一生过得更好，这一生过得对别人更有用，这一生过得更有乐趣。

| 名家推荐 |

最好的投资书是哪一本?答案很简单,就是查尔斯·埃利斯这本经典名著。

——威廉·麦克纳布三世　先锋集团前CEO

写给个人投资者的书数以千计,我认为其中值得阅读的好书只有十来本。在这些好书中,这本书写得最有激情、最清晰易懂。这是一本投资经典名著,讲的都是投资成功的最基本原则,只要好好阅读,好好学习,好好照做,你就能把投资做得更好。

——大卫·史文森　耶鲁大学捐赠基金首席投资官

每个投资者都应该认真阅读的投资书屈指可数,只有那么四五本,本书就是其中之一。查尔斯·埃利斯的这本著作堪称永恒的投资经典,未来50年都值得所有投资人阅读。但是为了你自己的收益着想,还是不要再等了,现在就拿起来读吧。

——塞思·亚历山大　麻省理工投资管理公司总裁

这是一部开创性的著作。书中讲解的投资基本原则堪称金石之言，久经考验，过去几十年的投资实践证明确实有效，提供了宝贵的投资思考框架，对机构投资者和个人投资者都一样适用。这些投资基本原则现在读起来你可能会更有共鸣，因为现在美国政府制定的经济政策很不正常，金融系统持续扭曲。

——古梅辛多·奥里沃思

KAUST 投资管理公司首席执行官兼首席投资官

现在投资人面临的投资环境是最不确定的，也是最困难的。真正的经典永不过时，永远流传，是投资灵感的源泉，是投资操作的指南，适用于任何一个投资情境。本书就是符合以上所有标准的完美投资经典：书中给投资者特别是个人投资者讲解的投资基本原则，如今更是无价之宝。

——路易斯·M. 维埃拉　哈佛商学院教授

做好投资这个事非常难，不管你的投资经验多么老到，做好投资也非常难。特别是对个人投资者来说尤其困难，因为个人投资决策经常会跟自己的人生处境和人生选择纠缠在一起。本书提供了一个强有力的思维框架，清清楚楚地告诉你，如何制订一个计划，让你获得长期投资成功。

——安德烈·皮洛德

HighVista Strategies 公司管理合伙人和首席投资官

对于如何成为一个成功的投资者，没有人比查尔斯·埃利斯想得更明白，讲得更清楚，写得更流畅。这本已更新至第 8 版的投资经典，每个投资人的书架上都应该放一本。

——孔苏埃洛·麦克

知名财经节目主持人兼总编

| 译者序 |

为何大多数人买基金并不赚钱

很多投资者多年投资基金，很用心也很努力，想要选到战胜市场的牛基，可是几年下来一算账，却发现自己大幅跑输市场指数，还不如做定期存款，几年折腾下来，一看平均年收益率还不到 3%，甚至有人赔钱。中国证券投资基金业协会以及国内外多家大型基金公司对基金客户进行了调研，发现很多投资十年以上的基民，其长期实际收益并不乐观。这是为什么呢？

如果你也是一位基金投资者，建议你阅读查尔斯·埃利斯这本书，可以说，这本书是专门写给基金投资者的，它回答了基民最关心的问题，剖析了基金投资收益不佳的原因，提出了一个简单易懂易行的基金投资方法，可以大幅提高基金投资的长期收益率，帮投资者实实在在积攒更多退休养老金。

指数基金长期必胜

如何提高股票基金长期业绩，答案非常简单：指数基金，指数基金，还是指数基金。

买指数基金，就是复制代表整个股票市场的指数，相当于复制整个市场，这样就无须选股，也就不会出现选股的失误，买入后长期持有，不根据市场波动选时调仓，也就不会出现选时的失误，让投资者获得与市场持平的长期业绩。由于基金经理选股选时容易出现失误，美国90%的基金经理过去15年的长期业绩反而跑输市场，也就是说，如果过去15年长期持有指数基金，就能轻松跑赢90%的基金经理。

现实中，大多数基民还会不断更换基金经理，在市场中进进出出，其长期业绩更是远远不如代表市场的指数基金。投资指数基金可以战胜绝大多数基民，成为长期投资的大赢家，为自己积攒更多养老金，让你退休后有更多资本，享有更好的生活水平。

过去一百年，股票市场发生了前所未有的巨大变化，从开始的散户绝对主导，变为了后来的机构绝对主导，以前这个市场是 the winner's game，现在却转变成了 the loser's game。本书所述的一切股票基金投资策略，都建立在这一点上，所以正确理解 the loser's game 对正确理解本书至关重要，有必要在这里先讲讲。

我打了二十多年网球，在这里解释一下 winner 和 loser 这两个词，其实并不是常用的赢家和输家的意思。在网球比赛的英文解说和英文报道中，经常说 hit a winner，这个球手打了一个"赢家"。电视转播比赛技术统计表中都会列出双方球员各有多少个 winner 和 unforced error。一场比赛难道不是只有一个赢家吗？

网球比赛中提到的 hit a winner，其实是指打出一个制胜球。你把球强力打过去，或者角度很刁，对手根本碰不着，你一击制胜，所以此时的得分也称为制胜分（winner）。我称之为制胜赢分，因为是你打得好，从对手身上赢得的分数。

与制胜分（winner）相反的是loser，正式名称为非受迫性失误（unforced error），我称为失误送分，这种得分跟你打得好坏没有关系，是对手失误送给你的分数，是被动得分。

在本书第1章中，西蒙·拉莫博士分别统计并对比了网球比赛中的制胜赢分和失误送分在获胜球手总得分中所占的比例，结果发现可以据此把网球比赛分成完全相反的两大类：

一类网球比赛是the winner's game，即电视中转播的专业网球比赛，获胜球手的得分大部分是制胜赢分，能成为赢家是因为打得更好，从对手身上赢来的分数更多。

另一类网球比赛是the loser's game，即像你我一样的业余爱好者打的比赛，获胜球手的得分大部分是靠对手失误送分，能成为赢家并不是因为打得更好，而是因为对手打得更差，失误送分更多。

为了更好地理解，也符合作者本意，我在某些地方将the winner's game和the loser's game翻译成"制胜赢分定胜负的比赛"和"失误送分定胜负的比赛"，简称"制胜赢分的比赛"和"失误送分的比赛"。

我用了十来年才想明白本书英文书名the loser's game的意思。现在美国股市已经从制胜赢分的比赛，变成失误送分的比赛，其根本原因是，从20世纪20年代到20世纪60年代，美国股市中散户交易量占九成，散户整体几乎就代表市场，基金经理作为投资高手，水平要比散户高得多，可以轻松胜出，这50年的投资比赛就是制胜赢分定胜负的比赛。从20世纪70年代到21世纪20年代，机构交易量超过九成，机构整体几乎代表市场。前50年是少数机构对大多数散户，基金经理做得更好，自然能战胜散户主导的市场。但是现在股市多数情况下是机构对机构、专业对专业，谁也不比谁差，基金经理个人的投资见识很难超过所有基金经理形成的投资共识，也就是整个市场，基金经理个人稍有失误，市场上所有其他基金经理就会利用其失误获利。结果是，基金经理做得非常好，也只是与市场整体业绩差不多，稍有失误就会明显跑输市场。因此，现在最佳的策略是：从以进攻为主转向以防守为主，尽量求稳以减少失误送分，在投资上就是从追求战胜市场转向追踪复制整个市场，主动拥抱代表所有专业投资人共识的市场。不主动选股和选时，失误送分最少，长期坚持，可以稳赢积极选股选时的基金经理。

如果简单总结成一句话，那就是：指数基金长期必胜。

50 年的检验

如果你投资基金的目标是通过长期投资积攒更多养老金，那么投资期会长达 30 年甚至 50 年，跟供房和供子女教育的期限有一比，你要有非常坚定的信心才能执行好你的指数基金投资计划，所以你首先要相信本书的结论，这本书用事实和数据来讲道理，让读者容易看懂也愿意相信。

投资是非常专业的事，大多数基金投资者并不能深入研究投资这件事。你千万不要觉得 the loser's game 非常简单好懂，实际上，就连马尔基尔这位著名投资学教授也在本书的推荐序中说，埃利斯在 1975 年提出的 the loser's game 在投资界的影响力，不亚于亚当·斯密提出的"看不见的手"在经济界的影响力。

我十几年前第一次看到埃利斯讲这个概念就印象深刻。我在投资行业工作了 25 年，先在证券行业工作了 10 年，又在基金行业工作了

15年，而且打网球已经有二十来年，多少有些投资和网球比赛的经验，我越来越相信，股票投资已经变成了失误送分的比赛。

埃利斯1975年提出，投资变成了失误送分的比赛，那么如何赢得这样的比赛呢？他用了五十来年思考这个问题，并在投资实践中不断检验自己提出的方法，事实证明，他在书中所讲的指数基金投资原理和方法非常专业也非常有效，世界上规模最大的专业投资机构和能力最强的专业投资人也都赞同他的说法。指数基金的投资思想也使埃利斯在投资行业获得了巨大的成就。

查尔斯·埃利斯创立了格林威治合伙公司，曾任美国CFA协会的主席，在30多家投资机构担任管理合伙人，业内声望很高。他曾荣获投资专业终身贡献奖，全球只有12个人曾获此殊荣。他出版过17本著作，发表过100多篇关于投资和金融的文章。1975年，他将自己对美国股市的观察和研究成果写成文章"The Loser's Game"，发表于《金融分析杂志》，赢得了专业的格雷厄姆和多德奖。

文章的中心思想可以用一句话概况：基金经理参与的股票投资，已经从制胜赢分定胜负的比赛，转变成失误送分定胜负的比赛。

千万不要小看这篇文章，星星之火确实可以燎原。

转年，约翰·博格创立了先锋集团，推出首个指数基金——先锋标准普尔500股票指数基金，于1976年8月31日募集成功，现在是全球规模最大的指数基金。博格说，埃利斯这篇文章对他向个人投资者推出指数基金有很大启发。他后来邀请埃利斯加入公司董事会。现在先锋集团管理资产规模超过6万亿美元，是全球最大的指数基金公司。

1985年，埃利斯用了十年时间，把这篇文章拓展成一本书，即本书第1版。也是在同一年，大卫·史文森担任耶鲁大学捐赠基金首席投资官。埃利斯后来担任耶鲁大学捐赠基金投资委员会主席，两个人多年合作，把成熟市场指数基金投资与新兴市场主动投资合理结合，助推耶鲁基金成为长期业绩最优秀的机构投资者，基金规模从他1985年接手时的13亿美元，增长到2021年的300多亿美元。

埃利斯在本书中提出的赢得 the loser's game 的长期投资制胜之道，经过专业机构近50年的实践检验，确实证明了指数基金长期必胜。

我过去一直研究巴菲特，也有像巴菲特一样战胜市场的投资成功梦想，没想到巴菲特在1996年致股东的信中说："大部分投资者包括机构投资者和个人投资者早晚会发现，股票投资的最好方法就是购买成本费率很低的指数基金，长期持有，在扣除管理费和其他费用之后你所获得的净投资收益率，肯定能超过绝大多数投资专家。"

我认为，中国的基金投资者如果要学习指数基金投资，这本书是最易懂易学的，全书共有30章，每章其实都是一篇独立的文章，写作文风平实，通俗易懂，结构简明。

我发现，本书主要内容大致可以分成两部分，第一部分讲述指数基金长期必胜的三大理由，即为什么。第二部分讲解个人运用指数基金长期投资的三大步骤，即如何做。

指数基金长期投资必胜的三大理由

为什么指数基金被动投资，长期能够战胜基金经理主动管理的基金？有三个理由。

一是天时，时代变了，市场结构发生了巨大变化（第1章到第3章）。股票市场从散户主导变成机构主导，从制胜赢分定胜负的比赛变成了失误送分定胜负的比赛，要求投资策略随之相应改变，从积极进攻追求战胜市场变成稳健防守追求追平市场。但是美国的基金公司没有变，继续追求战胜市场，继续大量发行主动基金，追求亮丽的短期业绩。基民也没有变，继续根据短期业绩选择基金经理，希望不断更换车道让自己跑得更快，结果却是越努力追求战胜市场，越更大幅度跑输市场。

二是地利，基金经理个人实力与市场对比发生巨大变化（第4章到第7章）。现在美国股市已经高度有效了，尽管理论上有些途径可以战胜市场，但是看得到却做不到。而指数基金可以让投资者长期稳稳得到与上市公司整体价值增长相当的涨幅。在投资决策上，基金经理只是个人，指数基金代表所有专业投资人汇合而成的投资梦之队，拥有绝对的竞争优势。而且指数基金费率比主动基金低得多，省心省力省钱，所以指数基金长期必胜。

三是人和，主动投资与被动投资的风险收益对比发生巨大变化（第8章到第13章）。首先，我们最大的敌人不是别人，而是自己。难以驾驭的非理性情绪会让投资者做出伤害自己的行为。基金经理管理主动基金，需要选股选时，研究门槛高，过程复杂，业绩波动有时会相当大。而指数基金无须选股选时，操作简单易懂，业绩波动幅度小得多，可以让投资者更加安心。因此购买指数基金更能防止投资者因情绪波动而做出不理性的操作。其次，个人投资者追求的是最根本的长期目标：更高的长期收益，积攒更多养老金。而基金经理更趋向于追求年度业绩战胜市场的短期目标。显然，指数基金追求市场长期平均业绩，更符合个人投资养老的目标。

埃利斯比喻得好，短期业绩如同天气变化，长期业绩如同气候变化。尽管有时个别基金经理短期业绩出色，但是从十年以上长期业绩来看，指数基金跑赢了90%的基金经理。指数基金长期必胜。

在现代高度有效的市场里，承担行业板块风险和个股风险，并不一定能给投资者带来超额收益。通过指数基金来投资股票，行业板块和具体个股选择的风险都由于完全复制市场而消除掉了，只须承担不可能消除的市场系统性风险。

对大多数投资者，特别是业余投资者来说，投资组合管理既不是一门艺术，也不是一门科学，而是一个需要解决的工程问题。指数投资大大简化了投资组合构建的复杂性，为投资人提供了可靠又有效的投资方式，帮助投资者达成长期目标。

运用指数基金长期投资的三大步骤

个人投资者运用指数基金建立适合自己长期收益目标的投资组合，可以积攒更多的投资养老金，具体来说可以分成三个步骤。

第一步，决定组合资产配置（第 14 章到第 17 章）。

资产有多种实体形式，个人一生最主要的资产一般是三块：工资收入、家庭住房、证券投资。投资者应该把自己可以积累的所有资产放在一起整体来看，纵览一生，统揽全局，形成投资理财的大局观。

第二步，选择合理的养老投资工具，在美国市场，不适合选择基金经理主动投资，更适合选择指数基金被动投资（第 18 章到第 23 章）。

第三步，做好你的投资比赛计划，并且长期坚持不动摇（第 24 章到第 30 章）。

制定一生的投资理财规划，需要综合考虑自己退休后想要长期保持的消费支出水平，倒推平均每年需要积攒多少资本进行养老投资。这个长期投资策略要比较现实，而且要按照通胀调整后的真实收益率来计算。但这只是理论上的长期收益率，你必须要能够坚定持有 30 年左右，才能拿到较高的平均年化投资收益率。

最后提醒一点，作者书中建议的个人基金投资策略，主要针对美国股市这个高度有效市场，中国股市还是新兴市场，中国读者不宜完全照搬，要认真学习、深刻理解大师所讲的指数基金投资基本原则，充分结合中国股市和个人实际情况，辩证分析，活学活用，实践出真知。最后，送给你六句投资箴言：

失误送分投资比赛，指数基金长期必胜。

追求战胜市场反输，指数复制市场长赢。

To win the loser's game, the best way is index investing.

刘建位

于上海，中国股市诞生的城市——股市初心之地

| 推荐序 |

好的比喻，影响力会非常强大，能够强烈地影响我们如何思考和如何行动，也能够强烈地影响这些行动在真实世界产生的结果。比喻能够驱动人心，也能够驱动市场。举个非常有名的例子，亚当·斯密把市场机制比喻成"看不见的手"，对经济思考有着重大影响力，成了理解自由市场经济至关重要的共同认知基础。

查尔斯·埃利斯创造了一个比喻，在投资界的影响力非常大，与"看不见的手"在经济世界的影响相当。本书第1版是在1985年出版的，不过这个比喻在此十年之前就出现了，最早出现在埃利斯发表的一篇专业文章上。埃利斯以网球比赛为例向我们说明，参加业余网球比赛的选手，经常是他们自己最大的敌人。业余选手之间比赛的赢家，往往并不是放小球最刁钻的人，也不是发球最有力的人，专业比赛是这样的，但业余比赛并不是这样的。最后赢得业余比赛的选手，往往是出现非受迫性失误次数最少的人。因此最好的业余比赛策略，就是简单地把球回过去，等待也是业余选手的对手击球失误。

业余网球比赛的最佳策略，是避免过度努力击球想要战胜对手，与此类似，股票投资的最佳策略，是避免过度努力想要战胜市场。成功的投资者，只是简单地买入并持有一个范围很宽的指数基金，里面几乎包括了市场上所有可以买卖的股票，然后耐心等着市场先生长期跟着经济走，股价水平的长期上涨，最终会反映出经济基本面的长期增长。而投资者主动积极地买入和卖出股票，不仅会发生额外的成本，交更多的税，而且非常可能出现非受迫性失误。

日复一日，年复一年，市场不断发展变化，这本书也不断推出新版，现在有一点也变得越来越清楚，埃利斯的投资建议，用低成本指数基金来让自己减少失误，然后等待对手失误，对于大多数业余投资人士是可行的，对于专业投资人士来说，也逐步变得同样可行。

一百年前，美国证券交易所超过90%的交易，都是个人投资者进行的交易。在业余投资者主导的股票市场里，机构里的专业投资者能够更快得到信息，面对众多不够老练的个人投资者，就像专业网球选手打业余网球选手一样，自然占有明显优势，能够战胜被动的指数基金。但是美国股市现在发生了巨大的变化，大多数投资者都投资了公募基金，或者说投资了ETF（交易所交易基金），由机构来操作他们的企业员工养老金计划，散户普遍机构化了，现在美国证券交易所超过90%的交易，都是由机构里的专业投资人士操作的。在这种专业选手对专业选手的投资竞争环境下，战胜市场变得极为罕见，即使投资技能最高超的专业人士，也极少有人能够战胜市场。

在本书最新的第8版中，埃利斯用很多书面证据阐明，"数据的铁钳"正越夹越紧，他用新的证据表明，这本书和前面几版讲的中心思想相同，都依然有效，而且效力越发增大。标准普尔股票指数现在成了非官方的投资业绩纪录保持者。标准普尔公司每半年公布一份标普投资报告（SPIVA），系统详细地记录了主动管理型基金经理的投资业绩相对于宽基标准普尔股票指数表现如何。数据表明，每年超过2/3的公募基金，都跑输了宽基股票指数标准普尔1500。还有，那些上个年度跑赢市场的基金经理，往往下一年度无法战胜市场，也不再是跑赢市场的基金经理。回顾过去15年作为专业投资者的基金经理业绩记录，再对比一下低成本宽基指数基金，超过90%的基金经理都会羞愧地低头认输。不止于此，那些跑赢市场的主动管理型基金经理人数占的百分比，随着时间的推移在直线下降。主动买入和卖出个股，以努力追求战胜市场，不过是一种徒劳无效的尝试，你可能会因此比对手失分更多，这真的只是一场输家相争更稳者胜的比赛。

埃利斯在书中传达的信息，现在来看特别及时。新冠疫情肆虐的几年，数百万人躲在家里，滋生了赌博之风，亿万美国人沉迷其中，这种风气也传到了欧洲和亚洲。体育博彩的下注金额创下新的历史纪录，股票交易这种合法的"赌博"，已经成了美国的国民集体休闲活动。零佣金交易兴起，推动大批个人投资者把投资与赌博混为一谈，结果都变成了日内交易者。我们亲眼看到那些破产的公司，股价竟然涨了5倍，这也才重新回到它们破产之前的股价估值水平。在罗宾汉这个非常火爆的股票在线交易平台上，最受欢迎的股票往往也是最危险、最变幻无常的股票，比如特斯拉，竟然一个交易日内波动幅度能够高达25%。

一些研究证据表明，个人投资者的股票交易实际上做得非常糟糕。巴伯和奥丁这两位加利福尼亚大学的教授，分析了嘉信理财这家折扣证券经纪公司散户的主动交易记录，时间跨度为6年。两位教授发现，这些主动型交易者大幅跑输指数，业绩远远不如只是简单买入并持有一只低成本指数基金的投资者。那些交易最频繁的散户，业绩是最差的。两位教授还研究了中国台湾地区股市的日内交易者，日内交易在那里特别流行,他们分析了这些日内交易者过去15年的交易记录。结果表明,只有不到1%的人能够战胜市场,99%的人都跑不赢市场,而你用一只低成本ETF就能轻松追平市场,战胜99%的日内交易者。超过80%的日内交易者其实都是亏钱的。在对巴西日内交易者的一项研究中,结果更惨,只有3%的日内交易者能赚到钱。97%的日内交易者一通操作猛如虎,长期一算账,其实自己是倒贴钱做交易。

本书最新的第8版语言轻松活泼,读着轻松愉快,埃利斯在书中阐明,严肃认真的投资需要做到以下几点:范围宽广的分散投资,再平衡,主动税收管理,避免市场择时,坚持投资策略不动摇,运用成本极低的指数投资工具。在最新的第8版里,埃利斯警告投资人一定要特别注意一点:在这个金融抑制的年代里,投资债券需要审慎考虑。世界各国的中央银行已经把债券利率压制到零利率,欧洲和亚洲甚至都是负利率了。埃利斯警告说,在这样一个金融环境下,即使能把通货膨胀率压制在2%以下,债券也很难成为合适的长期投资工具。有了这样最新的及时的投资建议,投资者遵循埃利斯推荐的最佳策略,可以大幅提升他们成为投资赢家的概率。

伯顿·马尔基尔

普林斯顿大学经济学教授

《漫步华尔街》作者

| 前 言 |

我真幸运！

在生活上，我很幸运：娶的太太，出色女人，激励我不断前进；生在美国，就读于名校，受到最好的教育；我的父亲，受人敬重，子女孙辈，都非常可爱。

在事业上，我更是非常幸运：做的行业，投资管理，魅力无穷，极受青睐；业内相交，多是精英，他们聪明、专注，又极富创造性，我的朋友遍天下。

投资这个事，看起来就复杂难懂，要做到聪明睿智，非得花费很多时间精力才行。大多数人太忙了，哪里有足够多的时间去"学习关于投资所有重要的事"。他们和你一样，有很多和投资比起来自己更喜欢、更擅长的事要做。

我看到当初吸引我进入投资管理行业的那种长期的专业精神，越来越向短期的商业利益妥协；我也看到越来越多的投资者十分焦虑，根本不知道如何做好长期投资。这些现象让我越来越担忧。既然我在投资管理上相比一般投资大众有那么多的优势，很明显有责任、有义务做点儿事来服务大众。正是有此初心，我才写作此书。

过去这50年，证券市场整体发生了巨变，由此也出现一个巨大的难题，让业余投资者和专业投资者都难以解决。我会在第1章中解释说明证券市场的巨变，这一章的名字就是"输家相争稳者胜"。因为我从小长大的社会环境中有个传统，要是你发现了一个问题，就应该去找一个解决问题的好办法，所以我就用直截了当的方式写出这本小书，说明问题，给出办法。每个投资者都要看清现实，直面问题，知道如何采取合理措施解决问题，这样才能成为长期的赢家，本来也应该成为长期的赢家。

丘吉尔有句话说得好："人人都很想赢！"我们做投资也都想赢，我们也都能赢，就是花费更低的成本，承担更小的风险，投入更少的时间和精力，赢得更好的长期业绩。但前提条件是，我们能够清楚地确定我们真正的目标，形成理性的长期投资基本原则，始终坚持这些原则不动摇，这样就能让市场波动为我们所用，而不是与我们为敌。

我在投资行业工作已经有50多年，结识了世界各地众多投资界精英，有实战高手，也有理论名家，不断向这些高手名家学习请教，让我受益良多，感悟良多。我一直在努力从中收集和提炼投资成功的基本原则，我并不藏私，一直努力写成通俗易懂的文章和图书，广为传播。我这本小书里讲的内容，就是我总结的那些简单易懂的长期投资基本原则。这些长期基本原则，是你在投资中获得成功的关键因素，过去50年是，未来50年还是。个人投资者也好，机构投资者也好，必须既要有能够自我约束的自律性，又要有想要避免自己陷入输家游戏的主动性，这样才能真正贯彻执行这些投资基本原则。

确实，上市公司在变，生生灭灭；市场在变，涨涨跌跌；经济在变，起起伏伏，有时变化还很大。但是，成功投资的核心原则从来没有变，过去从来没有变，将来也不会变。正是因为这一点，读完这本书，你就学到了投资成功的基本原则，你就知道了长期投资成功所需要知道的一切。

查尔斯·埃利斯

写于美国康涅狄格州纽黑文市

2021 年 3 月

| 目 录 |

名家推荐
译者序
推荐序
前言

第1章 输家的比赛：失误球送分少者胜 / 1
第2章 赢家的比赛：制胜球得分多者胜 / 13
第3章 股市巨变的残酷现实 / 21
第4章 战胜市场 / 26
第5章 市场先生与价值先生 / 44
第6章 投资人的全明星梦之队 / 51
第7章 指数投资的"不公平"竞争优势 / 65
第8章 投资风险和行为经济学 / 75
第9章 纠缠主动投资管理的矛盾现象 / 85
第10章 时间就是阿基米德的投资杠杆 / 91

第 11 章	投资收益	/ 97
第 12 章	投资风险与不确定性	/ 108
第 13 章	建立投资组合	/ 117
第 14 章	全景式思维投资	/ 121
第 15 章	再谈债券	/ 125
第 16 章	为什么投资基本方略至关重要	/ 131
第 17 章	为赢而战	/ 136
第 18 章	业绩衡量的挑战	/ 141
第 19 章	主动投资管理的失败	/ 154
第 20 章	预测市场：只是大致预测	/ 168
第 21 章	个人投资者的决策	/ 173
第 22 章	如何选择公募基金	/ 191
第 23 章	基金管理费过高	/ 199
第 24 章	计划好你的比赛	/ 208
第 25 章	天灾和人祸，一个接一个	/ 228
第 26 章	搞好你的企业员工养老金计划	/ 237
第 27 章	如何下好人生残局	/ 249
第 28 章	亿万富豪如何投资	/ 261
第 29 章	我们上场吧	/ 271
第 30 章	交卷之前再检查一遍	/ 278
附录 A	捐赠基金投资委员会如何做好基金管理	/ 280
附录 B	东方快车谋杀案	/ 296
附录 C	书目推荐	/ 308

| 第 1 章 |

输家的比赛：失误球送分少者胜

打开电脑，基金评价机构源源不断推送过来基金的业绩数据，令人很是失望。这些事实和数据告诉我，大多数公募基金，业绩表现不佳，未能击败市场。个人投资者选择的基金，业绩未必跑赢市场。机构投资者，比如企业养老金基金和大学捐赠基金，选的公募基金，业绩也同样令人失望，未能跑赢市场。这些公募基金，偶尔有那么几年业绩不错，一下子提高了投资人的预期，但是很快就会被现实击个粉碎，化为泡影。这些公募基金经常宣称自己的目标是战胜市场，就是基金业绩力争跑赢市场指数，实现超额收益，但事实上不是基金经理战胜市场，而是市场战胜基金经理。

基金投资人认为基金会战胜市场，看到的现实却是基金输给市场，他们发现自己的想法并不符合现实，对此投资人有两种完全相反的反应，二者必居其一。有些人的反应是否认现实，继续坚定相信自己那些老的看法，还是相信基金经理能够战胜市场。另外一些人的反应是接受现实，把基金不能战胜市场这个最新得到的信息，纳入自己对现实的认知之中，再把这种认知应用于投资实践，认知变现。大多数基金经理，大多数个人投资者，都一直处在一种持续否认现实的状态里，对未来抱有一套不切合现实的美好想法，这些想法都是在不同市场的多年历练之中逐步形成的，天长日久，他们对此越发坚信不疑。他们对投资机会的看法过于美好，不符合实际情况，结果一次又一次表明，这些看法是错误的，而且错误程度日益严重。

投资管理，就像传统习惯上的实践那样，是基于这样一个核心的信念：投资者能战胜市场，投资者中那些优秀的基金经理会战胜市场。这种乐观的预期，在50年前是合理的预期，但现在就不是合理的预期了。50年期间，市场在很多主要方面都发生了巨大变化，原来那种相信投资者能够战胜市场的假设，现在已经证明根本不符合现实了，事实正好相反：从一年期限的业绩来看，70%的公募基金跑输市场，这里用他们选择的业绩基准市场指数代表市场；从10年期限的业绩来看，情况更糟，80%的基金跑输市场；从15年期限的业绩来看，情况更糟，接近90%的基金跑输市场。

是的，确实有少数几只基金，确实在某个年份战胜了市场，还有几只基金某个10年战胜了市场，但是仔细分析基金的长期业绩，你会发现，只有很少几只基金跑赢了市场。问题是至今还没有人能找到办法事先知道哪一只基金会长期跑赢市场。

传统的投资假设是战胜市场是可行的，如果这个投资假设是真实的，那么要判定如何才能取得投资成功就很简单了，完全可以直截了当运用逻辑推理出来。

第一个战胜市场的办法是，基金经理用选股和选时来对战市场不选股也不选时。即整个市场可以用一个股票指数来代表，比如标普500股票指数，或者说威尔逊5000股票指数，相当于一个傻瓜选了市场上500

只或者5000只股票市值排名最高的股票,一直持有不动,简单地说,就是复制市场,自己不选股,也不选时。那么一个成功的主动型基金经理,只需要精心选股,配置他的投资组合,比那个只是复制市场一直持有的傻瓜做得更好就行了。主动型基金经理要战胜市场,一是可以靠选股,选择在某些行业上战略性超配,就是比市场指数中这些行业的仓位占比更高;二是可以靠选时,在市场行情下跌的波段,股票仓位降到更低一些,在市场行情上涨的波段,股票仓位加到更高一些;三是可以选股与选时相结合。

第二个战胜市场的办法是,聚集精英团队来对战市场上的乌合之众。由于主动型基金经理想做出的"正确"决策越多越好,所以基金公司会聚合一批聪明能干的专业人士,给予很高的薪酬激励,形成一个投资团队,其集体目标是,找出市场低估的股票并及早买入,找出市场过度高估的股票并及早卖出。相比之下,市场更像是一群乌合之众,基金公司这个精英团队,利用自己的能力和经验优势,精明地与市场上的乌合之众对赌,这样一来就能战胜市场。市场有这么多机会,基金公司的精英团队在投资管理上又是那么努力追求做得更好,即使是随便分析一下,也能很有把握地推断,以基金经理为主的投资精英团队,其投资经验相当丰富,其信息更多更快更准,其电脑模型更强大,其投资技能更高强,他们在这些方面都远远胜过普通大众,所以他们肯定能够战胜市场,过去好几十年他们一直都战胜了市场,过去能,将来也能。

但是,令人不快的是,机构投资者能够战胜现在的市场,这个基本假设是错的。因为现在和过去不同了,机构就是市场。现在机构的股票交易量占所有交易所交易量的95%,在盘外交易和衍生品交易上占的比例更高。正是因为投资机构现在数量这么多,能力这么强,为客户做出更好业绩的决心这么大,才让现在的投资管理变成了一个失误球送分少者胜的"输家的比赛"。不管多么有才华，多么勤奋努力，专业投资者作为一个整体来看根本不可能战胜市场，他们自己就是市场，战胜市场就是战胜自己。其实，主动型投资管理存在相当大一块运作成本，包括管理费、佣金、市场冲击成本、税收等，结果导致每年都有很多主动型基金跑输市场，从十年以上的长期来看，绝大多数的基金经理都会跑输市场。

那些自己独立进行投资操作的个人投资者，就做得更差了，整体平均业绩来看，比机构投资者差得更多。那些每天买进又卖出、仓位不过夜的日内交易者，是业绩最差的。日内交易是那些容易上当受骗的人才会玩的游戏。不要做日内交易，绝对不要做！

我们下一步要分析，是什么原因，导致机构投资从制胜球得分多者胜的比赛，变成失误球送分少者胜的比赛，在此之前，我们先想一想，二者之间有什么巨大的不同。在职业网球比赛中，是制胜球得分多少决定最终的输赢，而在业余网球比赛中，是失误球送分多少决定最终的输赢。

西蒙·拉莫博士是一位科学家，也是 TRW 公司的创始人，他发现，网球比赛可以分成两种：一种是因打出制胜球更多而得分更多者获胜的专业比赛，即赢家相争更强者胜的专业比赛；另一种是打出失误球更少，因而送分更少者获胜的比赛，即输家相争更稳者胜的业余比赛。二者之间的差别至关重要，对此他写了一本非常出色的书来研究比赛策略，书名是《普通网球选手如何打出非同寻常的网球比赛》（*Extraordinary Tennis for the Ordinary Tennis Player*）。[1]

经过多年观察。拉莫发现，网球比赛不是只有一种，而是有两种，一种是专业选手打的比赛，其中也包括极少数很有天赋的业余选手，另一种是所有业余网球选手打的比赛。为了方便，我们以下简称专业比赛和业余比赛。

这两类网球比赛，有很多方面都一样，选手用的球拍一样，穿的衣服一样，比赛规则一样，计分方法一样，礼仪和习惯也一样，但是打的比赛却有巨大差别。根据大量统计数据分析，拉莫总结出了两者的根本不同：专业选手打专业比赛，主要是靠自己主动进攻打出好球赢分制胜，业余选手打业余比赛，主要是靠自己稳健回球，而对手击球失误送分而获胜。

在专业比赛中，决定最终比赛结果的是制胜球赢分的多少。专业网球选手打球又狠又准，一个球要打十几个甚至几十个回合，对抗很长时间，而且击球又快又刁，令人惊心动魄，直到最后有个选手能够把球打到对手根本接不到的落点，或者力度很大且旋转很强逼得对手失误，才能得到这一分。出色的专业选手很少出错，这就是我们常说的，很少出现非受迫性失误给对手送分。

而业余比赛，拉莫发现就几乎完全不同了。业余选手很少击败对手，相反他们经常击败自己，实际上比赛的结果取决于失误球送分的多少。这是怎么回事呢？在业余比赛中，出色的击球、令人激动的多拍回合和奇迹般的大逆转非常少见。在业余比赛中，选手击球失误频频，不是下网，就是出界，发球双误也相当常见。与其想靠大力发球来赢分，或者把球打得更接近底线，不如集中精力专注于持续把球回到对方场上，这样会有更多机会等待对手失误送分。业余比赛的赢家能得到更多分数，往往不是靠自己的技术，而是靠对手非受迫性失误更多，送了更多分数。

拉莫博士是科学家，也是统计学家，他想到了一种更加睿智的方式来收集数据，以检测他的上述假设是否真实。他没有用网球比赛那种传统计分方式，15：0，15：15，30：15 等，他只是统计制胜球赢分和非受迫性失误球送分，他发现：专业网球比赛中80%的得分，都是制胜分；而业余网球比赛中百分之80%的得分，都来自对手非受迫性失误球送分。

这两种比赛从根本上讲完全不同。专业网球比赛是赢家的比赛——制胜球得分多者胜，这些赢家是靠自己的表现胜过对手而获胜。而业余网球比赛是输家的比赛——失误球送分少者胜，这些输家其实是自己击败了自己。

业余网球比赛如此，战争也是如此。著名军事历史学家塞缪尔·艾略特·莫里森写过一篇很有思想的论文，题目叫《战略和妥协》，提出了类似的基本观点："在战争中，错误不可避免。制定军事决策，一是基于对敌方力量和意图的估计，而这些估计经常是有缺陷的；二是基于我方的知识和智慧，而我方的知识和智慧往往是不完备的，也经常会误导我们。我方如此，敌方也是如此，在其他方面都相同的情况下，制定战略决策犯下错误最少的那一方，就会赢得战争。"[2]

战争最终肯定是输家的比赛，业余高尔夫也是如此。汤米·阿莫尔写了一本书《如何打出你最好的高尔夫球比赛》，他这样写道："业余高尔夫球比赛最好的获胜之道是，击球失误更少。"[3] 这个说法，所有只在周末打球的高尔夫球爱好者都会一致赞同。

还有很多其他类型的输家的比赛。比如机构投资，曾经是赢家的比赛，但是随着时间推移，现在已经变成输家的比赛。

再比如一百年前开飞机很危险，只有少数很勇敢、很有运动精神、飞行愿望很强烈、视力又很好的年轻人，才有那么大的胆量去开飞机。在那个开飞机很风光的年代，开飞机是赢家参与的游戏。但是时代变了，开飞机这件事也变了。现在你要是坐747民航飞机去旅行，看到机长上飞机的时候，头上戴着第二次世界大战完成50次轰炸任务的纪念军帽，脖子上戴着一条长长的白色丝绸围巾，你最好赶紧下飞机。这种二战时勇敢的轰炸机飞行员，根本不适合开现在的大飞机，因为开大飞机只有一条规矩：不要犯任何错误。

很多时候，赢家的游戏是自我毁灭型的，因为这样的游戏会吸引太多的玩家进来，他们都想赢。（这正是淘金潮最后都是惨淡收场的原因。）金钱游戏其实是投资管理人之间的比赛，我们现在称之为投资管理，投资管理现在已经从赢家相争，变成输家相争，这是因为整个投资环境发生了根本性的变化。现在市场已经变成以基金经理为代表的投资专业人士以压倒性优势主导的市场，所有的投资管理专业人士，都知道同样超多超快的信息，都有同样超大超强的电脑处理能力，都同样超级努力想要跑赢市场来胜出，而正是这群投资专业人士合在一起形成的群体，完全主导了整个市场。现在这些主动管理型基金经理的对手，不再是那些过度谨慎的保守派机构投资人和那些过度自信的业余投资人，相当于高手打低手，专业打业余，这些对手早就跟不上市场的快速变化给淘汰掉了。现在证券市场上的投资管理，都是专业打专业，每个投资管理专业人士每天的交易竞争对手，都是成千上万个同样勤奋努力同样高水平的投资管理专业人士，结果投资管理变成了输家的游戏，"赢"的秘诀和业余网球比赛一样，关键是要做到你的失误球送分比对手更少，还要能够打平你做主动管理比被动指数投资多花的所有成本和费用，之后还有超额收益。核心问题变得非常清楚了：专业的基金经理作为一个整体，实在太厉害了，结果导致任何一个基金经理都几乎不可能跑赢市场，因为市场就代表所有基金经理合在一起形成的专业人士共识。

现在参加这个人称金钱游戏的投资管理比赛的选手，是一大批确实让人十分畏惧的专业高手。数以千计的投资机构活跃在市场上，其中包括对冲基金、公募基金、企业养老金基金、私募股权基金以及其他投资管理机构。50个管理规模最大而且交易最活跃的投资机构占到了市场交易总量的一半份额，规模大，成本也大，即使其中规模最小的机构一般每年也要花上1亿美元向头部券商购买研究报告，这些头部券商分布在世界各大主要市场，包括纽约、伦敦、法兰克福、东京、中国香港、新加坡等。可以理解，这些令人畏惧的投资竞争对手，都希望券商分析师能够"第一个打电话"告知最新的重要分析见解。但是，现在证监会要求，上市公司要竭尽全力确保所有投资人同一时间得到同等有用的信息。因此，在每个时间点上，个人投资者买入股票或卖出股票时，与他们作为交易对手的"那个家伙"，几乎肯定是一个技能高超的专业投资人，投资经验更多，信息更多，用的电脑更好，研究报告等资源也更好更多，各个方面都可以完全碾压个人投资者。难怪在美国等发达国家股市中，机构投资者几乎完全消灭了个人投资者，完全主导整个市场。

整体来看，由技能高超的投资专业人士组成的整个群体，是非常难搞的竞争对手！这些家伙本科和研究生都就读于顶尖名校，都是"优等生中的优等生"，受过严格训练，纪律严明，非常理性，是"精英中的精英"，又有众多专业卖方分析师为他们提供质量极高又及时的信息，那些卖方分析师同样很有能力，而且十分努力。

确实，专业投资者也会出错，但是，其他投资专业人士总是会及时发现对手的错误，抓住对手的破绽，精准打击。新的重要投资机会肯定不会经常出现，就算确实出现了少数几个机会，也肯定不会一直未被发现。

现在投资管理这个比赛的胜负，从制胜球得分多者胜，转变成了失误球送分少者胜。在新规则之下，最关键的问题是：主动管理型公募基金经理，投资业绩至少要高出市场平均水平多少，才能够弥补主动投资比被动投资多发生的成本？答案令人震惊。我们假定其每年投资组合的换手率是80%，这意味着，一般来说，基金经理持有一只股票的平均期限只有14个月，这还略长于整个基金行业的平均持股期限，我们再假定平均交易成本，就是佣金和大额交易的两种交易成本之和，买入时交易成本是1%，卖出时交易成本也是1%，再加上1.25%的基金销售手续费

和其他费用支出，一只基金的平均运作成本税前一般是每年 3.25%。㊀

如果你做被动投资买指数基金，成本极低，就能轻松追平市场，但是如果你是个主动管理型基金经理，自己选股追求战胜市场，你必须每年比市场多赚 3.25%，才能克服成本拖累，追平市场。所以对于基金经理来说，要想赶上市场平均 7% 的预期收益率，实际上必须获得 10.25% 的收益率，净业绩才能跟市场打平。换句话说，仅仅是做到扣除成本后净业绩追平市场，基金经理也要战胜市场才行，市场其实就是这些基金经理形成的专业人士共识，代表平均业绩水平，基金经理跑赢市场的幅度要达到 46%，接近超越大盘业绩的一半，才能实现扣除成本后净业绩追平市场。㊁要实现如此大幅度跑赢市场的投资业绩，几乎是不可能的，因为现在是专业投资者主导的市场，这些投资专业人士竞争力都很强，信息都超级广泛又超级灵通，都在持续不断地寻找任何一个可以利用的机会。

这正是为什么赤裸裸的现实是，大多数主动管理型基金经理和他们的客户都一直没有跑赢市场。相反他们一直是跑输市场。所以那些声称"我是赢家，我能赢"的基金经理说得容易，要想做出跑赢市场的长期业绩其实难于上青天。

任何一个主动管理型基金经理，想要战胜其他投资专业人士，就必须水平足够高，出手足够快，才能够抓住同行犯的错误，一次不行，多次才行，要有计划有步骤地一直能比其他专业投资人看得更准而且出手更快。(即使是专业投资人也会犯下宏观错误，特别是在市场最高点时满

㊀ 计算投资交易成本时，只包括付给券商的交易佣金还有做市商报价的买卖价差，还不完全正确。专业人士会告诉你，还有另外一种交易成本，就是你不太明智地买了一些股票，本来如果你并不能"确定"你可以随时把这个股票卖出去，你就不会买入了，只是因为市场看起来流动性很高你才买的。这是真正的流动性陷阱。

㊁ 这样来看，巴菲特管理伯克希尔公司的投资业绩，大卫·史文森管理耶鲁大学捐赠基金的投资业绩，变成是更加难以逾越的神奇业绩。

仓，全部资金都投在股票上，试图预测其他专业人士的预测。当然其他专业人士也在预测别人。当专业人士犯下微观错误的时候，他们要么是自己快速纠正错误，要么是看着作为对手的其他专业人士利用自己的错误来获利，惩罚自己快速纠正错误。）

投资变成输家的游戏，即使是对于一心一意致力于做好投资的专业人士来说也是如此，其原因在于，他们想要击败市场而付出的努力，不再是解决方案的最重要组成部分；专业人士本身现在成了问题的最重要组成部分。就像我们在博弈论里面学到的那样，每个选手的策略都会包含对其他选手策略和行为的预期和理解。面对战胜市场这个非常复杂的问题，每个基金经理都在努力设法解决问题，而每个人为找到解决方案所付出的努力，和其他很多专业人士为解决此问题所付出的努力结合在一起，却变成了所有主动管理型基金经理都要面对的关键不利因素，市场这个由所有专业人士形成的共识本身因此变得更难以战胜。通俗地说，你变更强，人人更强；个人高一尺，集体高一丈。

基金经理无法跑赢市场，业绩令人失望，其实并不是他们个人的错。要怪也只能怪他们所处的整个投资环境，过去60年发生了翻天覆地的变化，而且是朝着对他们非常不利的方向发展变化，有很多聪明能干又勤奋努力的人，带着超强的装备，拥有更好的信息渠道，他们持续不断地加入竞争之中，基金经理的投资对手越来越多，越来越强。

因此，做主动管理，想要战胜市场，获得高于平均水平的投资业绩，只能依赖别人犯下的错误。别人的操作必须好像他们愿意输一样，这样你才能够大幅跑赢市场，扣除所有成本之后的净业绩还能跑赢市场。回到20世纪60年代，那是个人投资者主导市场的年代，机构投资者只占整个股票市场交易量的10%，个人投资者占90%，大量的业余投资人注定要输给专业的主动管理型基金经理，就像专业网球选手打业余选手一样。现在的股票市场已经由机构投资者聚合而成的整个群体绝对主导了，基金经理作为专业投资者个体注定要输给市场这个群体。

∞　∞　∞

正如彼得·德鲁克睿智地指出的那样，高效地工作，意味着你知道如何正确地做事，而有效的工作，意味着你知道如何做正确的事。因为大多数基金经理将来肯定不会战胜市场，所以投资人至少应该考虑一下指数基金，这样他们就绝对不会输给市场。指数投资，就是追踪市场不选股，一直持有不选时，这样的被动投资，相比主动投资，没有乐趣，也没有刺激，但是这种方法就是很有效。数据表明指数基金战胜了大多数基金经理。而且主动管理型基金经理面临的挑战变得越来越严酷，因为专业人士主导市场的程度越来越高。

对于大部分投资人来说，"现实生活"中投资最困难的地方，并不是找出最优的投资基本方略，而是一直坚持稳健可靠的投资基本方略，不论牛市熊市，一直坚持不动摇，就像英国首相迪斯雷利所说的那样，坚持不懈，奔向目标，决不动摇。在情绪性很强的市场环境中保持理性，从来都不容易。坚持一个稳定的基本原则，不论业绩是好是坏，决不动摇，做起来非常困难，但非常重要。这也正是为什么投资人形成一套投资基本方略和做法并坚持不动摇，会因此大大受益。不忠于你自己的原则，代价可能非常高。坚持专注于长期业绩，这很难做到，特别是在市场高点和市场低点。在市场极度低迷和极度火爆的时候，情绪都是最为强烈的，市场走势往往看起来是在极其强烈地要求你做出改变，而且有非常明显的"事实"表明你应该改变。

作为一个投资顾问，首要考虑什么目标才对呢？应该是帮助每个客户识别和理解其长期投资目标，并始终如一地坚持长期目标不动摇，这些长期目标既要符合资本市场的实际情况，也要符合具体客户的真正目标，这样才值得去追求。投资顾问帮助客户选择合适的目标，而且一直向着目标前进。

我们后面还会进一步探讨投资世界发生的巨大变化，在此之前，我们要提醒自己注意，主动投资，从边际上讲，总是一场负和游戏。因为投资者之间的投资交易，本身就是一个零和游戏，一方赚的就是另一方赔的，整体来看盈亏相抵，但是交易成本占投资收益率的比例约有15%，其中包括基金公司收的管理费和其他费用，还有交易手续费和市场冲击成本。这些投资成本每年都高达好几十亿美元。让投资人更加灰心丧气的是，有证据表明，基金经理过去跑赢市场业绩一流，并不代表他未来还能跑赢市场。过去业绩好并不能预示未来业绩好，过去业绩差却有可能未来继续差，那些过去业绩糟糕的基金经理，未来可能会继续深陷泥潭。

大多数投资人主动参与输家的游戏，一心追求战胜市场，都注定只会输，尽管如此，还是有一个令人鼓舞的事实，即每个投资人都能成为投资比赛的长期赢家。要成为一个长期赢家，我们需要专注于设定现实的业绩目标，形成理性的投资基本方略，养成自我约束的习惯和坚定不移的毅力，坚持不懈地把基本方略实际执行到位，这样我们就可以享受成为长期赢家的快乐。我这本书要讲的，尽在于此。

参考文献

1. Simon Ramo, *Extraordinary Tennis for the Ordinary Tennis Player* (New York: Crown Publishers, 1977).
2. Samuel Eliot Morison, *Strategy and Compromise* (New York: Little Brown, 1958).
3. Tommy Armour, *How to Play Your Best Golf All the Time* (New York: Simon & Schuster, 1971).

| 第 2 章 |

赢家的比赛：制胜球得分多者胜

每个人都想在投资上大获成功。千千万万的投资人，都指望靠着投资成功攒到足够的钱，能确保自己安心退休，能让自己负担得起孩子未来的教育费用，能让自己享受到更好的生活。学校、医院、博物馆、大学，这些公共机构都指望着投资成功，能够赚钱积累足够的资金，去完成机构的重要使命。投资专业人士能够帮助投资人愿望成真，实现一生的长期目标，这时投资管理就成了一个非常高尚的职业。

尽管内心强烈希望投资成功，但是长期积累的反面证据越来越多，迫使大家认识到残酷的现实情况，大多数人做投资不但没能赚大钱，反而是亏大钱。这个问题的大部分原因在于投资人自己犯了错。但并不是只有这些业余投资人会犯错。投资专业人士需要认识到，其实真正的错误大部分原因并不在于客户，而在于他们自身。幸运的是，投资专业人士能够，也应该做出改变，以确保投资对客户和他们自身都是一场真正的赢家的比赛。

尽管投资管理领域极其复杂，但是大道至简，从宏观来看，可以分成两大块，一块是专业，一块是生意。投资管理是一个专业，从专业这个角度讲，就是你要从客户的利益出发，把活儿干到最好，让客户得到最大的好处。投资管理也是一门生意，你要把生意做好，让自己作为投资管理人能从这门生意中赚的钱最多。其实投资管理这个专业跟其他专业差不多，比如律师、医生、建筑师还有企业管理咨询师，都一直存在着可以说是灵与肉的斗争。专业是灵魂，要坚持崇高的价值观为客户提供最好的服务，才有利于整个行业的发展，生意是肉体，要为企业为个人多赚钱，才有利于个人和企业的生存发展。但是有时鱼与熊掌不可兼得。

投资管理机构，包括公募基金和私募基金，还有养老金管理机构等，要想获得成功，就必须既要用专业服务来服务好客户，又要用高水平的经营管理来维持住企业的生存发展。本来基金公司应该把专业价值和受托责任放在第一位，把经营目标放在第二位，灵魂高于肉体。但是现在美国的很多基金公司正在输掉这场灵与肉的斗争，由专业精神至上，逐步变成公司盈利至上。为了避免输掉这场战争，基金公司需要和银行、券商及第三方基金销售机构的投资理财经理紧密合作，帮助基金客户专注于他们能赢而且值得去赢的投资比赛。幸运的是，这对于专业成就来说是好事，对基金公司的业务来说也会是好事，因为提供客户本身真正需要的服务，从长期来看，往往也会让你生意兴隆，业务兴旺。

投资管理跟所有需要学习很多东西才能精通的专业一样，有很多方面的工作做起来难度非常高，要求具备很高的专业技能，从宏观来看，也可以简化成内外两大块工作：内部工作是价格发现，寻找市场价格过于低估的证券，做出合理的投资决策。外部工作是向客户提供投资建议。

投资管理行业第一块工作，是内部工作，就是价格发现，寻找市场价格相对而言过于低估还是过于高估的证券，相应做出加仓买入或者减仓卖出的投资决策。这个任务现在变得越来越困难了，你既要有富有想象力的研究分析能力找到好的个股；又要有精明过人的投资组合管理能力构建好的组合，要用自己独特的方式把二者巧妙结合起来，才能胜过众多投资管理同行一筹，而现在公募基金和私募基金等投资管理机构数量越来越多，这些专业投资机构主导整个市场，它们合在一起共同决定了证券的价格水平。价格发现一直很有意思，也很让人着迷，但是，过去这么多年以来，战胜市场变得越来越难以做到，现在更是变得极其难以做到，对此我们后面会进一步详细讨论。因此，大多数主动管理型基金经理没有战胜市场，而是市场战胜了基金经理。

投资管理行业第二块工作，是外部工作，就是给客户提供投资建议，这是投资专业人士能够做的最有价值的工作，幸运的是，这也是最不困难的工作。工作的难度并不总是跟重要性成正比。（在医学界，洗手这件事很简单，但是研究证明，洗手这件小事挽救的病人生命数量，仅次于青霉素。）

经验丰富的投资专业人士，能够帮助每个客户，全面深入思考，最后决定采用什么样的合理投资计划，这样最有可能让基金客户实现他们的长期投资目标。这里要考虑基金客户对好几个重要方面风险因素的承受能力，其中包括收入的变动、市场价值的波动、在流动性上受到的约束。这样才能帮助每个基金客户坚持合理的投资计划不动摇，特别是在市场出现极端行情的时候，大牛市似乎到处都有令人激动的赚钱机会，冲你大喊"这次不一样了"，而大熊市似乎到处都是令人恐慌的亏钱风险，冲你大叫"情况还会更糟"。⊖这个时候，你要成功地做到坚持原来

⊖ 就像那些小孩子都很熟悉的玩帆船的真实情况。我们玩帆船时为了找乐子，故意把那些属于旱鸭子的亲戚家的小孩子吓得要死，就是特意在一个风很大的天气带他们出去玩帆船，故意抢风行驶，导致我们小小的帆船往一边斜得非常厉害，玩帆船的老手都知道，帆船下面有龙骨，其原理类似于不倒翁，所以船看起来倾斜得非常厉害几乎就要翻船了，帆船龙骨的"复原力臂"肯定产生一股反作用力，阻止船更加倾斜。

精心制定的投资基本路线不动摇，既不简单，也不容易，但是和你想要成功地做主动投资管理实现战胜市场相比，这件事就容易多了，也远远重要得多，对长期投资业绩的影响也远远要大得多。特别是现在，对于投资理财顾问来说，有一些新的投资工具相助，这件事就更容易做到了，与此同时却让主动投资管理做到战胜市场的难度直线上升了。

相当有讽刺意味的是，那些把自己一生的事业奉献给主动管理型投资的人，无意之中却犯下三种大错。其中两种错误属于自作自受之错，其后果越来越严重。第三种错误是更为严重的错误，却是该做不做的疏漏之错。

第一种错误是错误地界定机构的使命，把机构对于现有客户和潜在客户的使命界定为"战胜市场"。50年前的机构这样界定自己的使命，成功的希望相当大。但是这样的年代早就一去不复返了。在现在竞争非常激烈的证券市场上，只有少数主动管理型基金经理的业绩能够长期跑赢市场；大多数基金经理都是跑输市场；以资金规模来衡量，现在跑输市场的基金经理管理规模占比，大大超过跑赢市场的基金经理管理规模占比。此外，要辨别出谁会是极少数未来长期战胜市场的"大赢家"，大家都知道极其困难，⊖而且一年两年的业绩一度"笑傲群雄"的基金，后来遭受失败又跑输市场的比例非常高。⊜

第一种错误的后果造成了一个残酷的现实情况，基金公司等主动投资管理机构继续贩卖它们达不到的投资目标：提供战胜市场的投资业绩，

⊖ 在客观评价某个基金经理的业绩表现时，即使是机构内部最接近基金经理的观察者，也很难把运气和技能两个因素完全分开。
⊜ 格林威治协会（Greenwich Associates）的研究报告指出，在美国为大型企业管理养老金基金的基金经理，50年前能进排名前20的基金经理，现在只有1个能进排名前20。在英国为大型企业管理养老金基金的基金经理，30年前能进排名前20的基金经理，现在只有2个能进排名前20。

大多数基金过去未能达成战胜市场的目标，将来在任何可能的情况下也不会达成战胜市场的目标。

第二种错误，是放弃投资管理的专业价值观，转变成受经济利益主导的商业价值观。至少有可能的是，这些又有天赋才华又有竞争实力的人，之所以受到吸引进入投资管理行业，即使并非故意，也主要是因为基金公司等机构给的薪酬奖金超高，从经济上看太有诱惑力了，以致他们没能问出那个可能毁掉自己前途的问题，就是他们付出最大努力的这份工作的真正价值是什么，特别是当他们知道自己的能力比别人强得多，而且工作比别人更努力的时候，就更不会问了。

我们来看看，在过去的60年，投资管理行业实现盈利能力增长，主要是靠这两种方式：

- ▶ 一靠资产规模增长，基金公司管理规模持续大幅增长，只是偶尔有短暂的增长停顿，规模增长了很多倍，一部分原因是股市价格水平持续增长，另一部分原因是基民申购规模持续增长。
- ▶ 二靠管理费增长，管理费是按照管理资产规模的百分比来提取的，规模持续增长推动基金公司管理费收入总额也增长了好多倍。

事实证明，这两股力量结合在一起非常强大。投资管理行业盈利能力强劲增长，结果导致拥有高超资产管理技能的基金经理薪酬水平也增长了接近5倍，基金公司等投资管理机构的"企业价值"也是一路飙升。对客户来说，更重要的是基金公司管理层及其优先考虑事项的变化。

随着投资管理机构的规模变得更大，企业管理层的成员就变了，过去高级管理人员职位上多数是投资管理专业人士，现在越来越多是负责销售的业务经理人，过去主导企业经营的是专业优先，现在越来越多的是业务优先。专业优先，就是把注意力放在事业上，在专业上精益求精，体现在把业绩做得更好，让客户赚的钱更多；业务优先，更多关注的是促进企业盈利增长，让基金公司赚的钱更多，而基金公司盈利增长最好的办法就是"聚集资产"，聚集的资产越多，管理的规模越大，按比例提取的管理费越多，盈利就增长得越高，但是投资专业人士都知道的一个常识是，管理投资规模扩张得越大，投资业绩增长受到的拖累就越大。（业务主导一切的时候，基金公司既不是投资专业人士的朋友，也不是基金客户的朋友。）

第三种错误是一种无心之错，是因为疏漏造成的错误，这就麻烦大了：缺乏专业眼光，看不到专业方面的机会，因而不能专注于提供有效的投资建议和咨询。可以理解，在现代复杂的投资世界里，大多数投资人肯定都不够专业，根本说不上是投资专业人士。所以说大多数投资客户都需要帮助才能做好投资。所有投资客户，都会很高兴能够有机会聆听专业人士睿智的分析和判断，其实很多专业人士都有足够的能力和经验提供这样的服务。对于不同类型的投资的中期业绩和长期业绩展望，投资客户需要有一个非常现实的理解，不能过高预期，要把风险和波动放在第一位，然后考虑投资收益率，这样客户就能知道，什么样的预期才是合理预期，也就能知道，如何决定他们的战略性投资组合和投资基本方略。

更重要的一点是，大多数投资人都需要帮助，才能够更全面更客观地看清自己和自己的投资状况：自己的投资知识和技能水平怎么样？自己对资产、收入、流动性三方面的风险承受能力有多强？自己比较现实的投资期限有多长？自己的财务需求和心理需求是什么？自己的财务资源有哪些？自己在财务上赚钱的野心有多大？自己承担的花钱义务又有多大,既包括短期也包括长期?自己将会面临什么样的困难和挑战?

投资人需要知道,他们最想要处理和解决的问题,并不是"战胜市场"。而是投资人有多高的能力去有效地处理上述那些其他因素的组合,特别是自己一直坚持既定的投资路线不动摇继续前行的能力,决定了你是一个什么水平的投资人,你能获得什么样的长期业绩水平。

尽管所有投资人在少数几个方面来看都是一样的,但是他们在其他很多方面看来却是非常不一样的。所有的投资人,相同的几点是:他们其实都有很多选择;他们的选择都对投资影响很大;他们都想把投资做好,他们都不想亏钱。与此同时,所有的投资人在很多重要的方面都有明显差异:资产多少,收入高低,必须要做的支出和预期会有的支出多少,投资期限长短,投资技能高低,对风险不确定性的忍受能力强弱,市场经验多少,财务上的责任大小,各有不同。正是因为以上这么多方面各有不同,大多数投资人,包括个人投资者和机构投资者,如果能够得到专业人士的帮助,全面深入地理解自己究竟是一个什么样的投资人,什么样的投资计划安排对自己来说才是最合适的,又如何才能一直坚持自己的长期投资计划不动摇,在市场下跌得让自己内心最恐惧不安的时候,照样不抛弃,不放弃,继续前行,真正弄明白以上三大问题,他们会受益巨大。

我们用滑雪来打个比方。在美国滑雪胜地科罗拉多州的范尔(Vail)或者阿斯本滑雪场,有成千上万的人天天都在享受着滑雪的快乐,一部分是因为景色很美,另外是因为雪很多很厚,坡道整理得很平,但是最主要的是因为每个滑雪者在用颜色清楚标明的不同难度分级的雪道中,根据自己的技能水平、体力强弱、兴趣偏好,选择了更加适合自己的雪道。有的人选择的是坡度非常平缓的"兔宝宝"新手初级雪道,有的人选择的是难度大一些的中级雪道,有的人选择的是高难度的高级雪道,还有的人甚至想要挑战极高难度的雪道，这种雪道难度实在太高，即使是那些勇敢无畏的专业高手也难以征服。每一个滑雪者滑行在适合自己能力水平的雪道上，保持在适合自己能力水平的速度上，这样每个人都能快乐地滑上一整天，而且每个人都是赢家，你的目的不是战胜对手，而是让自己玩得安全又开心。

同样的道理，理财经理和投资顾问应该指导客户选择合适的投资方案，合适就是指适合客户自己的投资能力和经验水平、财务状况、风险和不确定性忍受能力，这样就能让大部分投资人都达成适合自己的长期业绩目标。这是投资建议和投资咨询的重要工作。你要帮助每个客户逐步形成一套适合自己的独一无二的个性投资方案，这是作为一个投资顾问和理财经理获得成功的秘诀，因为有一个正确的投资路线，又能一直坚持按照这个投资路线向前走，这正是长期投资成功的关键。

| 第 3 章 |

股市巨变的残酷现实

现在美国的股票市场,再也不是你爷爷那个时代的股票市场了,发生了一些非常重大的变化,重塑了整个市场,重塑了投资管理,以至于现在投资人想要战胜市场,不再是一个现实的目标,越来越多的投资人正在慢慢地认识到这一点。

过去几十年,证券市场发生了巨大的变化,把主动投资管理变成了一个输家的比赛,其中一些变化如下:

- 纽约证券交易所的交易量增长了 2000 多倍,从每天 300 万股变成每天 60 亿股。全球其他大型股票交易所,也经历了类似的交易规模千倍增长。
- 投资人的结构出现了重大变化,过去纽约证券交易所的交易,90% 都是散户交易,这些散户平均一两年才做一笔交易,而现在,90% 的交易都是机构交易,这些机构每天都在市场上交易,一天到晚都在交易。你随便问一个在股市上待的年头比较长的投资人，他都会告诉你，现在的机构跟当年那些机构相比，大得多，聪明得多，凶猛得多，出手也快得多。

- 衍生品交易异军突起。原来交易规模是零，现在比"现货"交易市场规模还要大。而且几乎所有衍生品交易都是机构之间的交易。

- 现在获得 CFA（特许金融分析师协会）官方认证的持证分析师人数超过 15 万人，而且还有 20 万人正在申请认证。

- 现在各大券商每天都发布很多投资分析报告，提供数量巨大的有用信息，通过网络迅速分发给全球各大机构成千上万的专业分析师和基金经理，帮助他们快速反应，做出投资决策。

- 公平披露规则，已经把大部分公司披露的投资信息商品化，从独家信息变成人人皆知的大路货了。因为法律规定，现在上市公司告诉任何一个人的任何事情，必须同时披露给每一个人。传统的主动投资管理，基于券商的研究报告来提供独家信息，这种信息可以说是一字千金，可是现在按照法律规定，必须同一时间向所有人公开披露。

- 全球化、风险基金、私募股权基金，成了推动市场变化的主要力量，推动所有证券趋向持续稳定的公平价值。

- 现在彭博终端有 34.5 万个，不断地传递各种信息，你想要得到的分析几乎应有尽有，而且每天 24 小时工作，一刻不停。

- 靠在资本市场上投资谋生的职业投资者，过去只有 5000 来人，现在超过 100 万人。

- 互联网和电子邮件，在全球通信领域掀起一场技术革命。投资专业人士现在都通过网络联结成了同在同时同知的"信息共同体"，每一个人都可以几乎同时知道每一件事情。

以上这些重大变化加上其他很多变化，导致股票市场，这个世界上规模最大也最活跃的"预测市场"现在变得越发有效。所有既聪明又勤奋的投资专业人士，他们的信息非常广泛、灵通，计算分析能力超强，投资经验超级丰富，这些人集合到一起共同设定了市场价格，跟他们竞争，会变得越来越难以获胜。把主动管理的成本和费用考虑进来之后，基金想要跑赢市场（就是战胜所有专业人士的共识）变得越来越困难。

让人难过的是，大多数基金公司宣传的投资业绩，其实并不真实，有不少水分。第一，基金公司只说业绩有多高，甚至根本没有提到投资最重要的另一面，就是风险。因此很重要的一点是，我们要经常提醒自己记住这个事实，跑输市场的基金经理其业绩落后市场幅度，是跑赢市场基金经理其业绩领先市场幅度的1.5倍。第二，基金公司宣扬的投资业绩数据，只是税前业绩数据，没有根据应当缴纳的所得税来调整为税后业绩，而基金经理的投资组合换手率高，持有期限就短，这些短期实现的投资收益要缴纳的所得税率更高。㊀第三，基金报告的业绩通常都是按照时间加权的，而不是按照价值来加权的，因此基金报告的业绩数据，其实是假设基民从年初一直持有到年底，这不符合现实情况，所以并没有反映出基金投资人的真实盈亏体验。只有用价值加权，也就是用基民实际买进卖出基金的金额占比乘以在此期间基金净值涨跌幅度，才能够反映出投资人用他们的真金白银操作的真实盈亏体验。基金报告的业绩很好看，但是基民实际盈亏情况很不好看。

还有一点，也让人感觉很不安，就是客户这种交易行为细节：先是高位追涨买入，后是低位杀跌卖出。在基金客户中，个人投资基金是这

㊀ 基金的投资组合换手率相当高，平均一年会有40%～60%，一般会持有60～90个不同的个股，经常要和业绩基准对比自己跑赢了还是跑输了，长期跑输业绩基准可以说是零容忍的，因此可以理解基金经理仅仅是追平市场都难以做到，更别说要超越数量很多而且个个技能高超的同行竞争对手了。

么做的，机构投资基金，也是这么做的。他们拿了几年基金，结果这几年都跑输市场，于是就用脚投票，否定最近业绩糟糕的基金经理，转向那些最近业绩很火的基金经理，结果和以前一样，又是一波高买低卖的反向操作，这大致会吃掉他们的基金长期投资收益的三分之一。（不过，要是不做基民做股民，个人做股票投资，业绩还可能更惨。）

不幸的是，基民这种代价高昂的高买低卖，却受到基金公司、银行、券商等机构的煽风点火，这些机构集中火力大打广告，宣传少数几只近期业绩表现极其亮眼的基金，时间段都是精心选择过的，能让这些基金近期业绩看起来好上加好㊀（有些基金公司同时管理着好几百只不同的基金，所以任何时候都能够挑出来几个近期业绩亮眼的大牛基）。基民买基金的时候，通常只看历史业绩，其实研究表明，按照历史业绩好坏从高到低把基金分成十档，其中有九档的基金未来业绩是随机变化的，跟历史业绩不相关（只有历史业绩最低的第十档基金，其历史业绩能够预测未来业绩，这显然是因为其高昂的管理费和基金经理长期的无能表现，会对基金投资业绩重复产生负面影响）。[1] 基民总是在基金近期业绩特别好之后高位买入，结果不久就高位套牢，之后又在业绩短期特别糟之后低位卖出，这样的操作一次又一次重复上演，个人如此，机构也是如此，难怪多数基民长期折腾下来一算根本不赚钱。㊁

基金公司的投资顾问、银行的理财经理、券商的投资顾问，这些人都是基金投资人的投资顾问，他们获得了客户的信任和信心之后，指导客户制定并实施合理的组合投资策略，能让客户的基金投资组合长期收

㊀ 机构里的那些基金经理经常，而且绝对是过度经常参与在业绩数据展示上联手"欺骗"客户，包括历史业绩和未来预期业绩，用的都是扣费前的业绩，所有公募基金都是如此。很多年来，CFA 协会都在呼吁要改革业绩披露方式。

㊁ 特伦斯·奥丁（Terrance Odean）这位加州伯克利大学的教授在这方面提供了最好的可用数据。

益率大幅提高，远远胜过主动管理型基金经理。㊀富有成效的投资咨询需要花费较多时间；学习理解市场、投资、投资人的复杂性，也是一项很艰苦的工作。但是这些都能够做到，能够做得很好，而且能够持续做得很好。成功的理财经理和投资顾问，能够帮助每个客户理解投资的风险，设定现实的投资目标，关注并安排好储蓄和支出，选择合适的大类资产，睿智地配置资产，不在市场涨到高位或者跌到低位时过度反应。理财经理和投资顾问能够帮助他们的基金客户一直保持在正确的路线继续前进，一直保持长期的大视野。㊁他们要做到以上这些，就要帮助基金客户理解不同大类资产的投资，预期长期能够获得多高的业绩回报，如何预测市场的波动，以及何时可以预测市场的波动，如何理解市场出现令人不安的振荡是在预料之内的事，以及为什么你要充满信心，始终相信，耐心持有，坚定不移，多年之后，必能让你获得满意的长期投资回报。

参考文献

1. John C. Bogle, *Don't Count on It!* (Hoboken, NJ: John Wiley & Sons, 2011), p. 74.

㊀ 机构投资人可能会问："怎么会是这个样子？我们的投资顾问所演示的PPT，不是说他们推荐的基金经理常常会跑赢业绩基准的吗？所以他们推荐的基金经理的业绩即使是完全进行风险调整后之后也应该跑赢市场吗？"不幸的是，对于抱有这种过高期望的机构投资人来说，那些投资理财顾问演示给他们看的基金业绩数据，经常会有严重的缺陷。很简单，只要在投资顾问通常展示的业绩数据中去除两个统计偏差，一个是回填偏差（backdating bias），另一个是幸存者偏差（survivor bias），投资顾问演示的基金经理的历史业绩，就会从"业绩跑赢市场"的表面情况，回归于"业绩跑输市场"的真实情况。即使是规模更大经验更加丰富的投资机构，也应该知道谁在观察着观察者。

㊁ 有一个事实确实表明了这一步，是使用注册投资顾问的人数确有明显增长，获得注册投资顾问证书，要通过一系列的严格的考试，还要符合一整套行为规范要求。

| 第4章 |

战胜市场

看投资业绩，不能只看高不高，还要看你为此冒的风险大不大，所以衡量投资业绩最客观的指标，是经过市场风险调整后的业绩。按照经过市场风险调整后的业绩，主动管理型基金经理要战胜市场，唯一的办法就是，发现并利用其他主动管理型投资人的错误，而且收益率要足够高，能弥补采用主动管理而发生的基金管理费和交易佣金等运作成本（这些成本高得会让很多人感到吃惊）。请注意，在一个流动性高且由专业投资者主导的市场中，设定股票价格的人，是那些对自己的价格判断最有信心的投资人，他们认为，他们比现在的市场共识懂得更多，对股票的合理价格判断得更准确，为此他们愿意投下相当多的资金押注自己的判断是对的，也就是赌市场是错的。

当然，从理论上讲，战胜市场是能够做到的，而且确实有很多投资人在有些时间段里做到了。因为美国股票市场是由专业投资者主导的，所以战胜市场实质上就是战胜所有专业投资者聚成的整体。长期而言，基金经理要分析判断更加高明，投资操作更加精明，才能战胜市场，也就是所有专业投资者聚成的整体。能够有规律地战胜市场的次数足够多，足够频繁，并且扣除"场内"所有交易成本之后还能长期跑赢市场的基金经理屈指可数。能够长期战胜市场的基金经理极其罕见。并不是因为他们缺少投资技能，或者不够勤奋努力，相反，正是因为主导市场的这些基金经理个个都是投资精英，能力同样出色，消息同样灵通，工作同样努力，而且同样有着最好的硬件和软件支持。

理论上，主动管理型基金经理想要战胜市场，有以下四招可选，可以只选一招，也可以选择几招组合使用：

- 选时：预测市场涨跌，择时买入卖出。
- 选股：选择个股或者选择板块。
- 配置：整个投资组合的大类资产结构，或者整体投资策略，因时而变。
- 行业专长：专注某个行业形成并实施卓越出众的长期投资概念或者投资理念。

战胜市场第一招：选时

其实只要偶尔观察一下股票市场和债券市场历史行情，就能看出市场明显有大周期，大涨又大跌，如同潮起又潮落，大涨是一个波段，大落又是一个波段，一个波段接着一个波段，存在着很多诱人的波段操作机会，每个大的波段都可以低位买入高位卖出，这样赚了一波再赚下一波，远远胜过一直长期持有不动，那样只能得到平均业绩。你看股价走势图，整个市场也好，主要行业板块也好，个股也好，都是波浪起伏，一波大涨又一波大跌，会让你觉得，优秀的主动管理型基金经理肯定能够大幅跑赢市场。市场走势图看起来欺骗性很大，外行只会看热闹。毕竟，我们在日常生活和工作中亲眼看到，在很多领域里，包括体育、文艺、法律还有医疗领域，都有一些真正的明星大神，其表现持续超越平均水平。为什么在投资行业不会如此？为什么不会有少数几个明星基金经理能够持续跑赢市场？为什么战胜市场会如此困难？

下面我们来仔细看看。

要增加潜在的投资收益率，最大胆的方法就是做市场择时，也就是我们经常说的波段操作。经典的波段操作方式是，投资组合大进大出，目标是在市场上升的波段全仓买入，抓住一波上涨的收益，而在市场大跌的波段，将大部分资金都退出市场，接近空仓，甚至完全空仓，以尽量避开下跌的损失，这就是我们经常说的上涨买入，下跌卖出。另外一种形式的市场择时是，卖出你预期会跑输市场的行业板块，买入你预期会跑赢市场的行业板块，如此一轮又一轮不断换手，这也被称为板块轮动。

请记住：每一次你决定进入或者退出市场的时候，你买入或者卖出的交易对手，是以基金经理为主的投资专业人士。同一笔交易，需要两方才能做成，你要买入，就需要有个基金经理愿意卖出，你要卖出，就需要有个基金经理愿意买入。交易一方赚的钱，就是交易另一方亏的钱。你对了，就意味着你的交易对手错了。当然了，即使是基金经理也并不总是对的，但是你有多大的信心可以确定，你能比基金经理判断正确、操作正确的次数更多？另外你要知道，市场择时，波段操作，每一笔买入，每一笔卖出，都要支付券商佣金、印花税等交易费用。你每一次交易赚了钱都得交所得税，一下子收益少了一大块，除非你管理的是一个能够享受免税优惠的养老金账户。年头长了，你经历了市场周期波动的一波又一波，最终会明白，通过市场择时进行波段操作，低买高卖，看起来盈利很美，做起来亏得很惨。因为交易费用是很真实的，交易次数越多，费用积累越多，就像鞋子不断磨损一样最终会把鞋底也磨穿。

股票市场的历史记录了一个事实，清清楚楚，不容置疑，就是市场从底部开始反弹的前几个星期的涨幅，会占到这波行情整体涨幅的一大半。㊀在至关重要的市场底部，机会最好，赚钱最多，最应该大量买入，但按照市场择时进行波段操作的人，却最有可能空仓退出市场，因此他们肯定会错过这波反弹行情最初几周的大涨，也会错过这波行情整体收益中的一大块。

市场择时，波段操作，之所以行不通，是因为在当今高度竞争的股票市场中，一个基金经理天天面对的竞争对手，其实是包括所有基金经理在内的专业投资高手聚合而成的群体，这个群体主导了整个市场，相比之下，没有一个基金经理能够比所有同行这个群体操作更聪明，更有眼光，消息更多，偶尔一次两次胜过同行整体水平是可能的，长期持续战胜同行整体水平几乎是不可能的。此外，股票市场涨幅，大部分发生在非常短的时间段里，往往是在投资人最有可能屈服于传统市场共识而空仓退出市场的时候，市场突然开始大涨。

如果管理的是一个债券投资组合，按照市场择时进行波段操作的人，希望能够在长期债券和短期债券之间进行轮动，在利率下跌而推升长期债券价格之前，把仓位转入到剩余期限较长的债券，然后在利率上升而压低长期债券价格之前，转回到剩余期限较短的债券。如果管理的是一个股债平衡的投资组合，按照市场择时进行波段操作的人，希望能够在股票和债券之间进行轮动。预期股票收益率高于债券时，他会重仓股票而轻仓债券，而预期债券收益率高于股票时，他会轻仓股票而重仓债券，预期期限在一年之内的短期固定收益投资收益率高于股票和债券时，他

㊀ 举个例子，市场一年从1000点涨到2000点，这一波整体涨幅为100%，比如前4周从底部1000点涨到1500点，涨幅为50%。如果这时你才买入，那么后面11个月你从1500点涨到2000点，收益率只有33%。——译者注

会清仓股票和债券，转而重仓投资短期固定收益品种。不幸的是，长期平均而言，以上这些投资操作并不可行，因为你是这么想的，你的交易对手也是这么想的，现在的股市是基金经理对战基金经理，你想买入，得有人愿意卖出，反过来，你想卖出，得有另外一个人愿意买入。你和交易对手一样聪明。其实买入方的基金经理和卖出方的基金经理，是高手对高手、精英对精英，双方在同样的时间里知道同样的事实，会得出相同的分析结论。市场择时波段操作的次数越多，越有可能面临失败。

说到波段操作，最有见识的一句话，可能要数某位很有经验的投资专业人士发自内心的悲叹："我看过很多很多市场择时波段操作方法，都说自己用起来很灵的，我做了40多年投资，这些方法我大多数都亲自尝试过。在我使用之前，这些方法也许都很灵，但是我使用之后，却发现一个都不灵。"

正如有句老话说的那样，有老的飞行员，也有勇敢的飞行员，但是根本没有既老又勇敢的飞行员，也根本没有靠市场择时波段操作重复获得成功的投机老手。平均来看，投资人退出市场空仓期间，与投资人进入市场满仓期间，市场涨幅其实一样。因此，相比之下，选择时机波段操作的人，有时进入市场，有时退出市场，搞得自己很忙，但是因为空仓的那段时间市场照样表现良好，所以其整体收益率反而更低，还不如那些买入之后就一直持有不动的人。真正睿智的投资人，根本不会预测市场下一波走势，也不会考虑要通过低买高卖比市场赚得更多。真正有智慧的投资人知道，一直坚持原来的投资计划不动摇有多么重要。

有一个特别令人震惊的真相，就是极少数交易日的涨幅决定好多年的长期涨幅。图4-1表明，过去36年共有接近1万个交易日，如果我们去掉涨幅最好的少数交易日，这36年整体收益率会下降多少。只扣除涨幅排名最高的前10个交易日，这10个交易日在总共1万个交易日里占比只有千分之一，却会让36年的平均年化复合收益率从11.4%下降到9.2%，降幅高达19%。接下来再扣除涨幅排名第11位到第30位的20个交易日，这20个交易日在1万个交易日里占比只有千分之二，却会让36年的平均年化复合收益率进一步下降，从9.2%下降到7.7%，降幅高达17%。图4-2表明，从过去36年中，去掉涨幅最高的一年、两年、三年，也会产生类似效果，会让这36年的长期平均年化复合收益率大幅下降。

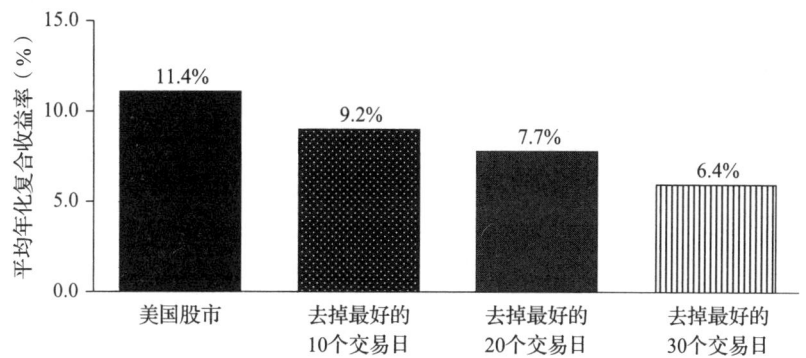

图4-1 去掉涨幅最好的少数交易日会让长期收益率下降多少

资料来源：剑桥协会，时间跨度是从1980年1月1日到2016年4月30日。

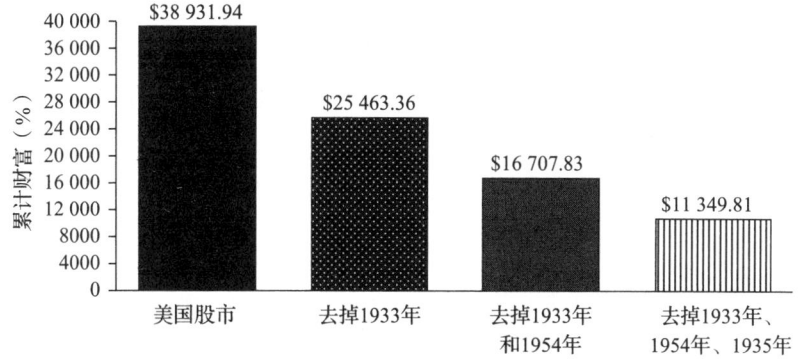

图4-2 去掉涨幅最好的少数几个年份会让累计财富下降多少

资料来源：剑桥协会，时间跨度是从1980年1月1日到2016年4月30日。

用标准普尔 500 指数的平均收益率代表市场整体收益率来举例讲解更清晰。一项研究表明，美国股票市场过去 20 年总的投资收益率，其实只用这 20 年涨幅排名最高的前 35 个交易日就可以赚到了，而这 35 个交易日在这 20 年 5000 个交易日中占比不到 1%（想象一下，如果我们事先知道这 35 个交易日都是哪一天，我们能赚很多钱，多到电影《白日梦想家》中的沃尔特·米蒂做梦也想不到！可惜我们过去不会知道，将来也不会知道）。我们现在能知道的非常简单，却非常有价值：如果你错过了那些数量很少涨幅却特别好的日子，你就会错失过去漫长的 20 年里的全部投资收益。

另一项研究回顾了过去 72 年的市场累计涨幅，不包括红利再投资，只是去掉其中涨幅排名最高的 5 个交易日，这 72 年的累计收益率就会下降约 50%。[一]回顾过去 112 年，如果错过了涨幅排名最高的 10 个交易日，仅仅 10 天，只是 112 年总共 49 910 个交易日中的 10 天，占比仅仅万分之二，那么这 112 年的总收益率就会下降约 2/3。[1]

投资人用很多方式自己伤害自己的长期投资收益，其中一个方式是，市场有一段时间跌得很惨，就吓得恐慌退出股市，后来市场反转，开始大幅反弹，就错过了反弹最初那几天涨幅"最好"的日子，而错失很大一块收益。切记：闪电打下来时，你必须在场，这样好运才能降临到你头上。这也是为什么市场择时波段操作这种投机思维其实很有问题。千万不要搞市场择时，千万不要搞波段操作。

[一] 在美国证券市场上，夏季的到来会引起一片欢呼，有好多故事讲过"夏季行情大反攻"，而秋天的到来则会引发一阵悲声，因为 10 月是股票行情最坏的月份（从统计数据上讲其实 9 月份还要更差），而新年的到来又会引来一片欢声，因为会有"1 月赚钱效应"，但是并非总是如此。关于每年股票市场不同月份行情好坏的说法，也许要数马克·吐温这位文学大师说得最好："10 月。10 月是每年股市投机特别危险的一个月份。其他也特别危险的月份是 7 月、1 月、9 月、4 月、11 月、5 月、3 月、6 月、12 月、8 月、2 月。"（《傻瓜威尔逊》，1894 年）

战胜市场第二招：选股

从理论上讲，战胜市场的第二个方法，就是在战术上擅长选择个股，能够更准或者更快发现市场定价错误，这就是我们经常说的"选股"。基金经理等投资专业人士，在选股上投入的知识、技能、时间、精力，可以说是非常多，全世界的投资专业机构，研究分析功夫主要都花在选股上。

对上市公司做了财务分析，调研公司的行业竞争对手和供应商，再和公司管理层交流，还要调研这家公司的竞争对手，下这么大的功夫研究，基金经理就是想要更深入理解一只个股，或者一个行业板块股票的投资价值，以超越市场共识。基金经理基于自己的研究分析，给出一家公司股票的估值，如果发现其市场定价大幅偏离自己的估值，低估时他们会买入以获取未来升值，高估时他们会卖出以避免未来贬值，这样利用股票市场定价与真实投资价值之间的差异，来为他们管理客户资金构建的投资组合多赚钱。基金经理在价格发现上努力领先竞争对手一步，以此来战胜市场，以前至少还是有可能做到的，但是后来公平披露规则出台，要求上市公司必须同一时间向所有投资人公开披露同一个信息，彭博等信息服务商把金融信息商品化，再加上网络广泛普及，导致信息泛滥，现在每件事几乎人人同时皆知，加之其他方面的重大变化，让基金经理也非常难以跑赢市场。

不幸的是，证券分析师的研究分析工作整体看来，并不是能够赚到钱的行为。那些基金经理费心费力做了一番基本面研究之后，他们决定卖出的股票和他们决定不买入的股票，以相对于整个市场的业绩表现来衡量，一般来说，会和他们决定买入的股票表现一样好。这也正是为什么战胜市场的唯一方式就是战胜同行，投资专业人士聚合在一起，就是市场本身。

问题并不是这些基金经理的研究分析做得不好。问题是太多的基金经理的研究分析都做得太好了。大型券商的分析师就是以推销报告为生的，他们将收集整理的信息和研究报告通过互联网分享给成千上万的基金经理，这些基金经理会预期其他人看到这些卖方研究报告如何行动，在此基础上做出自己的行动反应。这样一来，你在预期我的反应，我也在预期你的反应，结果导致基金经理想要在个股选择或者价格发现上胜人一等，领先于以基金经理为主的整个专业投资群体非常困难，更难以持续。基金经理个个都是投资高手，水平相近，股票交易多是基金经理之间互相交易，就像网球专业高手之间的对战。所以那些学术研究人士说，正是基金经理之间的高度竞争，让整个市场定价机制非常"高效"，换个说法就是市场定价更加准确。

战胜市场第三招：资产配置

投资人想要提高股票和债券整个投资组合的收益率，还有第三个方法，就是做出战略决策，其中包括做出重仓的投资决策，这会影响到投资组合的整体配置结构。制定这些投资决策，要依据以下几个主要方面的判断：主要行业板块的发展、宏观经济和利率的变化、主要股票类型的估值水平的预期变化，比如新兴市场成长股和价值股。

把你的投资组合在合适的时间转移到合适的地方，这种强调资产配置因时而变的投资方式，确实充满了很吸引人的盈利潜力，但是要成功做到很难，主要的挑战是，要及早发现新的投资"优势"，或者新的投资方式，随着市场的转变而转变，既能够迎新，迅速掌握和精通新的投资方式，也能够辞旧，等到其他投资人也都认识到这种新的投资方式之时，你却能够果断舍弃，天下皆知其美而不美矣，你转向下一个更新的方向。

理论上这是可以做到的，但是实际操作中呢？当然偶尔是能够做到的，那么会有多大概率做到呢？我们做出一个投资决策，就像医疗检查会出现"假阳性"误诊一样，会有多大概率误判？从长期的记录来看，这个方法成功率不高，令人信心不足。

战胜市场第四招：行业专长

对一位基金经理，或者整个投资机构来说，还有一个可以提高投资收益率的方式，即发展形成某个行业专长，具有深度长远又真实有效的洞察力，能够洞察出哪些驱动力量能够驱动哪一个具体市场板块或者具体行业的公司业绩和股价长期持续增长，能够贡献超一流长期投资业绩，然后系统地利用这种投资眼光，专注于自己有长牛板块和行业长期不动，经过一轮又一轮的商业周期和股市周期仍然坚定不移，最终获得超一流的长期业绩。

比如一家投资机构，一家基金公司，专注投资成长股，就会聚焦于评估新技术，理解要领导一个快速成长的企业需要有什么样的管理技能，分析如何安排融资以支持新产品开发来开拓新市场。这家机构必须努力从经验中学习，其中包括有时会经历相当痛苦的失败。要学会识别伪成长股和真成长股，伪成长股如同烟花，只有短暂的辉煌，而真正的成长股则是千里马，未来很多年内会取得一系列成功，不断创出新高。

有些基金经理持这样的观点，在成熟的也往往是周期性的行业里，有很多大公司，其中有一些公司有很高的投资价值，大多数投资人认识到的投资价值只占其中一小部分。这些基金公司会努力在这个周期性行业里发展形成自己的专长，能够避开那些伪价值股，虽然其估值定价水平比较低，但其实公司质地很差，本来就应该估值低。基金经理相信，通过精明的研究分析，能够辨识出具有超一流长期投资价值的个别周期股，利用市场过度不看好而形成的过低估值价格，买到有较高升值空间的好股票，从而能为客户赚到超一流的投资业绩，却只冒相对较低的风险。

关于形成行业专长的投资理念也好，投资哲学也好，最重要的考验是，基金经理能否长期坚持不动摇，能否坚信实实在在的长期驱动力量，即使短期业绩并不如意。这种投资方式最大的优势是，基金公司能够一直专心做自己特别擅长的行业，避免其他行业转移注意力而形成困惑和干扰，并吸引到对于这个行业投资很感兴趣又很有能力的基金经理和分析师加入，通过持续不断的实践摸索、复盘改进、研究学习，最终发展出真正精通这个行业的专长。但是最大的不利之处是，要是你选择的这个行业过时了，定价过高了，跟变化的市场脱节了，专注于研究这个行业的基金公司根本不可能及时发现，等到真正发现需要转变，早就为时已晚了。

关于影响深远的投资概念，有个很突出的缺点，就是能够发现而且持续很长时间的投资概念少之又少，非常罕见。这很有可能是因为，一个自由的资本市场的标志就是，建立一种独家的竞争优势，并且能长期保持优势，这种机会即使有也是非常稀少的。市场在不断寻找好的投资想法，金融市场是全球最高效的市场，好的投资想法一出现，很快就会在市场上传播开来，不再是独家的了。

所有形式的主动积极型投资管理，都有一个共同的基本点，就是都依赖于别人的错误。不管别人是错失机会，还是错误出手，对于主动管理型基金经理来说，能够找到获利机会的唯一方式，就是发现市场上所有专业人士群体形成的投资共识是错误的，也就是众人皆醉我独醒，众人皆错我独对。尽管整个群体犯错确实有可能发生，但是我们必须要质问一下，这种群体错误发生的次数有多少？具体到单独一个基金经理身上，众人皆醉之时我独醒，同时还有足够的智慧、技能、勇气，去采取与市场共识相反的正确决策，这种众人皆输唯我独赢的次数又有多少？在我们一生的投资中，扩大成功的最好方法，就是减少出错（随便问问高尔夫和网球运动员或者驾校教练，就知道减少出错的好处有多大了）。

在投资管理行业中，有如此众多的竞争对手，同时都在分析个股或者行业板块的价格与价值关系，想要得出远超同行的一流见解。但是，因为有这么多的信息，在投资群体之间非常广泛又非常快速地传播扩散，结果导致极少有机会发现和利用你对个股或者板块高人一筹的分析评估，因为这种机会其实是由于其他投资人判断错误或者说没有注意到才留下的机会，所以肯定非常少见。

很多投资人常犯的错误是用力过猛，想要从投资标的上赚到的回报，高于投资标的本身能够产生的回报，典型的操作方式是加杠杆，过度融资导致杠杆比例过高，即融资额与保证金的比例过高，一旦出错，杠杆有多少倍，亏损就会放大多少倍，后果很严重。结果往往是，用力过猛最终会让你付出高昂代价，因为承担了更高的风险，就得付出更高的代价。

投资人常犯的另一个相反的错误，是用力不够，通常是因为让短期焦虑主导了长期投资的思考和行为，而过度防守。长期来看，在投资组合中保留的现金比例即使不算太高，都会付出相当大的成本代价，拖累长期业绩。

最才华横溢的基金经理也知道，那些同行竞争对手，个个也是同样勤奋努力，同样坚定不移的，怎么能指望他们由于无能、误判或因疏忽而犯错，持续不断地为你提供足够有吸引力的买入卖出机会，让你一次又一次战胜他们。因为机构主导市场，战胜这些同行，也就是战胜市场，你要是把战胜众多同行想得这么简单，这也太傻太天真了。

即使是认识到市场择时不管用，外行人一看股票市场经常大起大落，却不能成功运用波段操作从中获利,还是会感到不解。如果市场是高效的,为什么还会如此大起大落?可以肯定的是,上市公司的真正价值并不会这样大起大落,既不会变化幅度这么大,也不会变化速度这么快!

但是,你对股票未来价值的感觉,是你对其他投资人的预测的预测,而其他投资人的预测也是如此逻辑。而对于投资人预测的变化,最好的反映指标就是股票市场价格的变化。股票市场的短期定价机制,既不稳定,也不持续。就像"蝴蝶效应",蝴蝶摆动一下翅膀,就能引发一系列天气变化,最终在大洋彼岸生成一场剧烈的台风,市场看起来也会有这样"不理性"的行为。这是为什么呢?因为那些勤奋又理性的人随时准备对其他人的看法的改变做出快速反应,他们试图预测市场,而市场会对各种各样大大小小的新信息做出反应(当然其中有真有假)。这正是为什么经济学家会开玩笑说,最近发生了三次经济衰退,而股票市场预测出来了九次。但是如果股票市场中所有那些错误定价的"噪声"都是不理性的,那么为什么到现在为止,也没有人能够想到如何利用这种群体性定价错误来从中获利呢?

我们来打个比方,可以帮你看清真相。想象一下,你去逛一个古董展销会,里面有几十个摊位。你到这里是想找到一些不错的古董,给你家增加一些可爱的收藏。那么你会碰到以下四种情形之一:

第一种情形是,你有两个小时的时间,一个人到各个摊位逛逛,自己做出选择。

第二种情形是,和你一起逛的还有二三十个古董专家,你们同样都有两个小时的时间来选购。

第三种情形是,你得到允许,能够逛上整整两天,和你一起逛的还有其他一千个持特别通行证的游客,不过在你们之前,已经有二三十个经验丰富的古董专家作为"特邀嘉宾"先逛了两个小时,选了一些古董买走了。

第四种情形是，这个古董展销会进入第三天，你可以和五万人一起逛，但是前两天那些专家已经逛过了，想买什么都已经买好了。在这种情形下，你会淘到几个自己喜欢的玩意儿，觉得价格也还算合理，但你知道肯定不会找到价格低得离谱的好古董。

现在，我们做一些条件变化：前来逛展销会的人，不仅有想淘到一些好东西来升级自己收藏的买家，还包括那些卖家，每个人都带着自己收藏的一些古董，前来参加展销会，想要卖个好价钱。此外，所有交易的价格，包括所有过去的交易价格，向整个市场完全公开，凡是进入市场的人都能查到，而且市场上所有买家和卖家，都在一个同样非常有名的学院里专门研究过古董，那些业内很受尊重的博物馆馆长出具的文物鉴定报告，都能够查到，他们都认真研究过。

做这个简单的思维练习能提醒我们，市场里有很多专业人士，所有买家卖家都能得到全面、充分、及时的信息，这样的市场能够很好地完成其首要功能：价格发现。

可能有一些纯粹主义者会声称，全球主要股票市场并不能在任何一个时点都十分完美地匹配价格与价值，是的，确实不够十分完美，但也相当完美了，大多数股票的价格还是非常接近于价值的，或者说即使一时价格不够接近价值，也会很快动态回归到价值附近，所以任何一个投资者都很难利用其他人的定价错误获利，扣除他为这一番努力多发生的费用和成本之后很难有利可图。

所以，尽管市场并不是十分完美的有效，但是已经足够有效了，你想要战胜市场，折腾下来多赚到的钱，还比不上为此多投入的成本，战胜市场也就根本不值得去追求了。因此，越来越多的投资人开始认同用指数投资来保证自己能够追平市场：如果你不能打败市场，就应该加入市场。怎么加入市场？很简单，买指数基金就行了。投资人要拥抱指数投资，主要是由于以下 4 个原因：（1）过去 60 多年来，股市已经发生了极其巨大的变化；（2）指数投资业绩长期跑赢主动投资；（3）指数基金的成本超低；（4）指数投资操作非常简便，让投资人能够把时间精力集中在对长期投资成功至关重要的投资基本方略上。

在美国战争片《全金属外壳》（*Full Metal Jacket*）中有这么一段，两个脾气暴躁的中士教官，正看着他们手下参加基础训练的新兵。新兵排成密集队形，去参加新兵训练毕业典礼，他们一边小步跑，一边喊着海军陆战队里的口号："空降兵团，勇往直前！"一个教官说："大哥，看着这些新兵蛋子，你能看出他们未来会是什么样的吗？"另一位教官清了清喉咙，回答说："我能看出来什么？哼，我告诉你吧。这些新兵蛋子，十个人里有一个确实会成为优秀的战士。"停了一下，他接着说道："其余的……只不过是……送死的靶子！"这只是战争片的一个片段而已，但是这段话很重要，对投资者来说很有现实意义，值得深思。

这里有个方法，可以让你一下子领悟。假设你投资技能十分熟练，信息广泛又灵通，在所有个人投资者里面，按照投资能力排名，你可以排到前 20%。哇，太厉害了！你是个投资高手！我们要向你致敬！不过，你还是要十分小心！为什么呢？因为即使你的投资能力大幅超越个人投资者平均水平，进入股票市场之后，你的交易水平也几乎肯定会低于市场平均水平，因为现在的市场是由以基金经理为代表的机构投资者主导的，这些专业交易者每年进行数百万笔手法老道的交易，他们每天的交易数量，远远超过你我一辈子的交易数量。看看机构的交易成交笔数和交易规模数据，根本不是一个数量级的！

做投资一定要认清现实，为此第一步是要认识到，个人投资者，要想在股票市场上获得成功，关键不是你个人的投资技能、投资知识如何。

现在美国股市90%的交易都是机构交易，如果占比超过90%的专业高手交易的技能和知识远胜于你，那你就惨了。你的交易平均而言很有可能排名垫底，属于底部的四分之一那档。

有篇论文写得挺好，题目是《为什么投资者会频繁交易？》，作者是特伦斯·奥丁（Terrance Odean），他是加州大学伯克利分校的金融学教授，他研究分析了一家大型折扣证券经纪公司的零售客户，在过去15年里做的近10万笔交易。奥丁教授发现，这些个人投资者买入的股票，后来一年跑输市场2.7%，而他们卖出的股票，后来一年却跑赢市场0.5%。与这篇论文的结论类似，布鲁金斯研究所的三位经济学家约瑟夫·拉肯斯克、安德瑞·斯莱福和罗伯特·威斯尼合作发表的一篇研究论文表明，专业基金经理做的股票交易效果也不怎么样，和他们保持投资组合不变能赚到的收益相比，他们做了交易之后反而让组合收益率减少了0.78%。还有，普莱塞斯咨询公司（Plexus Consulting Group）这家专门研究投资管理人交易成本的公司，研究了19家基金公司的8万多笔交易，结果发现，尽管基金经理买入股票一般来说能够让短期业绩增加0.67%，但卖出股票一般来说会让短期业绩减少1.8%。

看看拉斯维加斯、摩纳哥的那些大赌场里如潮的人流，你就知道，不是每个人做事都是完全理性的。如果你像电影《白日梦想家》中的沃尔特·米蒂（Walter Mitty）一样幻想着能够打败那些专业高手，那么你既需要好运眷顾，也需要我们为你祈祷。

与此同时，有经验的投资人都明白，长期投资有四大基本原则，睿智的投资人会坚持这些原则，以此指导自己所有的投资操作：

> 第一个基本原则，也是主宰投资现实世界的最基本原则，即最重要的投资决策是选择合适的长期资产配置比例：股票、

房地产、债券、现金四大类资产分别配置多少仓位比例。

第二个基本原则是，资产配置部分取决于你的资金想要实现的现实目标，部分取决于你的资金可用期限，部分取决于你能够坚持投资计划不动摇的能力。

第三个基本原则是分散投资，大类资产之间要分散投资，每一个大类资产内部也要分散投资。坏事肯定会发生，而且会发生得出乎意料。

第四个基本原则是，耐心和恒心重于一切。好事往往会在意想不到的时候降临，那些没有耐心的投资人长期表现会很糟糕。卓越的教练说得好："计划好你的比赛，按计划打好你的比赛。"这会让你重新回到基本原则的第一条。

说来奇怪，大多数投资人尽管嘴上说要努力争取更好的业绩，但做的事却往往是损害自己的投资组合，因为他们违背了四大基本原则中的某一条甚至全部。

对照第一条，大多数投资人并没有把时间和注意力放到研究最适合自己的大类资产平衡配置比例上。

对照第二条，大多数投资人的投资组合结构并不适合他们的资金使用期限。

对照第三条，大多数投资人分散的程度远远不够，这让他们承担了过多的风险，等他们认识到时，为时已晚，这时候风险从可能的损失变成了现实的损失。

对照第四条，大多数投资人极度缺乏长期投资的耐心和恒心，不能一直坚持到底。此外，他们支付的费用太高了，频繁换手导致更高的交易成本，还要支付更多的所得税。

他们投入了好多时间、好多激情折腾，却折腾出来不少"损失裂缝"，白白损失了他们本来能够轻松获得的长期业绩。本来他们只需要花上一小部分时间，一小部分注意力，用心理解自己的投资现实情况，制定稳健可靠的长期投资计划，这样做更有可能实现他们的投资目标，只要耐心地坚持投资计划就行了。这样的长期投资轻松得多，业绩也好得多。

　　做人要现实，做投资也要现实，首先要看清股票市场的现实情况，这一点很重要，而且现在正变得越来越重要。因为股票市场变化很大，并且越来越多地由大型机构来主导，这些机构规模很大，行动很快，消息灵通，相比个人投资者在各方面都拥有巨大的优势。在过去20年里，10个专业投资机构有9个都没有打败市场，却被市场打败了，其业绩还不如代表市场平均水平的指数，如果你能看到准确和完整的基金业绩数据，就会清楚地认识到这一点。对于个人投资者来说，比起你看到的基金业绩记录，现实绝对比你的想象更糟糕。

参考文献

1. Jason Zweig reporting in the *Wall Street Journal* on research by Javier Estrada.

| 第 5 章 |

市场先生与价值先生

从短期来看,市场很迷人,但是也很会欺骗人。从长期来看,股票市场几乎可以说既可靠也可预测到无聊的程度。不过,不是完全,只是几乎。

知道股票市场这个舞台上有两大主角,其性格特点有非常大的不同,这对于你理解股票市场的现实情况至关重要。这两个主角就是:"市场先生"和"价值先生"。

市场先生得到了投资人所有的关注,因为他太有趣了,而那可怜的老家伙价值先生,尽管重要的工作都是他干的,但是几乎完全被投资人忽视了。这太不公平了,活儿都是价值先生干的,市场先生却只管玩乐,享受所有的乐趣,可是祸都是市场先生闯的。

市场先生,最初是本杰明·格雷厄姆在他那本经典著作《聪明的投资者》[1]中,把天天买卖交易的市场比喻成一个人,称其为市场先生。市场先生偶尔会让自己的热情或者恐惧失控。这个家伙,情绪一点也不稳定,有时候情绪特别好,这时他只会看到那些有利因素会让企业发展得多么美好；反之，有时候他的情绪特别差，这时他只能看到那些不利因素将会给企业造成多么大的麻烦。不过，市场先生在交易上特别乐于助人，他日复一日，年复一年，天天准时开门营业，你想卖出股票，市场先生就会买入你的股票，你想买入股票，市场先生就会卖出股票给你。尽管这个家伙做事完全不靠谱，也完全不可预测，但是他有一点始终不变，就是他一次又一次试图引诱我们去交易，做什么交易都行，不管多少，只要做点儿交易就行，对市场先生来说，交易越活跃越好。为了引诱我们，市场先生会不断改变自己的报价，有时候他的出价变得很快。

市场先生很会捉弄人，但又很迷人，为了诱使投资人出手交易，他持续不断地使出种种花招和手段，其中有让你心动的好消息，比如，高得令人吃惊的盈利报告，多得令人震惊的分红公告，突如其来的通货膨胀，鼓舞人心的总统讲话，令人兴奋的新技术发布。也有让你心慌，吓得想要卖出股票的坏消息：大宗商品价格大跌，公司破产，甚至是严重的战争威胁。这些大新闻，是市场先生他从那个装满魔法道具的大包包里变出来的，在你想不到会发生大新闻的时候，却出现了大新闻。

正如魔术师运用聪明的把戏来转移观众的注意力一样，市场先生会用非常短期的大新闻来分散我们的注意力，让我们中招，干扰我们的投资思考。市场先生在我们面前跳来跳去舞个不停，他却根本不在意现实世界。为什么呢？因为他对现实世界根本不负任何责任。市场先生只有一个目的，就是打扮得"很吸引人"，吸引你多做交易。

与此同时，价值先生也是一个坚定不移而且始终如一的家伙，他从来不表现出情绪，而且很少刺激别人的情绪。价值先生生活在一个冰冷的、生硬的现实世界，没有什么感受或感知，每日每夜不停工作，发明、制造、分销商品和服务。价值先生的工作，就是尽心尽力地在工厂里把商品和服务生产出来，放到仓库里，摆到零售商店的货架上，就这样每天做着实实在在创造经济价值的工作。价值先生这样的角色，从情感上来说一点不激动人心，但是绝对非常重要，是经济和社会生存发展的根本。

长期来看，价值先生总是会胜过市场先生。最后，市场先生那些把戏，就像孩子在沙滩上堆的城堡一样，在海浪一次又一次的冲刷下，化为乌有。在企业真实的世界里，商品和服务的生产和销售，长期来看是相当稳定的，方式也好，数量也好，在市场先生上涨的阶段是什么样，在市场先生下跌的阶段还是什么样。长期投资人需要避免受到市场价格大幅波动影响，而内心动摇，或者转移注意力，因而不能继续坚持他原来稳健合理的投资基本方略，去追求获得有利的长期投资业绩。（与此类似，聪明睿智的父母，尽量不听孩子感受到压力太大而情绪过激时的那些胡说八道，就是听到了，也大多过耳就忘。）

打个比方，每天的天气变化，相比之下，完全不同于季节气候变化。天气变化是短期的，而季节气候变化是长期的。我们选择了一个合适的气候，即选择了一个合适的季节，来建造一幢房子，我们不会因为最近一个星期天气不好，就轻易放弃。与此类似，我们选择了一个长期投资计划，也不会由于几天短暂的市场行情变化就受到影响。

投资人应该忽略市场先生和他的上蹿下跳。市场每天短暂的起伏变化对于长期投资者来说并不重要，就像每天的天气变化对于气候学家并不重要一样，对于决定了在哪里定居的家庭来说也不重要。长期投资者会睿智地忽略市场先生那些欺骗性的把戏，很少甚至完全不在意当前的价格变动，转而关注价值先生，他们会认真研究股票背后的真实企业，研究这些企业的盈利和分红，专注于这些企业长期能够为股东创造的实际回报。

因为市场先生总是用令人吃惊的短期事件，来抓住我们的注意力，刺激我们的情绪，耍花招让我们上当受骗，所以有经验的投资人会研究股票市场的长期历史，搞明白长期真正重要的是什么。与此类似，飞行员花很多个小时在飞行模拟器上，在模拟风暴和其他异常危机中"飞行"，这样模拟飞行的次数多了，飞行员就能逐步适应各种各样的压力环境。以后真的面对特殊情况时，因为久经训练，早有准备，飞行员就能够保持冷静和理性，妥善应对。研究股票市场的历史，就如同穿越时空回到过去在投资世界模拟飞行，你研究越多，对股票市场过去如何波动起伏了解得越多，越能理解其真正本质，以及未来市场会如何表现。

如果你只看市场短期波动，会觉得市场是完全不理性的，但是你深刻理解股市长期的历史规律之后，就能理性面对市场波动。至少，市场先生忽上忽下忽好忽坏的短期伎俩不会经常让我们中招，不会动摇我们的长期思维。了解股市历史，汲取历史经验教训，可以让我们的心理对短期事件脱敏，不再那么容易大惊小怪过度反应，就不再像一个刚刚考到驾照的年轻新手司机那样，看到本来完全可以预测到的事故，总是大吃一惊："老爸，这家伙不知道从哪里一下子窜出来的！"投资新手看到那些所谓的"异常事件"，甚至是"六西格玛事件"，即发生概率只有百万分之三的事件突然发生，引发股票市场暴跌，也会大为震惊。其实这种让菜鸟投资人震惊的暴跌，完全在正态分布的钟型曲线范围之内。对于认真研究过股市历史的投资人来说，股市暴跌并不稀奇，如同百年一遇的洪水和台风并不稀奇一样，大多数股市暴跌甚至完全可以推算出来必然会发生，只是不知具体在何时发生而已，所以即使发生暴跌，长期投资人也不用大惊小怪，更不必过度反应。

当然，大多数专业投资人，本来可以获得相当好的投资业绩，轻轻松松跑赢市场指数，只要去除他们少数"令人失望"的投资，或者少数市场"困难"时期产生的亏损就行了。⊖（大多数青少年本来都会有相当好的驾驶记录，如果他们能够去除少数"意外事件"就行了。）不过人生的残酷现实是，大多数基金经理，大多数青少年司机，几乎肯定会碰到异常事件。在投资中如果出现了非常罕见的事件，或者完全预料不到的事件，基金经理可以理解根本没有预料到会发生这种事件，而且几乎可以肯定以后绝对不会以完全相同的方式再次发生，但是这一次就是突然发生了，一下子投资业绩大幅下挫，本来过去一直是超一流的投资业绩，一下子就变成了二流甚至三流。

我们都知道，重力是一种强大的力量，一直在发挥着作用。一种同样非常强大而且同样普遍存在的力量，也一直在证券市场发挥作用，这个力量就是：均值回归。用一个不太正式的术语来说，就是一系列事件有个倾向会变得更加正常，或者更加接近平均水平。例如，非常热或者非常冷的天气，后面往往会跟着出现不太热或者不太冷的天气。公司的盈利也是这样，最近盈利增长大幅超过竞争对手的公司，未来的盈利增长往往就不如同行了。而那些最近业绩非常糟糕的公司，以后的业绩往往不那么糟糕。

同样的"回归正常"倾向，也会出现在股票市盈率上。那些现在市盈率高得出奇的股票，时间久了，市盈率往往就会下降到不是那么高。当然，由于盈利和市盈率倍数本身各自都有向均值回归的倾向，各自都会偏离已经非同寻常的高点和低点，所以它们可能会在大致相同的时间

⊖ 对于飞行员来说同样如此。汤姆·沃尔夫（Tom Wolfe）写过一本书《太空先锋》（*The Right Stuff*），后来改编成同名电影，他在书告诉我们，那些"独一无二的事件"如何一次又一次引发"难以解释的"严重事故，让那些超级厉害的试飞员因此牺牲。那些年轻的飞行员，从来没有意识到这个残酷的现实，遗憾的是，他们危险的试飞活动，本身蕴含着巨大风险，这些非常罕见的空难事件，是其中必不可少的一部分风险。这些飞行员为了努力取得超一流的表现，就要尽力飞得更高更远，远远飞离他们的舒适区，飞到其他飞行员都没有尝试过的边缘区，因此根本无法避免罕见的空难事件。

点同时向均值回归，这会导致股票价格受到双重打击。[注]

对于投资人来说，均值回归，或者回归正常，是特别宝贵的力量，值得牢牢记在心上。人是情绪动物，碰到好事会激动，碰到坏事也会激动，嘴里说得很大声，心里信得很真诚，比如"这次不一样"。当其他人特别激动的时候，最值得你牢牢记住均值回归，均值回归每次都一样。是的，我们每个人都是不一样的，但只是在细节上不一样而已。在大多数方面，我们大多数人在很大程度上还是一样的。所以，要是你做出决策投资一只股票，你的理由完全依赖于这只股票很不一样，或者是这家公司很不一样，那么你这笔投资赚大钱的概率并不会高得很不一样，一只股票或者一家公司，如果需要表现得很不一样，才能证明你的买卖决策是正确的，那么这种"理由"最后通不过的概率就会很大。

均值回归，其实在我们生活中的很多方面都在发挥作用。正是均值回归，才让我们有可能透过各种各样的相关性找到出路，也才能够彼此互相预测。均值回归对于长期投资者来说很重要，特别是当现在的体验和最近的体验逼得我们不得不注意的时候。在这种情况下，知道均值回归这股强大的力量，会帮助我们"保持冷静，继续前行"。

长期投资，不可避免地会被均值回归主导。这正是为什么高得很不正常的股价，虽然股价越高，你的浮盈越多，你越高兴，但其实这对你来说并不是好事。最终，那些短期暴利，大大超过了长期中心趋势线所代表的正常盈利水平，早晚你得还回来，就算不是全部，也会是大部分。

投资不是娱乐。投资是一种严肃的责任。你并不能想当然地认为，投资充满乐趣，投资激动人心。在最好的情况下，投资就是一个连续不断的处理过程，就像提炼石油、生产饼干、合成化学品、制造集成电路

[注] 有个说法称其为戴维斯双击。——译者注

一样，是一个连续不断的处理过程。如果这个过程之中有什么地方"很有乐趣"，那么几乎可以肯定这个地方出错了。正是因为这个原因，我们要练习善意的忽略，要练习坚持原定计划，对于大多数投资来说，这是长期成功的秘密所在。

你在股票市场上遇到的最大挑战，既不是市场先生，也不是价值先生。你遇到的最大挑战，既看不见，也测不出，那就是隐藏在你心中的情绪反应，就是所有投资人都会有的情绪反应。投资的过程，就像我们为人父母把子女养大成人的过程一样，都受益于三个方面：一是重事实，冷静、耐心、坚持；二是看长远，有长期的视野；三是抓重点，一直盯紧我们的大目标。投资最大的危险，几乎总是由投资人的短期行为产生的。这也正是为什么，投资人要把"了解你自己"作为最核心的基本原则。在投资上最难做到的事，并不是智力上的事，而是情绪上的事。

我们面对的这个股票市场，明显很不理性，过度活跃交易，是一个短期"预期别人都会如何预期"的市场，在这种市场环境下，要保持理性，很不容易。市场先生总是用尽所有聪明的手段，想要让你中招，从关注长期变成关注短期，不再坚持原来的长期投资计划，而是轻易做出改变，所以说，要一直保持理性投资，特别不容易。因此，投资最困难的工作，不是找到最优的投资基本方略，而是始终保持关注长期，特别是在市场涨到牛市顶部或者跌到熊市底部的时候，仍然坚持执行你的最优投资基本方略。

参考文献

1. Benjamin Graham, *The Intelligent Investor* (New York: Harper & Brothers, 1949).

| 第 6 章 |

投资人的全明星梦之队

任何一个投资组合的长期投资总收益率,其中最大的一块,都是来自一个最简单的投资决策,而且是到目前为止最容易执行的投资决策,就是不买股票买股市,用买入指数基金的形式,同时买入整个股市所有个股,投资指数基金,就是投资整个股市。如果一听这话,你的直觉反应是:"哦,这可不行,我才不会这样甘于平庸,只是拿到市场平均水平就满意了。我要战胜市场。"⊖其他人一听,可能会心中暗想:"你看,这又有一个做白日梦的家伙,比电影《白日梦想家》里的那位沃尔特·米蒂还会做白日梦,竟然幻想自己能够战胜那些机构里的专业投资高手。"尽管我也知道你是在做白日梦,但是,我理解,我来帮你一把,为你打

⊖ 确实是有少数主动管理型基金经理,他们长期跑赢市场的可能性会高于市场平均水平。但是他们个个都是非同寻常的人物。其中有几个长期跑赢市场的基金经理,是精通量化分析的"超级宽客"。尽管他们的投资非常成功,让我们都大受鼓舞,但我们却根本搞不懂他们的量化投资过程,也就根本不能识别出将来哪几个人最后会大获成功,而且还要他们愿意接受新的外部投资人才行。另外一批跑赢市场的优秀基金经理,都是在专精研究小盘股的基金公司工作的,这些基金公司专门投资少数小盘股,而且长期持有,换手率很低。因为他们长期追随费雪成长股投资策略,致力于从众多小盘股中筛选出来极少数不受市场青睐但是真正伟大的企业。但是这类基金公司非常难以找到。

造一个专门来帮助你圆梦的投资明星梦之队。

要是所有投资高手，你都可以随便挑，不限人，也不限人数，想要谁就要谁，想要几个就要几个，作为你的同事每天与你一起工作，你会选择哪些投资大师，加入你的投资明星梦之队？

美国股神沃伦·巴菲特怎么样？没问题，搞定了。顺便带上巴菲特的老搭档查理·芒格。耶鲁大学捐赠基金首席投资官大卫·史文森，可以吗？管理哈佛大学捐赠基金的杰克·迈耶？管理鲍登学院捐赠基金的宝拉·沃伦特？管理麻省理工学院捐赠基金的塞斯·亚历山大？好，这些投资大师现在都是你的投资团队成员了！再加上全球第一大基金公司富达基金的所有分析师和基金经理，还有资本集团所有的分析师和基金经理。我还想多要几位投资大师，另类投资大师震撼资本（Tremblant Capital）的布雷特·巴拉凯特，打败英国央行的乔治·索罗斯，对冲基金绿光资本的大卫·艾因霍恩，对冲基金孤松资本（Lone Pine Capital）的史蒂夫·曼德尔？好的，这几位投资大师也都加入你的投资团队了！再把全美国还有全世界最牛的对冲基金经理也都给你。

不止于此，你还可以拥有美国证券市场上所有最优秀的分析师，美林证券的600个证券分析师，高盛的600个证券分析师，摩根士丹利的600个证券分析师，再加上瑞士信贷、瑞银集团、德意志银行三大投行每家600个分析师，再加上所有专精于科技股或者新兴市场的券商分析师。全世界所有最好的基金经理，还有为他们工作的所有证券分析师，全部都加入你的投资梦之队。

其实，这并不是白日梦，你完全可以聚集全世界最优秀的专业高手为你工作。你唯一需要做的，就是同意接受他们聚合到一起形成的最优投资共识，照着去做就行了。要得到这个投资梦之队的投资专长，你只需要做一件事，就是买入指数基金做指数投资。因为指数基金复制了整个市场。现在的股票市场是由专业人士主导的，反映了所有这些勤奋的专业人士共同积累的综合投资专长，他们一直努力做出最好的股票定价分析判断。这些专业人士还会随着对信息了解得越来越多迅速更新自己的分析判断，这意味着你买入指数基金进行指数投资，就能够一直得到最新的专业人士共识。实际上完全可以说，股票市场就是世界上规模最大的"预测市场"，很多独立的专业人士做出他们最好的预测，然后在这些预测上押上真金白银，再押上自己的专业声誉作为赌注，为各自的预测背书。

购买指数基金，做指数投资，实质就是复制整个股票市场，这样就赋予你一个巨大的投资优势，就是拥有全世界顶尖投资高手组成的投资梦之队为你效劳，你买的指数基金，有哪些成分股，定价多少，组合仓位占比多少，就是这些人投资分析判断综合到一起的智慧结晶。

指数投资的好处不仅于此，你还会自动获得其他重大好处。其中之一就是心安。投资一生，金钱易得，心安难得。大多数个人投资者一边投资，一边内心纠结，前面很后悔，后面怕后悔，前面是为过去犯下的错误感到后悔，后面是怕未来还会犯下新的错误。指数投资可以让这两大烦恼立刻消失。长期投资指数基金，还有几个特别强大的竞争优势：基金管理费率更低，纳税更低，组合"运营"费用也更低。主动投资管理的成本费用持续不断地增加会吃掉一大块长期投资收益。投资指数基金能避免过高的成本费用，使你成为长期投资的赢家，长期来看，你能跑赢几乎所有其他投资者。这还是按照税前收益来算的，如果是按照税后收益，你跑赢绝大多数投资者的幅度只会更大。

尽管指数投资越来越受到重视，但是指数投资并没有普遍流行，特别是在那些经验丰富的投资人中更不流行。在做主动投资的基金经理圈里，指数投资基本不受欢迎，在很多满怀希望想要战胜市场的个人投资者圈里也不受欢迎。实际上指数基金是市场上所有投资高手组成的投资梦之队每天辛勤工作的智慧结晶,它看似简单,其实背后极其复杂又高明,世人多数只看表面,因此极少给予指数基金应得的尊敬。但是,相信长期的力量,随着时间推移,指数基金将取得几乎比所有公募基金更好的业绩,更远远跑赢几乎所有个人投资者。

考虑到做主动投资要付出那么多的时间精力、成本费用、研究功夫,努力想要获得跑赢市场的长期业绩,结果大多数人却还是跑不赢,这样一比,指数基金需要投入的成本很低,可以获得的长期业绩却更高。指数投资,这个简单复制整个市场的投资组合,看似乏味无聊,像匹负重的老马一样只管一直往前走,看起来没有头脑,但是事实正好相反,指数基金反映了整个市场所有股票综合在一起构成的投资组合,这是基于所有专业人士对企业、行业、经济、市场的大量研究综合形成的投资组合,值得我们认真思考,大致可以简单总结归纳如下。

证券市场是开放、自由、竞争的市场,有大量的专业投资者参与市场交易,他们个个消息灵通,对股票价格高度敏感,彼此互相竞争,技能高超,手法熟练,精力充沛,持续不断,既会做买方,也会做卖方,灵活操作。即使是非专业的投资人,也很容易得到那些专业人士的服务,特别是现在这个信息时代,可以随时咨询专业投资顾问。股票报价信息传播得很广泛,很及时。证券市场上建立了一系列法律法规,有效地禁止了市场操纵。市场上有成千上万的专业人士,持续不断地努力寻找并利用少数市场定价不完美的股票以从中获利,其中包括:分析师、基金经理、做套利的机构、做交易的机构、对冲基金、私募股权基金、技术分析专家、以并购为主业的公司、以研究为本的长期投资机构。这些专业投资者有时是卖方,有时是买方,通过市场交易互相竞争,个个消息灵通,特别是当他们被作为一个整体来看时,任何一个基金经理,单枪匹马，想要持续稳定获得一流业绩，大幅超越同行的整体平均水平，那是根本不可能的，因为同行一样也是专业投资高手，一样非常专注，一样非常努力，也在运用同样丰富的投资经验，同样熟练的投资技能，同样算力强劲的计算机系统，同样能够得到最好的研究报告，来做出他们认为最优的投资决策，决定是否买入卖出，什么时候买入卖出。

这样一个专业投资高手密集的股票市场，我们可以认为是"有效的"，虽然不是有效到完美的程度，但是已经足够有效了，那些有头脑的投资人会认识到，他们不能指望自己可以经常成功地利用其他投资人的错误。技能熟练的竞争对手越多，其中任何一个人想要持续胜人一筹的可能性越小。（值得注意的是，受过良好教育又非常积极努力的人，纷纷进入专业投资机构工作，世界各国普遍如此，人数之多，令人震惊。）

在一个完全有效的市场里，价格不但反映了能从市场历史价格序列中推导出来的任何信息，也包含了股票背后上市公司的所有可知信息。（尽管有一些证据表明，上市公司每个季度的盈利报告，并没有马上且完全地反映到股票价格中，但是明显可以利用的机会非常有限，机会的潜在盈利空间非常有限，机会持续存在的期限也非常有限，那些管理大型投资组合的基金经理，并不能够有效地利用这种信息获利。）

有效的市场并不意味着股票总是以"正确的"价格买卖。大家都知道的，股票市场会波动，而且像是1987年10月，2008年10月～11月，或者2020年3月，市场的"波动"会非常剧烈。请注意，从整个市场来看，投资者的整体判断可能会大错特错，错误地过度乐观，或者错误地过度悲观，这些大错市场后来都会发现，市场整体价格水平会反向调整大幅修正。但是，尽管如此，市场还是高度"有效的"，能把各只股票任何可以得到的基本面相关信息，都纳入"个股的相对市场价格"之中，即个股股价波动幅度偏离整个市场波动幅度的水平。

因此，明智的开始是你要能认识到，即使有些投资机构的长期业绩会跑赢市场，但也为数极少，而且很难提前估计出来哪个基金经理能跑赢市场。

下一步是做出决定，尽管参加的是输家相争稳者胜的比赛，你还是有可能"获胜的"，但是这种比赛值得你去参加吗？特别是只要买入指数基金就可以给那些投资经理及其客户提供一个非常轻松的替代选择。指数基金投资人不需要参与非常复杂的投资比赛，比如改变组合、选择个股等，这类操作其实相当复杂，容易出错，除非他们执意要这么做。

任何时候你都可以投资指数基金，这种自由给我们提供了极大的便利。运用指数基金，让所有投资人都能够实现与市场完全同步，只需要花一点工夫就能轻松做到。这种便利让我们有时也能"主动投资"，从宽广的投资领域中选择一个板块，深思熟虑之后从容行动，我们什么时候想投资就可以投资，想投资哪个板块就投资哪个板块，长期也行，短期也行，想持有多久就持有多久。正是因为随时投资指数基金可以马上重新与市场同步，有了这种便利，让我们有时可以主动选择脱离指数基金，当然只是在我们认为主动投资所增加的收益，能够完全弥补由此增加的风险时，才值得去做。

即使是可以称得上世界上最成功的投资大师沃伦·巴菲特，也推荐大多数投资者考虑选择指数投资，他说："大多数投资者，包括机构投资者和个人投资者，早晚会发现，投资股票的最好方式，就是持有一只收费极低的指数基金。遵循这种投资方式的投资者，其扣除基金管理费和其他费用之后的净业绩，肯定会跑赢绝大多数专业人士。"[1]

每一个辩论专家、谈判专家、诉讼律师都知道，发展形成一个可以说服人的论点，最重要的一块工作就是分析对手的论证。表6-1回顾了正反双方辩论的论点，左边一栏是支持主动管理的人反对指数投资而提出的各种论点，右边一栏是支持指数投资的人做出的回应。

表 6-1 指数投资之争：主动投资派的论点和指数投资派实事求是的回应

主动投资派的论点	指数投资派实事求是的回应
投资小盘股或者新兴市场的指数基金会有比较大的追踪误差，这会成为一个问题	是的，因为有太多的股票可以从中选择，而指数基金只能用其中一小部分股票做样本，所以会存在不完善之处，但是指数基金的追踪误差远远小于主动管理型基金经理的追踪误差
指数基金会受限于大盘股定价过高，比如 2000 年的通用电气，股价再高也得一直拿着	是的，同样是这些股票，从定价便宜，到定价公允，再到定价过高，指数基金都是一直拿着，正因为受限不能卖出，才能吃到长期涨幅
投资指数基金就是甘于平凡，只满足于获得平均的业绩水平，而美国能够成为世界上最强大的经济体，美国人能够获得个人的成功，靠的就是不甘于平凡，买指数基金，做被动投资，目标就是获得平凡的平均业绩，这种做法不符合美国精神	这种说法很能煽动人心，但是你仔细看看历史上那些铁一般的事实，就知道这种说法完全是胡说八道，结果证明，能够获得追平市场的平均业绩，是一个能够让你投资取胜的好策略，因为"平均而言"，基金也好，个人投资人也好，长期来看都是一次又一次跑输市场的。通过投资指数基金获得市场平均业绩，就意味着长期稳定跑赢普通投资者，而且是大幅跑赢
如果股票市场价格太高了，经济发展的不确定情况太严重了，主动管理型基金经理就可以转向防守，这种攻防灵活调整的做法，让他们在操作上占有优势，可以明显胜过被动投资	有的时候确实如此，但有的时候并非如此。只有一小部分主动管理型基金经理确实正好在正确的时间转向防守。（请记住，就是一个停止不动的钟表，一天也有两次指针指的时间是对的。）长期整体来看，那些市场择时进行波段操作的人，转向防守的时机几乎是随机的模式，有时对，有时错，就互相抵消了，长期来看就是瞎折腾，反而降低了基金客户的长期收益率
主动管理肯定有效的，否则就不存在主动管理型基金经理	感觉自己有获胜的潜在可能性，这种想法非常盛行。全世界的赌场都挤满了玩家，其实他们从长期来看都是持续输钱的，但他们还是持续不断回到赌场。那些主动管理型基金经理也相信自己能够战胜市场，或声称自己能够战胜市场。更加重要的是，这些基金的客户也是这样认为的
扣除费用之后，指数基金的业绩表现，落后于指数基金所复制的市场	确实如此，但是落后的幅度只是一点点而已。指数基金收的管理费只有万分之五。即使是收到的这么一点点管理费，他们也通过融券的方式又部分返还给客户了。客户仅支付这么少的管理费，就得到了充分的分散投资、便利，还有投资信心。更加重要的是，晨星评级公司有一个令人震惊的发现：尽管该公司根据基金历史表现给出的星级评级，对于预测基金未来业绩几乎没有价值，甚至可以说毫无价值，但管理费很低的指数基金表现，战胜了其他所有类型的基金

还有几个强有力的理由支持指数投资，但是那些主动投资的拥护者却根本没有提，因为这四个理由给了指数投资"很不公平"的竞争优势，特别是从长期来看。

- 主动基金高税负。指数基金运作产生的税费负担，远远少于主动管理型基金，因为指数基金的换手率大大低于主动管理型基金，平均每年换手率只有5%，而主动管理型基金则有40%～60%，甚至更高。而且指数基金一直持有，短线买卖实现的投资收益为零，所得为零，所得税自然也为零了。
- 主动基金高管理费。高管理费，就像一个又粗又大的下水道，无情地抽干主动管理型基金经理创造的投资业绩，让基民真正赚到手的净收益大幅减少。正如富兰克林这句名言说的那样："省一分钱就是赚一分钱。"
- 主动基金高交易成本。指数基金几乎是一直持有不动，交易很少，交易成本自然大大低于主动管理型基金。
- 投资主动基金让人焦虑不安。股市起起伏伏，投资者的心自然会跟着起起伏伏。但是，投资主动管理型基金，你不但要操市场的心，还要操基金经理的心。比如，基金经理的投资风格转变了吗？这种风格是不是与市场"脱节"了？这个基金经理会不会被别的公司挖走？那些做得很成功的基金经理，这家公司是不是让他管的基金太多了，管的资金规模太大了，可能会拖累未来的业绩表现吗？

在指数基金被动投资和基金经理主动投资之间如何选择，还有另外一个思考方式，把通常是建议从主动投资改为被动投资的顺序倒过来思考，建议一个有经验的指数基金投资人转换到主动投资。

支持从指数基金转向主动投资的论点可能会这么说："主动投资才能给投资人一个跑赢市场的机会,有机会一切皆有可能。没有机会,就根本没可能。"不过,要得到这个机会,你也得付出一些代价,有几个问题,你必须得接受。

- 高投资成本。主动管理型基金的管理费率和运作成本,比指数基金高得多。
- 高失败率。从长期来看,几乎90%的主动管理型基金经理,都跑不赢他们自己选择的业绩基准市场指数,而那些跑输市场的基金经理的落后幅度往往很大,相比之下,那些跑赢市场的基金经理领先幅度却小得多,正负相抵之后,基金经理明显跑输市场。
- 没有方法可以提前确定谁是优秀的基金经理。
- 基金经理不是机器人,其能力和体力也会退化。长期来看,有很多方面的原因很难提前识别出来,导致基金经理一次又一次跑输市场。
- 高换手率带来的高税率。
- 作为主动管理型基金投资人,你总会担心你的基金经理出问题,或者管理的资产规模增长得太快,或者别的基金公司要挖走他,或者成名后自高自大,不思进取了。

每个投资人都要找到适合自己的最优投资策略,其核心是确定你要承担的市场风险水平。每个投资人都有一个最适合自己的市场风险水平。你承担的风险不高于这个水平,你才能承受得住,还足够有信心,能面对市场波动继续坚持原来的投资计划不动摇。这听起来很简单,也确实"很简单",但是绝对并不容易做到,特别是当市场先生用各种手段刺激你，让你情绪非常紧张的时候。

大体上来说，投资有两大类风险，一类是投资风险，另一类是投资人风险。第一类风险，投资风险，抓住了我们所有的注意力，但是第二类风险，投资人风险，才应该是我们关注的焦点。因为对于投资风险，我们几乎无能为力，但是对于投资人风险，每个人只需要付出小小的努力，就可以做出巨大的改变。你根本无力控制市场先生，他为所欲为。就像天气一样，老天爷说了算，你根本无能为力，但是我们能够选择一个气候宜人的季节，并接受一日之间天气的突然变化。

一个水手驾驶一条小船，在大海上航行，面对海风和海潮的变化，几乎是无能为力的，做什么也改变不了，但是他能做很多对这条小船的航行影响很大的事，比如根据潮水的变化选择合适的航线，根据风向风力的变化及时调整船帆，知道他和他的船在恶劣的天气下能做些什么来应对，观察天空中的风云变化以避开严重的风暴。同样，投资人在股市上投资，如同大海扬帆，你要像水手应对海浪的波动一样，调整你自己和投资组合，来应对市场的波动，但是有一条戒律，水手绝对不可以冒险承担恶劣天气的风险，你在股市上也绝对不能承担过高的风险，超出自己情绪和财务的承受能力，而应该等待市场风暴过去之后再平稳出手。

某些主动管理型基金经理可以做得比市场整体业绩更好，有些基金经理确实有相当长一段时间业绩做得更好，但是如果某些基金经理的业绩，特别是扣除各种税收、管理费、支出和错误损失之后能让基金投资人拿到手的净收益，能够很多年持续明显大幅跑赢市场，那么肯定会名扬天下，每个人都知道。但是我们不可能知道，因为没有基金经理做到过。正是因为这个原因，投资人应该集中注意力到指数基金上，认识到全市场指数基金相对于主动管理型基金具有巨大的优势，因为指数基金的长期优秀业绩表现是投资明星梦之队投入所有技能全力工作聚合成一个整体的智慧结晶。

尽管达尔文的进化论得到了大量科学研究证实，40%的美国人还是相信上帝创造世界。也有40%还在怀疑全球变暖是不是真的⊖。尽管认真研究现实的人很难理解为什么有这么多人拒不接受指数投资和ETF基金，我们也不应该对此感到意外。要放弃甚至质疑主动投资是非常困难的，毕竟很多人的大部分收入都依赖于这项工作能够持续。

接受现实并不总是那么容易。如果接受现实会有损个人的经济利益，或者接受现实就得强迫自己放弃长期持有的一套信念，那么你将很难做到。这可以说是最好的一个理由，可以解释为什么那么多主动管理型基金经理继续贬低指数投资，甚至是那些把自己个人资产的部分甚至全部进行指数投资的基金经理也是如此。

正如托马斯·库恩（Thomas Kuhn）在其经典名著《科学革命的结构》(*The Structure of Scientific Revolutions*)中解释的那样，很多人靠着遵循一套理论的具体应用建立起来自己的一生事业，而这套理论又基于某些基本的假设，所以他们难以接受这些理论及其基本假设发生改变。从老的假设和信念转变到新的假设和信念，会让我们在精神上和收入上失去很多，所以我们很难接受这种改变。

已经有很多证据，大量研究一再证明，主动管理多花费的成本胜过其能够多增加的价值，这极少有例外，就是有例外，这些属于例外的优秀基金，我们也根本无法预测是哪一个。根本没有系统的研究支持与此相反的观点，所以我们可以合理地预期，人们看到完全支持指数投资的革命性观点，会如何反应，特别是那些有强烈的经济、社会或感情因素

⊖ 那些在华盛顿特区任职的官员也是如此，他们抓住几年前的一场大雪，作为"证据"来反驳全球变暖，却没有去检查数据是不是真正证实了而不是否认了全球变暖。（其实这场雪是一个证实全球气候变暖的强有力证据。）

而继续支持主动管理的人，他们又会如何反应？

创新赢得广泛接受的模式众所周知，简而言之，这个过程非常缓慢，但最终不可避免。接受创新的过程，就是一种阻力一点点被克服的过程。抑制创新的程度，因为文化或者社会因素不同而有所不同：农民接受新型杂交玉米种子的过程缓慢；医生接受创新药的过程就快多了；青少年接受新事物的速度非常快，只要是新的，几乎什么东西都会接受。让社会普遍接受创新，有两个群体很重要。

- 一个重要群体是创新者，他们总是不断尝试新的事物，他们做的创新实验经常会失败，但是他们喜欢新鲜事物，并不在意试验结果的失败，因为他们从不在实验上过度投入，也不会把创新试验失败视为个人的失败。
- 另一个重要群体是有影响力的人，他们广受尊敬，因为他们有能力挑选出来成功概率很高的创新方式，而且几乎从来不会失败。

有影响力的聪明人，密切关注创新者的一举一动，他们看到创新者有个实验成功了，就会马上跟进。因为他们只会尝试那些创新者已经试验成功的东西，所以他们的成功率非常高。这也能解释他们为什么能成为很有影响力的人，因为有很多人都会关注他们在做什么，然后满怀信心地跟随他们去做。

ETF 和指数投资，正在沿着大家熟悉的接受曲线逐步为更多人所接受，而且这一过程正在逐步加速。为什么呢？因为越来越多的投资人认识到，按照扣除管理费、成本、税费并且经过风险调整之后的业绩计算，ETF 和指数投资已经而且肯定将会持续胜过主动投资管理。

主动管理型基金经理收取的管理费，他们经常说以管理资产规模为基数计算管理费占的比率"只有1%",但是,基金持有人已经拥有了所有这些资产,他们希望从基金经理创造的投资收益中获利。所以要是以基金持有人获得的投资收益为基数,来计算管理费占的比率,又会是多少呢?假设股票基金的投资收益率平均为7%(这是现在对于美国经济将会步入低增长时代的股票收益率预期),以管理资产规模为基数计算的基金管理费占比只有1%,而以预期收益为基数计算的基金管理费占比接近15%,就像所有经济学家提醒我们注意的那样,主动管理的实际成本应该用增量计算,既然任何人都可以轻松使用指数基金,那么主动管理型基金给基金持有人创造的增量收益,是其投资收益超过指数基金的超额收益部分,主动管理型基金向基金持有人收取的增量收费,是其管理费超过指数基金收费的超额收费部分,那么基金超额收费占其创造的超额收益的比率,才是主动管理基金的真实管理费率。但是从比年度业绩更长的多年长期业绩来看,主动基金还落后于指数基金,这意味着,主动基金比指数基金多收取的超额管理费率,与其多创造的高于指数基金的超额收益相比,占比其实超过了百分之百。看到扣除成本和管理费之后的业绩如此糟糕,主动基金持有人自然根本不会开心,他们会严重地怀疑自己买基金花钱聘请基金经理进行主动投资管理,其成本收益比合算吗?

因为证据在持续不断地积累,所以越来越多的机构和个人开始应用指数投资,这一点也不奇怪,那些本来已经在做指数投资的机构和个人,会持续稳定地加大配置到指数基金上的仓位,这更是一点也不奇怪。不过真正令人奇怪的是,为什么以上两种指数投资需求增长的速度并没有进一步加快呢?

投资要获得成功,一是要清晰界定目标,二是要合理配置资产组合,三是坚持长期。指数投资让投资人更容易专注去做真正重要的事情:设定合适的风险调整后投资收益目标，设计投资组合以最有可能实现这些合理的目标，适当的时候进行再平衡，并坚持到底。投资指数基金，把实施投资基本方略简单化了，让投资者一身轻松地专注于追求长期投资目标、投资组合策略、投资基本方略。

参考文献

1. Berkshire Hathaway, *1996 Annual Report.*

| 第 7 章 |

指数投资的"不公平"竞争优势

各行各业的战略高手,都努力追求建立可持续的竞争优势,以超越竞争对手。这就是为什么:

- 军队的指挥官想要占领有利地形,这样就有优势去出奇兵。
- 球队教练想要得到身体更加强壮而且速度更快的球手,努力搞好训练,把球队提升到更好的状态,且非常关注并努力提高球队的士气。
- 公司的战略高手努力想为自己的产品和服务创造出"品牌烙印刻骨铭心"的独家经营权,努力在那些目标客户群体中培养很强的品牌忠诚度。
- 企业努力向上移动"经验曲线",这样就能降低单位生产成本,降得比那些同行竞争对手更低。企业努力追求的还有:专利保护、美国食品和药物管理局的认证、低成本运输、技术领先、消费者偏好、注册商标。这些都有一个共同点,就是竞争优势。

这些战略高手都会努力识别并保持重大的可持续战略优势，这会让竞争对手觉得，你用这样的战略优势来和我竞争，这"太不公平了"。

在投资上要获得你希望得到的"不公平"的竞争优势，有三种方式：体力制胜，智力制胜，情绪制胜。

靠体力制胜的方式来战胜市场，最为流行，至少应用最广泛。那些相信靠体力上多吃苦多努力就能战胜对手的人，每天起早贪黑，周末还主动加班。这些苦行僧以苦为乐，读更多研究报告，接打更多电话，参加更多会议，收发更多电子邮件、语音信息、文本信息。这些投资苦行僧，努力比别人干得更多，比别人干得更快，希望这样能够让他们在竞争中以量取胜。

靠体力制胜的方式可以说人人都能做，但是靠智力制胜，就不是人人都能做到了，只有少数投资人能够做到，其中包括极少数投资高手。他们努力想得更深，看得更远，这样就能获得真正一流的远见和高见，就能看出来一些很特殊的投资机会。

靠情绪制胜的方式来战胜市场，做出一流的投资，就是在所有时刻都能保持头脑冷静和思考理性，看到市场大涨也不会激动兴奋，看到市场下跌也绝对不会郁闷生气。股市波动，我心不动，这本来应该是最容易做到的投资方式吧。但是在一般情况下能行，在市场走极端的时候就很难了。你我皆凡人，我们当中又有谁真能做到在面对"市场先生"及其令人不安的波动时，始终坚守那种最有用的投资立场呢？即善意地忽略，不理会市场先生。

如果你能够看清现实，接受现实，得出结论——单凭个人再努力也不可能战胜市场，提升业绩，那么你就适合买指数基金。这种指数投资方式"简单又容易"。我们每个人在面对天气状况时都是这样做的，我们都接受了天气，而不是去努力改变天气。在今天的美国市场这个已经高度专业化的市场里投资时，进行指数投资，就可以用很低的成本接受投资机构专业人士形成的投资共识，这对越来越多的投资者来说都是明智之举。

作为一个投资者，你要得到并保持竞争优势，最简单的方式，就是投资低成本的指数基金。打不过，就加入，而且是以相当低的成本加入。之后，构建你的投资组合。

- 你能够而且愿意承受你这个投资组合的预期市场风险（市场风险换个说法就是波动性或者不稳定性），即使是在市场短期下跌到最离谱的极端程度时，你也会继续坚定持有。
- 这个投资组合的十年以上长期预期平均年化收益率能够达到你的投资目标。

指数投资的巨大竞争优势是，这样我们就能彻底放弃业余战胜专业的白日梦，避免白费力气去追寻超一流的业绩表现，把时间和精力放在最重要的投资决策上，即制定你的长期投资基本方略并用指数基金构建适合你的投资组合，以同时实现两大目标——把那些可避免的错误带来的风险最小化和将能实现你的真正投资目标的可能性最大化。

确实有一些专业人士是高手中的高手，投资技能非常高超，思考非常独立，所以他们通过积极主动改变投资组合来增加价值，为客户创造出跑赢市场的投资业绩。然而，考察所有基金经理多年历史业绩的结果表明，这种优秀投资人的数量实在是太少了，少得大多数投资者都不愿意相信。

更加重要的一点是，事后诸葛亮很容易做到，事前诸葛亮很难做到，在这些优秀基金经理创造出一份长期战胜市场的辉煌业绩记录之前就能识别出来他们的人是未来能够长期跑赢市场的超级大赢家，这样事前就能慧眼识人的概率非常低。最后还有一点是，大多数这样卓越的长期投资大赢家，现在名也有了，利也有了，都不再从新的投资者那里接受新的资金了，也就是说他们的基金不再向新客户开放了。你想进来，门却关上了。

成功地更换基金经理，即在老的基金经理业绩令人失望之前就把他抛弃掉，然后去找一个新的基金经理，在他创造出一份成功长期投资业绩记录之前早早申购他的基金，这种投资理想很丰满，但是几乎不可能做到。过去很多年的历史数据都表明，大多数人更换基金经理是错上加错，一错再错：他们抛弃的老基金经理未来业绩往往更好，后来更换的新基金经理业绩往往更差。

如果确实就像那些所谓的权威专家说的那样，"成功就是得到你想要的东西"，而"快乐就是想要你得到的东西"。你可以在投资上既成功又快乐，只要你专注于做好合适的投资组合，坚持少数几个简单的投资真理不动摇，你的投资就能够真正为你和你的目标工作，为你和你的目标服务。

大多数个人投资者，在过去很多年里犯了很多错误，得到了很多不愉快的体验，付出了很多痛苦的代价，才学到这些简单但从来不容易做到的投资真理。幸运的是，有一个很方便的可替代学习方式——通过回顾历史来学习所有这些简单又深刻的投资真理，不用你吃这么多苦、受这么多罪。市场本身只是市场，人本身只是人。但是市场和人互动，就会创造出很多历史。市场在未来大致上会重复过去的历史周期，因为人吧，特别是人群作为一个整体，很难学到新东西，也很难改变老东西。

在现在的美国股市环境下投资指数基金能得到以下优势：

▶ **指数基金投资长期收益率更高。** 指数投资的收益率之所以更高，是因为从十年以上的长期来看，90%的主动管理型基金经理，业绩跑不过市场。而且你要是想提前知道哪几位基金经理是未来十年以上的长期业绩能够跻身全市场排名前10%的大赢家（其实不输给市场就是赢），那是根本不可能的。时间再长一些，年数再多一些，这些原来全市场排名前10%的大赢家，大多数都会掉队，排不进前10%。指数基金就不一样了，长期业绩排名能进前10%的基金，有一半始终都是指数基金，相比之下，指数基金十年以上长期业绩排名又高又稳。

▶ **指数基金的管理费和运作费用更低。** 指数基金管理费只有10个基点即千分之一，而主动管理型基金的管理费一般为100～120个基点（即1.0%～1.2%，甚至更高），年复一年算起来管理费就更高了。同时因为指数基金的换手率远低于主动管理型基金，所以运作成本也远低得多。

▶ **指数基金投资税负更低。** 因为指数基金的投资组合换手率要低得多，每年确认的投资收益就少得多，特别是其中已经实现的短期投资收益少得多。所得少，所得税就少。主动管理型的公募基金，其投资收益的税负成本，每年平均约占资产规模的1%。而现在美国公募基金预期未来的年化收益率只有7%，以此为基数，相当于税务局每年要从你的钱包里拿走七分之一的投资收益，绝对数值不大，相对比例很大。

▶ **指数基金投资交易成本更低。** 指数基金的交易成本更低，是因为其投资组合换手率要低得多，每年不到10%，而主动管理型基金每年的换手率超过40%。

▶ **指数基金交易造成的市场冲击成本更低。** 这是因为指数基金的投资组合绝大部分一直持有不动，换手率实在是低太多了。

▶ **指数基金投资非常便利。** 你几乎不需要保存基金业绩记录，一看指数的涨跌幅度，就知道你的指数基金涨跌幅度。

- **投资指数基金能让你从此避免犯下无数小错误，甚至避免犯下重大错误。** 这可以说是投资指数基金的最大优势。投资指数基金，之所以能让你从此免于犯小错甚至大错，可能是因为你从此不用做投资决策了。不需要做市场择时决策，不需要做投资组合战略决策，不需要去选择基金经理，而所有这些投资决策，每一个都很容易出错，你不做决策，自然根本不会出错。还可能是因为指数基金的选股非常分散，任何一只股票在整个组合的仓位比例都不会过大，所以任何一只股票表现不好，都不会对整个组合造成重大影响。
- **投资指数基金可以使你专注于做出真正重要的长期投资决策，** 包括界定你的长期投资目标，制定合理的长期投资基本方略以及适合你的投资计划。
- **再也不用操基金经理的心了，** 不用担心基金经理被高薪挖走，不用担心内部问题，不用担心基金管理规模扩张太大而拖累业绩，大部分主动型基金经理早晚都会出现以上问题。

你把评估基金业绩的期限拉得越长，支持指数投资的证据就会积累得越来越多。并且，那些机构里的基金经理等专业人士，个个技能高超、韧性十足、动力强大，其交易规模越来越大，越来越能主导美国证券市场，肯定让这个市场变得越来越有效。所以你想要战胜市场，会变得越来越难。

∞ ∞ ∞

要把风险与收益之比最小化，反过来说就是要把收益与风险之比最大化，投资者至少应该考虑全球化分散投资。

大多数投资者会惊奇地发现，最好的指数基金简单混合配置比例，大致是一半国内一半国外。如果你能认识到，分散投资是投资者唯一能够吃到的"免费午餐"，你就很容易想明白，按照其市场总市值占比来分散投资全球主要股票市场，也就是投资全球主要股市代表的所有不同经济体，可以显著提升你的投资组合分散程度。正是因此，那些明智的投资者选择的指数基金或者ETF，都是用低成本复制范围最宽广的股市。[⊖]完全理性的投资者会选择一个复制全球所有主要股市的"全市场"指数基金。

投资者决定集中投资于本国市场的股票，其实就是含蓄地做了一个不言自明的投资决策，过度重视本国市场，远远胜过全球其他国家市场。奇怪的是，大多数投资者都是这样的。英国的投资者集中投资于英国股市，加拿大的投资者集中投资于加拿大股市，日本的投资者集中投资于日本股市，澳大利亚的投资者集中投资于澳大利亚股市。

你集中投资于本国股市，也不算是什么大错，前提条件是，你们国家的经济体规模庞大，成分复杂多样，发展活力十足，或者你有很大的财务义务或者财务责任，比如你有欠款需要支付，或者你的孩子上大学等需要花一大笔钱，而这些钱要用本国货币来支付。但是事实并非如此。

第一只ETF是在1993年出现的，从此之后开始在各大类资产中迅速增长，数量和种类也迅速增长。到2021年，全世界ETF和类似交易所交易产品的资产规模合计超过7.7万亿美元。投资者应该知道的是，

⊖ ETF的基金运营成本，要从基金持有的那些股票的分红里扣除，股票分红的剩余部分，每半年向ETF持有人支付一次。券商赚钱主要靠以下几个方面：交易佣金；融资融券；收到这个ETF持有股票的分红，到每半年把扣费后的分红剩余部分给ETF的基金持有人，中间有一段时间这笔分红会放在券商账上，成了一笔浮存金，券商可以使用。

ETF 的规模增长，并不是来自个人投资者的需求，而是来自交易商和投资专业人士对冲特殊风险的需求，而非长期投资的需求。接近 95% 的 ETF 和 85% 的 ETF 资产，都是专门定制的窄基 ETF。这些专业投资者，特别是对冲基金，用这些专门定制的 ETF 来精细调整它们的风险管理。个人投资者永远不应使用这些特殊定制的 ETF。

现在既有复制全球各大主要股市的宽基指数基金和 ETF，也有复制大盘股和小盘股、成长股和价值股等不同风格和不同行业的窄基指数基金和 ETF。尽管每个指数都是用来公允又准确地复制一个市场或者市场上的一个板块的，但是指数和指数并不完全等同。⊖ 通常，这些指数之间的区别既小又不重要，但是在有些市场，不同指数之间的差别相当大（这也造成追踪这些差异很大的指数的指数基金也会差别很大，特别是基金管理费率会差别很大）。⊜

∞　∞　∞

多年之前，巴菲特曾经估算过，他认为投资主动型基金的成本简直高得能吓死人：

▶ 每年的基金管理费、基金申购费、打包账户的打包服务费

⊖ 股票指数，就像道琼斯工业平均指数和标普 500 指数，都是选择用一批成分股的股价水平，来代表整个股票市场的价格水平。一只指数基金，就是一个公募基金，投资的其实是代表整个市场的指数的成分股，通常每个成分股的仓位占比跟这个成分股在指数中的市值权重是一模一样的，所以说指数基金复制市场，其实就是复制指数成分股组合。（注意：有些等权重指数基金，其成分股不是以市值为权重来配置的，而是人为设计的。他们故意让每只股票的投资金额完全相等，在组合中占的权重也就完全相同。）现在可供投资的指数基金超过 200 只，其中有 50 只是各家公司推出的不同标普 500 指数基金。但是并非所有的标普 500 指数基金都一模一样，有些收费要高得多。

⊜ 买家请注意：几乎完全相同的指数基金，其收取的管理费可能会相差 3 倍。ETF 的费率也会差别很大。

（wrap fees）等向基民的收费，加在一起有 350 亿美元。
- 期货和期权的交易价差，各种不同年金的成本，诸如此类，加在一起有 250 亿美元。

请注意，所有这些基金的成本费用加在一起有 1000 亿美元，"只不过"占《财富》500 强企业 10 万亿美元股票总市值的 1%，但是，巴菲特这位从来都是从公司所有人的角度来看待现实的投资大师，提醒我们注意，费用不能从本金出，而要从投资盈利出，《财富》500 强企业每年赚到的盈利合计只有 3340 亿美元，而基民支出的各项费用有 1000 亿美元，相当于从中砍掉了三分之一这么一大块。结果是投资人实际赚到手的利润还不到 2500 亿美元，以他们的投资总额 10 万亿美元为基数一算，每年真实投资收益率只有 2.5%。投资收益率一年只有 2.5%，从巴菲特的观点来看，这简直是"油水薄得要命"。难道我们会满意这样低得要命的基金长期投资收益率吗？

个人投资者买基金的总投资收益，还有另外一个大漏洞，就是基金投资组合换手率太高导致的过高税负。基金经理的投资组合换手率越高，需要缴纳的印花税和所得税就越多，基金长期积累的投资收益就会越少（特别是短期投资收益，公募基金短期换手率高，经常会实现短期投资收益，而美国对短期投资收益征收的所得税率又特别高，由此造成的负面冲击就特别大）。

如果你决定"超配"小盘股或者新兴市场，甚至前沿市场，大幅提高这些板块在你投资组合中的仓位比例，你可以不用买个股，买指数基金或 ETF 就行，双管齐下也行。但是你一定要注意的是：当你在非常有效的市场里投资的时候，支持你投资指数基金的理由最强，比如投资美国、英国、日本的大盘股市场。相比于这样的宽基指数基金或 ETF，那些特殊定制的专门针对某个板块或者某种投资风格的窄基指数基金或 ETF，投资的是窄基市场，范围不是那么宽，成分股代表性也不是那么强，定价也不是那么有效，配置也不是那么分散。在规模较小的市场上复制市场，要比复制美国大盘股这样规模巨大的市场更加困难，更不准确。尽管如此，在全球每一个主要股市，只要是在同一个市场，复制市场的指数基金取得的长期业绩，都跑赢了大多数主动管理型公募基金。

| 第 8 章 |

投资风险和行为经济学

美国漫画家沃尔特·凯利（Walt Kelly）画的系列漫画《波哥》(*Pogo*)很经典，波哥说的好多话都很有名，简直成了著名的大众哲学家。波哥有一句话说得很精辟，对于投资人来说特别有意义，他说的是："我们碰到敌人了，这个敌人就是我们自己。"这句话说得太对了！我们有时会情绪化，会做伤害自己的事，没办法，我们是人。我们相信，如果更加努力去做，就能做得更好。我们很难接受类似这样的忠告："东西没坏，就别修了。"因为我们是人，我们甚至根本没有接近于保持完全理性。如果可以预测到大多数投资者会犯的那些确实会对我们自己造成伤害的错误，我们就需要知道，这些错误是怎么犯的？为什么会犯错？这样我们才能够避免。

要理解投资，有个方法很有用，就是把投资看成一出大戏，三个角色各司其职：市场、基金经理、基金投资人。不幸的是，太多的基金投资者，因为过多地从自己和自己的投资经验出发来看问题，会把三大角色按照重要性这样来排序：基金经理是老大，坐第一把交椅；经常波动得天翻地覆的市场是老二，坐第二把交椅；至于基金投资人，只是个小角色罢了，站在一边就行了。其实，三个角色真正正确的重要性顺序正好完全相反。现在，基金投资人成了最重要的角色，基金经理反而成了最不重要的角色（见图8-1）。

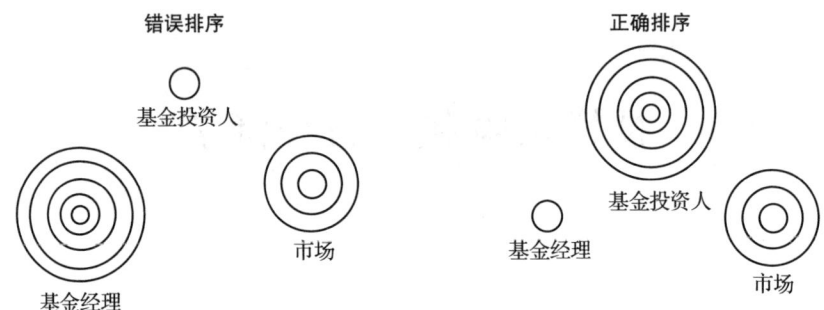

图 8-1　基金经理、基金投资人、市场三个角色重要性的正确排序与错误排序

50年前，主动管理型基金经理确实扮演着重要的角色，但是由于很多重大变化的共同影响，就像我们前面讲过的那样，主动管理型基金经理现在能扮演的角色，其重要性已经大幅下降了。说来让人啼笑皆非的是，基金经理在投资这场大戏中的角色戏份大幅减少，并不是因为基金经理技能退步或者动力不足了。相反，正是因为投资管理行业实在太赚钱、太诱人了，吸引进来的很多投资专业人士实在太优秀了，个个都聪明能干、野心勃勃、勤奋工作，他们的分析和判断聚合在一起，结果成了发现股票合理定价的专业人士共识，共同决定了市场定价。正因如此，尽管在现在的市场上，主动管理型基金经理需要具备比50年前强得多的技能才能够有竞争力，但是基金经理这个角色在投资这场大戏中已经变得越来越不重要了。

相反，作为个人投资者，基金投资人的角色重要性从最低变成了最高。从有利的一面来说，每个投资者都是独一无二的，因此只有投资者自己最了解自己，他们经常是在注册投资顾问的帮助下制定适合自己的一组目标。这必须从投资者个人的实际情况出发，包括考虑投资者的风险承受能力、投资专业能力、现在和未来的财务资源、现在和未来的财务负担和责任，还有个人的野心。

大多数个人投资者、大多数基金经理、所有的投资广告，都只聚焦投资的一面——收益。其实投资还有另外一面，就是风险，特别是重大永久损失的风险。投资有正反两面，要实现长期的投资成功，风险那一面甚至比收益这一面重要得多。风险的形式多种多样：麦道夫、安然、WorldCom 以及其他蓄意诈骗案让投资者血本无归；宝利来公司、朗讯公司等公司业务出现重大问题，投资者只能眼睁睁看着这些公司股价随之大幅下跌；市场暴跌，跌到底部，令人恐惧，个人投资者吓得赶紧退出市场，而且一直不敢重新回到股市，等后来市场反弹，股价重新回到高位了，这些个人投资者才敢重新入市；个人投资者努力过头了，太想大赚一把，结果在市场涨到顶部时大量买入股票，或者大量买入基金，高位套牢；出于对公司的忠诚而把大量资金都投到你工作的那家公司的股票上，这样就没有做到聪明地分散投资；养老金不足，因为你退休之前的储蓄不够多，或者投资不明智亏的钱太多，或者平时花的钱太多，或者"活得太久，死得太晚，钱不够花了"。损失，并不是市场价格向下波动让你的股票一时出现的账面浮亏，而是真实的永久性的损失，这种永久性的投资损失，是毁灭性的，在财务上是毁灭性的，在精神上也是毁灭性的。这种永久性投资损失的风险，才是真真正正的风险。

很多年来，经济学家的研究分析，都是基于这样一个前提假设：人是理性的计算器，知道自己想要实现什么目标，知道如何实现这个目标，能够持续努力做出理性的决策，不动感情，做符合自己利益的事，从而实现自己的目标。最近几年，行为经济学家的最新研究已经表明，作为人类，我们并不总是理性的，我们也并不总是采取符合个人最佳利益的行动。我们受到的很多伤害，其实是我们自己做的事伤害了自己。行为经济学的研究记录了很多我们自己做的这种蠢事，其中包括：

- 我们没有正确认识到均值回归的力量多么巨大。
- 我们忽视了"基本比率"（base rate），或者说从经验总结出来的正常形态。（尽管我们知道赔率对我们不利，但是照样去赌场赌博。我们会受到市场情绪影响卷入牛市和熊市的极端行情，高位追涨买入，低位割肉卖出。）
- 我们相信，类似于篮球比赛连续投中的"热手"和连胜会持续下去，相信最近发生的事件才重要，就连掷硬币猜正反面时也是这样想的。（其实并非如此，每一次的结果互相独立，互不影响。）
- 我们对第一印象会过度反应，所以会让自己最初的观点影响我们未来的思考，扭曲我们对后续信息的分析，从而使最后得出的结论只是为了证明我们的第一印象是对的。
- 我们受到自己掌控一切的那种幻觉的影响，低估坏事发生的概率，特别是低估非常非常糟糕的巨大灾难事件发生的概率。
- 我们评价一个决策的质量，总是根据结果对我们有利还是不利，而不是根据决策制定方式的质量。这叫后视镜偏见，也叫结果偏见。
- 我们过度依赖专业人士，过度信任专业人士的专业技能什么问题都能解决。
- 我们对崇拜的那些人会有一种光环效应，让我们盲目相信他们推荐的东西，即使这些推荐已经超出了他们专长的领域，比如体育明星做广告推荐的软饮料、手表、旅游景点，我们也会爱屋及乌。

- 我们过度看重那些戏剧性很强的事件，因为这类事件很容易回想起来，我们也会过度看重那些媒体密集报道的事件，看的越多越熟悉，越熟悉越容易回忆起来。
- 我们会过高估计自己的投资技能水平和投资知识水平。
- 我们对短期结果的印象太深刻，比如最近 1 周、最近 3 个月公募基金的业绩表现，对长期结果的印象太浅薄，比如基金过去 5 年、过去 10 年的长期业绩。
- 我们会有"确认偏误"，寻找那些支持我们自己第一印象的数据，然后赋予其过高的重要性，以强化我们第一印象的重要性。
- 我们会把我们最后的判断锚定在一个早期的估计上，即使那个估计"只是一个随意的数字"，或者只是一个随意的猜测。
- 我们会扭曲自己对自己决策的感知，几乎总是从对我们有利的角度来感知，让我们觉得自己决策做得挺好，其实远远没有自己感觉的那么好。我们不能进步，因为我们一直过度自信，让我们认识不到自己经常犯的错误，也就无法从错误中学习。
- 我们会把熟悉混淆成知识和理解。
- 我们会对最近的好消息和最近的坏消息过度反应。
- 我们认为自己比别人懂得更多，其实我们和别人的水平差不多。（我们之中有 80% 的人都认为自己在很多方面超过平均水平，包括：开车、倾听、跳舞、识人、交友、幽默感、为人父母、投资。这 80% 的人虽然不明说但心里都认为自己的孩子也超过平均水平。）

我们现在知道，作为人类，上天赋予了我们某些根本无法改变的独特心理和行为，迫使我们做出不够完美的决策，甚至是非常严重的错误决策，尤其是在投资方面。我们经常根本认识不到自己是如何思考、如何做出反应的，所以我们有个更加明智的做法——用简单的检查清单来指导我们的行为。(这正是萨伦伯格机长很睿智地采用的做法，就在起飞不久之后，飞机的引擎停止运转，机长不得不紧急迫降，把这架装满乘客的民航飞机安全降落在哈德逊河上。)

"至少，我们不要做自己伤害自己的事情。"这是美国前总统肯尼迪说的，这句话适用于所有的投资者，因为我们自己的一些行为引发了根本不必要的风险，而且我们本来可以很容易地避开这些投资风险，只要我们能够认识到一些不幸的心理倾向，能够自我约束，少做那些会有伤害的事，特别是会伤害自己和投资的事。善意的忽略，对我们与人相处很有好处，对我们与市场相处也很有好处。

下面列的是一些投资者应该避免的风险。

▸ 用力过猛，在股票上配置的资金太多，承受了太多市场风险。

▸ 用力不够，往往在货币市场基金或者债券上配置的资金太多，而在股票上配置的资金不够多。

▸ 不能保持耐心。如果你的投资一年下来涨幅超过10%，平摊到12个月一算，平均一个月的涨幅还不到1%。如果再平摊到365天，平均每天的涨幅很小，小得你根本都没有"兴趣"看上一眼。(检查对照一下你自己：你一般多久看一次手上持有的股票的最新价格，或者基金最新净值？如果你一个季度看的次数超过一次，那么你就是在满足你的好奇心，而不是满足你了解价格信息的需要。)一般来说，每隔5年或者10年才做一次重要的投资决策,或者每年才做一次比较重要的投资交易操作,如果超过了这个频率,那么你可能就属于交易过度活跃了。

- 你买的公募基金,如果持有期限还没超过 10 年就要换掉,那你这样做其实就像是在"约会"而非"结婚"。投资公募基金,更应该像结婚,踏进婚姻之门,你要非常严肃认真,深思熟虑,真的是想要长伴一生。换掉手中持有的公募基金如同"离婚",会让投资人付出很高的成本。我们大家都知道基金圈里有个残酷的现实——基金很赚钱,基民却很不赚钱。因为基民往往拿不住,看到手上的基金最近短期业绩表现不好,就会卖出这只基金,转身去买另外一只最近业绩表现特别好的基金。结果是基民往往低位卖出而高位买入。一次又一次这样折腾,长期下来收益率少了一大块(研究表明能少上三分之一),远远不如有耐心、有恒心地一直持有。

- 融资太多。我们永远亏掉的钱里面,4 块钱有 3 块钱都是因为借钱炒股(炒基),也就是现在大家经常说的配资加杠杆。借钱炒股的人,想的是本大利大,能加速把饼做得更大,结果变成了本大亏大,加速把饼做得更小。

- 过度乐观、太天真。在其他领域,保持乐观很有用,但是在投资这个领域,保持客观,实事求是地看问题,要好得多。

- 心高气傲。研究表明,一次又一次地,我们过度高估了自己的投资能力,也过度高估了我们相对于市场整体水平而言的相对业绩表现。我们不太愿意承认自己的投资错误,甚至根本不愿意知道自己有什么投资错误。太多次了,我们顽固不化，死不认错。请记住这句投资格言："股票并不知道你拥有它。"股票根本不关心谁持有股票。

- 过于情绪化，我们手里的股票，股价上涨了，我们就会眉开眼笑，股价下跌了，我们就会眉头紧皱。我们持有的股票价格上涨和下跌的幅度越大、速度越快，我们的情绪就会越强烈。

我们内心的魔鬼和敌人是：骄傲、恐惧、贪婪、过度夸张、焦虑。这些是我们人类的情绪敏感点，像家里电器上的按钮一样敏感，一碰我们就会产生激烈的情绪反应，市场先生却最爱去刺激我们的情绪敏感点。只要你有这些情绪敏感点，那个捣蛋鬼市场先生就会找到。所以我们很容易就会中招成为市场先生的猎物，这一点也不奇怪。

投资至关重要的问题，并不是简单地分析预测股票投资的长期收益率是不是会超越债券或国库券，如果投资者能够在市场的波动中一直持有。投资至关重要的问题是分析投资人自己能不能长期拿住，只有持有股票的时间足够长，才能确保自己实实在在拿到预期的股票长期收益率。问题不在市场身上，而在我们自己身上——我们的认知局限，以及面对当前认知时，那些过于情绪化的反应。

正因如此，很重要的一点就是，要逐步发展形成自己对投资和资本市场的客观理解，这样的话市场先生就没法让你轻易中招了。还要逐步发展形成对你自己客观的认识，包括你对市场波动的实际忍受力到底有多强，你的长期投资目标到底是多高，这样的话你就不会自己愚弄自己了。你越了解自己作为一个投资者实际上是什么样的，就越了解证券市场实际上是如何运行的，那么你就会越了解什么样的长期资产配置才真正适合你，才更有可能够做到忽视市场先生的短期波动，坚定长期持有不动摇。

正如我一再强调的那样,要学习如何成为一个成功的投资者,最好的开始方式,就是首先遵循一个标准的指导原则:认识你自己。作为投资者,你在两个主要领域的能力,将会决定你的大部分成功,即你的认知分析能力和你的情绪控制能力,相当于我们平时经常说的智商和情商。

你在认知分析方面的能力主要包括:分析资产负债表、现金流量表、损益表三大财务报表的能力;存储和回忆信息的能力;联系和整合不同小块数据和零散信息以形成洞察和理解的能力;掌握和运用数百家不同上市公司及其股票相关信息的能力。

你在情绪控制方面的能力,主要包括你保持冷静和理性的能力,尽管混乱和崩溃会突然发生,这将大大干扰你正常制定投资决策。当然了,这都是市场先生那个捣蛋鬼搞的鬼。

每个投资者都有一个能力圈,在能力圈范围之内的投资,是他真正有能力做好的那类投资。每个投资者也都有一个舒适圈,在自己舒适圈里的投资,是他能够保持冷静和理性处理好的投资。如果你真正了解你自己,特别是了解你的强势方面和弱势方面,你就会知道你必须学会只待在自己能力圈和舒适圈的交叉区之内,不要越出边界。最适合你的地盘,就是你的能力圈和舒适圈的交叉区,这就是你这个投资者的"甜区"(sweet pot),用韦恩图展示就是能力圈和舒适圈两个集合的交叉区域(见图8-2)。你的投资甜区正是你想要集中的区域,在这里你具有合适的技能和合适的性格,去做出你最好的投资。投资者有两大目标,是互相冲突的,一个目标是"吃得好",一个目标是"睡得好"。熊掌和鱼肉不可兼得,这一面你多获得一块,那一面就要多舍弃一块。有个高明的建议是,"减仓到你可以睡得着的水平"。不要走出你的能力圈,因为你会犯下代价高昂的错误。也不要走出你的舒适圈,因为你可能会变得过于情绪化,而过于情绪化对你的投资从来不是好事。

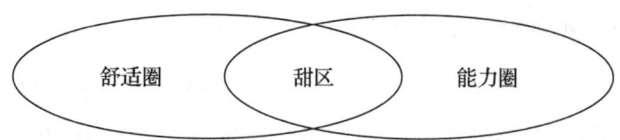

图 8-2　投资者的三个区：能力圈、舒适圈、甜区

在投资这场竞争中，只有强有力的防守，方能为强有力的进攻打下最好的基础，所以你要经常待在你的能力圈与舒适圈的交叉区，这就是你的投资甜区。你要好好对待你的钱，要给你的钱应有的尊重。其实尊重你的钱，就尊重你自己，因此，只有当你从经验中知道，自己确实有能力，也能够持续保持理性时，才去投资。

| 第 9 章 |

纠缠主动投资管理的矛盾现象

有个矛盾的现象,一直出现在主动投资管理行业内,就是那些基金投资人为其投入资金设定几十年的长期投资目标,想要获得真正非常长期的投资收益,可是基金经理管理这些资金,并不是为了实现几十年的长期收益目标(这既是可以实现的目标,又是值得去追求的目标)。相反,基金经理管理这些长期资金,是为了实现短期收益目标,这既不可行,也不重要。

有个投资任务,既不重要,难度又很高,大多数主动管理型基金经理为之奉献了大部分时间和精力,却很少有人获得成功。这个基金经理心中第一重要的任务,就是努力战胜市场。正如我们在前文中指出的那样,投资最重要的工作是,搞清楚投资者自己的具体目标,构建投资组合进行资产配置来实现这个目标,然后一直坚持长期持有你设计好的投资组合不动摇。

让我们再次回到第 2 章滑雪场上每个人各自选择合适雪道的比喻。在每一个滑雪胜地,雪道都标着难度级别,以帮助每个人找到适合自己的赛道。初学者知道，应该选择小兔子赛道，这条赛道整理得很平，既没有成片结冰，也没有突然的隆起，很适合速度缓慢又简单地滑。那些17岁的青少年，两条腿像钢丝弹簧一样有力，一年能滑雪100天以上，年纪小、经验多，可以一路互相追逐，去滑双黑钻专业级赛道。如果每个人都选择适合自己的雪道，那么好几千个滑雪者就可以在同一时间同一个滑雪场共同享受滑雪的乐趣。（可是，要是让17岁的青少年滑雪高手去滑难度最低的初学者雪道，而让70多岁的老奶奶去滑难度最高的双黑钻专业级赛道，结果都会痛苦不堪，滑雪成了受罪。）

同样，为不同类型的投资者分级安排不同类型的投资组合，也很有用，前提是投资者要客观现实地看待自己的投资能力水平，客观现实地看待什么样的投资组合才适合自己。我们每个人在很多方面都不同。比如以下十个方面：

- 年龄；
- 资产；
- 收入；
- 投资期限；
- 要抚养的人数；
- 投资经验和专业水平；
- 风险承受能力；
- 可能会继承的财产；
- 打算给后人留下多少遗产；
- 慈善捐赠的愿望。

可能没有一个人会和你一模一样（我们的指纹、DNA、眼睛，都和别人的不一样）。也没有一个投资者会和你这个投资者一模一样。对于每一个投资者来说，最适合自己的投资方案，也是独一无二的投资方案，换个投资者就不合适了。这也是为什么每个投资者应该像量身定制衣服一样定制我们的投资组合，量身定制能让衣服适合每个人与众不同的身材，也让投资组合适合每个投资者的个体情况。

因此，要获得优异的投资业绩，最好的机会并不在于争着抢着要跑赢市场，而在于建立和坚持适合自己的长期投资基本方略，这样能让你达成适合你自己的目标，靠市场最主要的根本力量，推动你的投资组合稳定增值，天长日久，跨越一个又一个市场周期，不断前进。

实际上，很少有投资者会形成清晰的投资目标，大多数基金经理运作基金的时候，也并不真正知道他们客户的具体目标，也没有就他们作为基金经理的任务是什么和客户达成一致，这是投资者自己的错误。因为其实对于长期投资成功来说，投资咨询比投资管理更为重要，长期而言，能够造成你的经济状况大为不同。大多数投资者，并没有有条有理地分步操作，给自己制定稳健周全的长期投资基本方略。正因如此，按照相对而言并不算高的收费水平来说，注册投资顾问提供的咨询服务，是大多数投资人使用过的最重要投资服务。

确定适合你的投资基本方略，不管用不用专业投资顾问，都完全取决于你自己。毕竟那是你自己的钱。你自己的总体财务状况和投资状况，你自己了解得最多，其中包括：你的赚钱能力、储蓄能力、打算退休的时间、对于孩子的教育支出义务、可能需要动用可支出基金的规模和时间、对投资纪律的看法。只有你才知道，自己对市场价格变动的容忍程度有多高，特别是在市场走极端的时候，你觉得必须做出改变的压力是最大的。所以，你自己究竟是个什么样的投资者，你真正追求的投资目标又是什么，搞清楚这两个根本问题，是你自己的责任。

有些财务顾问，不是卖基金拿提成，而是只收咨询费，基金投资人可以从这种财务顾问那里得到很大的帮助，去好好想想下面这六个重要问题，给出自己最好的回答。

买基金第一问：出现一个不利的投资结果，特别是短期的不利投资结果，对你来说会带来的真正风险是什么？根本无法接受的风险，你就永远别去承担。例如，你的孩子正在读高三，这些年你给他存了一笔钱准备用作以后读大学的学费，你要是把这笔学费投到股票市场，绝对不合适。因为股票市场大跌的话，你这笔投资就会跟着大幅缩水，你们家这位高中生可能就付不起上大学的学费了。（教育是一项很好的长期投资，但是，你收到学校的学费通知，却必须短期内尽快支付。）再比如，你存了好多年买房的钱，准备再过两三年就去交首付，你要是现在拿这笔买房的钱去买股票型基金，肯定也不合适。

买基金第二问：碰到市场下跌行情，于你不利，你会有什么样的情绪？你应该知道，肯定会遇到这种事。在你漫长的投资期限里，股票市场价格上下波动，肯定会让你的投资组合净值也随之上下波动，这难以避免。你要事先想好并构建好你的投资组合，让投资组合的市场价值基本上在你的风险容忍范围之内波动。最理想的是，你这个人见多识广，完全了解这个投资组合方方面面的东西，确认其市场价值波动范围完全在你可以容忍的风险范围之内。如果你完全避免市场风险，确实会有真正的"机会"成本，预期风险低，自然预期收益低。因此，你要搞明白，你所承担的预期市场风险水平每增加一个档次，能够增加多少预期收益，减少多少投资亏损；如果你不承受增加的市场风险，为此会付出多大的机会成本，就是投资收益增量少了多少。

买基金第三问：你了解多少投资过去的历史和现在的真实情况，还了解多少金融市场现在的真实情况和历史上的变幻莫测？有的时候精明的投资看起来几乎完全不合情理，完全违反直觉。对投资和市场缺乏了解，既不懂现在又不懂历史，容易让投资者在熊市该大胆出手时却过度谨慎小心，而在牛市该谨慎收手时却又过度充满信心，这两种错误操作都会让你付出相当高昂的代价。我的建议是回顾历史。回顾一下，在2020年3月，新冠疫情造成股市大跌，还有2008年秋天，美国金融危机爆发，股市暴跌，你做出了什么样的投资反应？你是继续坚持原来的投资组合不动摇，还是吓得清仓卖出了一部分股票？或者你可以去图书馆里，花上几个小时读一读美国股市大崩盘前后每天出版的报纸，比如，1929年夏季到秋季，1987年秋季，还有2000年网络股泡沫破灭时期，看看当时投资者所思所想所作所为的真实详细记录。这样"近距离亲身体验"，可以帮助你搞明白，遇到这种股市特大风暴，会是什么感受，也会帮助你学习，下一次这种股市巨大风暴来临时，你该如何保持冷静，沉着应对。

如果投资者十分了解投资环境，他就会知道，预期市场会有什么类型的走势。心里有数，就能处变不惊，面对突然打乱自己投资计划的市场大涨大跌行情，就能够冷静应对。相反，那些不是十分了解市场历史和现在的投资人，看到市场罕见大涨，或者罕见暴跌，就容易心里发慌，做出过度反应。

买基金第四问：你还有什么其他资本来源或者收入，你的投资组合对你总体财务状况有多重要？

买基金第五问：你的投资有什么法律限制？很多信托基金有很明确的投资限制。很多捐赠基金限制如何界定收入和如何支出，有些地方来的钱不能要，有些地方的钱不能花。

买基金第六问：如果投资组合在此期间发生波动，特别是那些相当大幅度的波动，会有什么预期不到的后果，可能会影响你的最优投资基本方略？我们都知道，对个人投资者而言，要持续保持冷静的长期投资思维，在市场快速上涨的时候，很难做到，在市场快速暴跌的时候，更是很难做到。

以上可能会让你担心的这六个重要问题，要先想清楚，这样每个投资者就都能确定，多大幅度偏离通常的最优投资基本方略，才是真正值得的。通常最优的投资基本方略是，广泛分散投资，组合风险适当高于市场风险的平均水平。

这样清晰地界定你的目标，你就可以专注于那些真正重要的事情，而不是白费力气瞎折腾，一心想要努力战胜市场。专注于合理且实现可能性很高的目标，就是设定适合你自己客观现实的长期投资规划，并且坚定执行以达成你的投资长期收益目标。每个投资者都有一个重大的机会，根据自己的长期投资目标，来相应制定对于我们每个人来说最好的长期投资策略。如果投资者不愿意像一个委托人一样做事严肃认真又非常投入，那么我们可以肯定，过去很多年来一直纠缠着基金管理行业的矛盾现象，按照短期的优先事项来管理长期投资，将会继续纠缠基金管理行业很多年。

愤世嫉俗的人，看到这个长期困扰投资管理行业的矛盾现象会说，期望那些买基金的个人投资者能够采取自我约束的方式，做好所有研究功课，或者在大多数基金投资人对规规矩矩做投资不感兴趣时，期望基金经理冒着制造紧张客户关系的风险，坚持一种经过深思熟虑且精心措辞的投资基本方略，追求清晰明确的投资目标，都是不现实的。因此，要从这种矛盾之中逃脱出来，完全取决于你自己。首先，你要坚定地维护你自己在投资中的核心地位，你才是你自己的投资的主角，你才是最了解自己个人需要和资源的唯一专家；其次，你要形成合适的投资目标和投资基本方略。对于这项重要的工作，尽管我们可以找个有经验的财务顾问，得到真正的帮助，但是我们必须主要靠自己。

| 第 10 章 |

时间就是阿基米德的投资杠杆

"给我一个足够长的杠杆,再给我一个支点,我就可以撬动整个地球。"这是阿基米德的名言。用在投资上,阿基米德的杠杆就是时间(当然了,放杠杆的支点,就是切实可靠的投资基本方略。)你会持有这笔投资的时间长度,也就是用来衡量和判断投资业绩的投资期限,这对于任何一个投资计划来说都至关重要,因为要做好合适的资产配置,投资期限是关键因素。

时间能够把最没有吸引力的投资,变成最有吸引力的投资(反之亦然)。因为尽管平均的预期收益率水平根本不受时间的影响,但是围绕预期平均水平的实际收益率分布的范围,却受到时间的巨大影响。所以,时间足够长的话,本来看起来毫无吸引力的投资,就会变得非常令人向往,反过来也是如此。

持有的时间越长,投资组合的实际收益率越接近预期的平均水平。(而具体到某一个投资单独而言,正好相反,随着投资持有期限延长,其实际收益率往往会变得分布范围更广。)因此,不同投资者在不同的情况下，在不同的目标下，可以运用不同类型的投资构成的投资组合。运用的最优方式会由于投资期限的不同而发生很大改变。

收益率最高的投资，自然是长期投资人最想持有的那种投资，但它并不会受到短期投资者青睐。一个聪明的长期投资者，根本不会为短期看来非常危险的投资而感到焦虑。

计算收益率及其分布的传统时间期限，通常都只是一年。太丢人了！因为这样做其实是图方便。尽管12个月的时间框架使用起来很方便，使用也很广泛，但是这是简单的一刀切。因为事实上，所有不同种类的投资者有不同的投资限制和投资目的，合适的投资期限长短差异很大，这样简单地都用12个月的时间框架统一安排，肯定不能与实际期限匹配。有些投资人一次只投资几个月，而另外一些投资人会持有投资几十年。投资期限的长短不同，对投资影响非常大。我们用夸张的例子展示给大家看看投资期限长短有多么重要。我们先来看看投资股票只持有一天的预期收益率，再看看把这样的日收益率波动区间折算成年收益率波动区间，看看会有多大。

假设有一只股票的股价一般是40美元，那么每天的交易价格波动范围很可能是从39.25美元到40.50美元，波动1.25美元，或者说波动幅度相当于这只股票平均价格的3.1%（=1.25美元÷40美元）。要知道，最近几十年来美国股票的平均年化收益率为8%左右，以此为基准，我们可以假设投资这只假设的股票，预期每天收益率约为0.04%（≈8%÷250），向上和向下的波动幅度均为1.55%（=3.1%÷2）。

现在我们来把每天0.04%的预期收益率和每天上下各1.55%的价格波动率，转化成"年化比率"。预期年化收益率还是8%，但是围绕8%的年化收益率平均向上和向下的波动幅度会是上下各387.5%，数字如此大，令人震惊！换句话说，我们投资的这只股票，年化收益率预期会在盈利395.5%和亏损379.5%之间！

当然了，明智的投资者，绝对不会有意只投资股票一天，或者一个月，或者一年。这个期限对于股票投资来说明显太短了，因为以预期平均收益率为基准，这样的短期预期收益率用年化收益率一算，上下波动幅度实在是太大了。你在短期内投资股票承受的这种额外的超大不确定性，得不到足够大或者足够确定的收益来平衡。这种一年以内的短期持股，根本算不上投资，完全应该列为投机。

不过，我这样故意用投资一日游的方式，来讽刺那种一刀切的，用传统的年化收益率评测业绩的方式，其实是为了引导各位严肃认真地检查分析，改变评测投资业绩用的投资期限长度，会使投资者对业绩的满意程度有什么变化。这样一番检查分析能说明，为什么一个有非常长投资期限的投资者，把资金全部投到股票上，是非常明智的；一个投资期限非常短的投资者只投资国库券或者货币市场基金，也是非常明智的。这两种人做完全不同的投资却同样非常明智。这样一番检查分析也能说明，为什么一个投资期限介于长期和短期之间的中期投资者，随着他的投资期限从短期延长了一些，也应该从只投资货币市场工具，转向投资一部分债券，如果投资期限进一步延长，就应该更多转向投资股票。

不管投资期限如何变化，预期投资收益率的平均值都是稳定不变的。尽管如此，期限的长度，对于实际收益率却有深远的影响，这一点非常清楚地显示在图10-1中。以一年12个月为一期来计算投资收益，结果表明，盈利有时大有时小，亏损有时大有时小，看起来像是一个完全随机的模式。业绩最好的那一年你能赚到53.4%，业绩最差的那一年你会亏37.3%。都是同样长的一个期限，你的体验可以说是大起大落，天差地别，要是你从中分析归纳出了一个结论，说是有个什么相当规律的"平均"收益率，那也太荒谬了。

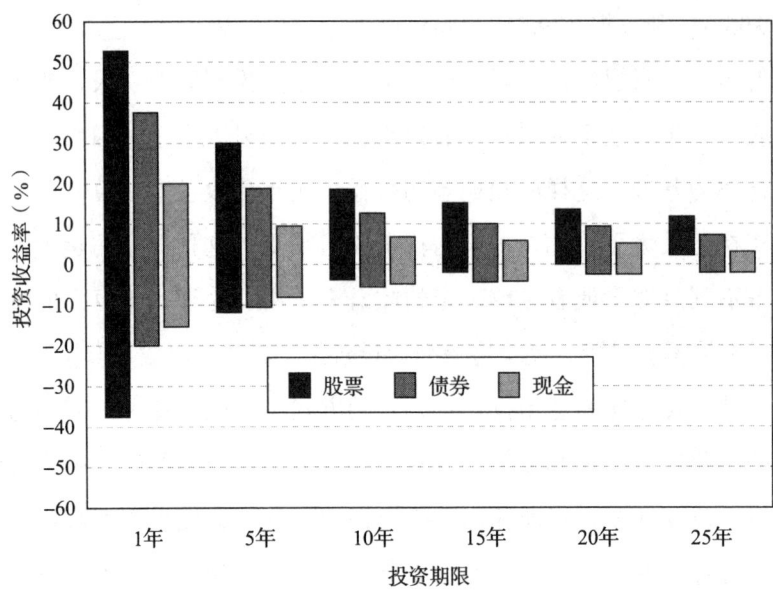

图 10-1　通胀调整后的收益率对比：股票、债券、现金

可是如果我们把投资评估期限从 1 年延长到 5 年，你就能看出来 5 年期收益率的规律性就明显增加了。例如，尽管有几个 5 年是亏钱的，但是赚钱的 5 年多得多，而且持续出现。这是因为衡量业绩的期限从 1 年延长到 5 年，投资收益率的长期平均值的稳定性也明显变强了，压住了单一年度的业绩变动性。

我们进一步把投资评估期限从 5 年延长到 10 年，每个 10 年期收益的持续稳定性也明显提高。只有一个 10 年期是亏损的，大多数 10 年期都是盈利的，年化收益率区间是 5%～15%。"基本比率"的力量，或者说"平均收益率"的稳定性力量，现在经过长达 10 年的复利增长，完全压倒了 1 年的短期波动性。

把投资评估期限延长到 20 年为一期，每个 20 年期的年化收益率就更加稳定了。没有一个 20 年期是亏损的，都是盈利的。每一个 20 年期的年化收益率，更加密集地聚集在长期预期平均年化收益率水平附近。

你能够领悟到，所有的实际投资体验，都是从一条很长的可持续的体验河流中抽取了一段样本而已，如同你目光所及的长江，只是万里长江的一小段而已，并理解短期体验只是长期体验中的一小段，至关重要，这样你才能真正理解隐藏在数据中的实际意义。即使是美国最北部的天气，从很长的期限来看，也能变得合理又可靠，尽管确实有些日子冷得要命，有些日子热得要死。单独来看某一天的天气变化，都是完全无法预测的，特别是如果要看某种天气具体发生的日期的话，更是如此。与此类似，在投资中，只有耐心的观察者，才能看到那个真正的长期基本变化模式，这样一来，那些表面看起来非常随机的年度数据、月度数据、单日数据，就不再那么令人不安又令人迷惑了，而是变得超级容易预测。这时你看的是平均值，而且是长期的平均值。

看天气，看投资，样本越大，样本数量越多，越能让我们接近真相，越能正确描绘你从中取样的事物的长期正态分布，也就是我们经常说的正常情况。搞清楚了正常情况下会是什么样的体验，你就心里有数，遇事不慌，能控制住自己的行为，不过度反应。你知道长期来看大部分都是正常情况，这样你就能利用这个长期规律，继续坚持长期投资计划不动摇，不再会因为看到市场个别时候单日波动幅度巨大，让你恐慌出手。你知道，其实这只是市场先生想吸引你的注意力，刺激你短期多下注，好让它开的这个大赌场多抽成而已。

对于你的投资基本方略，单独来看最重要的一个因素，就是资产配置，特别是固定收益和股票投资的比例。对资产配置的研究分析一再重申，风险和收益的权衡，由一个关键因素驱动，就是时间。

可悲的是，为一个投资组合决定资产配置比例时，采用的时间跨度或期限长度（time horizon），并不是每个投资者一生实际的最长投资期限，可能是 30 年、40 年，甚至 50 年，而是为了方便，传统上都是以 5 年为单位来进行资产配置的。这种聚焦于长度只有 5 年的投资期限，会导致其推荐的资产配置比例是大家熟悉的股票债券六四开。如果投资期限延长到 10 年，一般推荐的资产配置比例就会是股票债券七三开。如果再延长到以 25 年为投资期限，一般推荐的资产配置比例就会是股票债券九一开。

可惜，真正的情况是，大多数个人投资者的投资目的是保障家庭财务安全。这样来看，以上所有这些投资期限，没有一个是正确的。这些投资期限的设定，眼界都太短了，其实每个投资者的实际投资最长期限都有 30 年到 50 年，甚至更长。因为大多数投资者活着的年限、继续投资的年限，都远远长于我们传统上一般设定的 5 到 10 年的投资期限。大多数个人投资者和几乎所有机构投资者，将来至少还会再投资 30 年到 50 年，如果他们运用 30 年到 50 年这样的真正符合实际的长期期限思考，他们的投资行为就会很不一样了，就能得到更高的长期投资收益率。

| 第 11 章 |

投资收益

投资收益来到你手里，有两种形式：一种是固定收益，是以利息和现金分红的方式收到的现金，完全可以预测。另一种是非固定收益，是以市场价格波动的方式形成的投资盈利或亏损，这种投资收益完全无法预测（在短期之内）。一只股票的价格涨跌变化多大，其决定因素是主动型投资者对这只股票价格应该是多少的投资共识变化多大。这种投资共识是按照"买入股票的资金实力加权"形成的。谁买入的规模多，谁定价的话语权大。决定股票定价市场共识的，并不是个人投资者，而是好几千甚至好几万个专业投资者，他们一直在寻找获得投资优势的机会；这些专业投资者把大部分时间和技能，都用在努力利用股票市场价格波动的机会来提高投资收益上，这就需要他们做到比其他投资专业人士更加聪明。这肯定不容易做到，难度介于非常难做到和根本不可能做到之间！

投资专业人士，不但要研究基本面那些理性的问题，还要研究与人相关的不理性的问题，包括：行为经济学、投资心理学、消费者信心、政治、整体的"市场气氛"。没办法，这是因为从短期来看，由于市场先生这个捣蛋鬼经常乱折腾，所以证券市场并不是完全理性的。

当然了，即便做足以上所有这些功课，投资专业人士对理性问题的解读和对非理性问题的感觉，也并非都是对的。其中有些解读和感觉，特别是事后回过头来看，大错特错。但是关键不在于市场定价的结果，而在于市场定价的过程，好几千个受到高度激励的投资专业人士，个个都有一身出类拔萃的投资技能，个个都能随时得到最新的信息，都一直努力寻找正确的股票定价，这样很多个体的分析聚合成群体共识的动态过程，任何一个人单枪匹马都很难打败。在现在这个动态变动的市场中，主动投资管理是一个压力很大的动态竞争过程，每一个投资专业人士都在股票市场这个全世界竞争最激烈的市场中，与所有同样既天赋出众又野心勃勃的投资专业人士进行激烈竞争，争取获得优势，哪怕只是一点点优势。这要靠你懂得更多，分析解读得更内行，时机选择得更好。

讽刺的是，对于大多数投资者来说，包括专业投资者和个人投资者，这些行为大多都无关紧要。这并不是因为这些投资专业高手不够优秀，而是因为有太多竞争对手同样优秀，且都消息灵通、装备精良、努力进取。

表面看起来非常复杂，但是实际上在评估股票价值的时候，有两个方面的预测占据主导地位：第一个方面是专业投资者对公司未来盈利和分红可能实现的数量以及出现的时间所形成的共识；第二个方面是专业投资者对未来折现率的共识，即应该用多高的折现率来把未来多年一系列的预期分红和盈利进行折现，得出其现值。

对于企业未来现金分红和盈利，不同投资者的预测各有不同，同一个投资者在不同时间做出的预测也会各有不同。这是因为对以下多种因素的预期会发生变化：长期的经济增长和行业增长、单位需求（unit demand）的周期性波动、价格、税收、科技创新、国内市场和国际市场的竞争等。

随着时间推移，原来觉得合适的折现率，后来也会由于多种因素的影响而发生变化，其中最重要的影响因素有三个：一是投资者觉得一个行业中某一个（或者某一些）具体企业投资的风险有多大；二是投资者觉得整个行业普遍的投资风险有多大；三是投资者觉得预期通货膨胀率变动的风险有多大。

以上预测，是每个投资者对于基本面的预判，只属于第一层预判，是不停变化的。

接下来，是第二层预判。基金经理等主动管理型投资专业人士知道，投资人预判其他投资人的预判，其他投资人也是如此，这样人人猜我，我猜人人，循环往复，以至无穷。所有这些投资人都在预判其他人的预判，而这种你对别人预判的预判，总是在不停变化。

再接下来，是第三层预判，其他投资人如何预判其他投资人的预判，也总是在变化的，有的时候还会显著变化。

最后，你预测的公司盈利和分红，还有你预测的折现率，是根据一个具体的投资期限来预测的，这个投资期限越长，就越要把大幅度的不确定性作为考虑因素，纳入投资者对于其他投资者预判的预判之中。时间越长，不确定性越大，第一层对基本面的预判，第二层对别人预判的预判，第三层对别人如何预判别人预判的预判，也就变化越大。正是这一层又一层预判，驱动股价在不同交易日之间，在不同月度和年度中波动。

请注意，对于长期投资来说很重要的投资共识并不是现在投资者整体而言对于遥远未来的共识，而是我们确实到达那个遥远未来的时候会普遍流行的共识。一个投资者持有一笔投资的期限延长了，折现率这个因素的重要性就下降了，企业盈利和分红的重要性就增加了。对于一个投资期限非常长的投资来说，现在买入的价格相对而言重要性很低，而未来收到盈利和分红的相对重要性压倒一切。但对一个短期投机博弈股价的人来说，就完全不一样了，一切都取决于市场价格的逐日变动和逐月变动，还取决于投资者心理。长期投资的平均收益率很稳定，从来不会有令人吃惊的大幅变化。但是就像一天两天短期天气变化一样，短期投资收益率水平经常大幅波动，令人吃惊。

投资时间长了，经验就多了，投资者就逐步认识到了一个规律，即经济行为和企业事件符合正态分布，呈一条钟型曲线。在经济中，在股市上，那些主要的力量，都有一种强烈的倾向，回归到"正常值"，这就是我们经常说的强大的均值回归倾向。这些投资老手都知道，当下偏离钟型曲线中心线的幅度越大，均值回归的力量就越强，越是会把当下的体验拉回中心线或者说平均线。正如我们在第2章说的玩帆船那样，玩帆船的人都知道，帆船有着巨大的复原力臂能够把船身自动回正。帆船其实像不倒翁，底部有个很大的铅块，这被称为龙骨，帆船倾斜得越是厉害，帆船龙骨的重量产生的复原力臂越长，产生的复原力矩越大，越能让帆船很快自动回正。

投资者希望知道，未来最有可能出现的投资前景会是什么样的。展望未来的一个方式是，重点评估影响很大的两大因素可能会有什么变化，一个因素是长期利率水平，另一个因素是企业盈利水平。切实可行的做法是，假设利率水平和企业盈利水平变化的区间范围会在历史水平的上限和下限之间，而且倾向于回归到各自的均值。

有个警告，各位务必要注意：投资人有个怪毛病，就是经常像看着后视镜向前开车一样，通过看过去的市场走势，预测未来的市场走势。如果从后视镜看到市场最近一直上涨，这些投资者就会推断未来市场还会进一步上涨。反过来，如果从后视镜看到市场近来一直下跌，这些投资者就会断定未来市场还会进一步下跌。明智的投资者会调整自己，以

免落入这种臭名昭著的人类错误思维倾向。○

关于证券投资历史收益率的研究很多，一个又一个研究表明，投资的历史收益率有以下三个基本特点：

- 股票的平均收益率高于债券，债券的平均收益率高于短期货币市场工具。
- 股票的实际收益率每天每月每年的波动幅度超过债券。而债券的实际收益率每天每月每年的波动幅度超过短期货币市场工具。
- 前后两个期限之间平均收益率波动幅度（magnitude），随着衡量收益率使用的期限的缩短而增大，随着衡量收益率使用的期限的延长而缩小。换句话说，收益率衡量期限越长，用这种期限长度衡量的收益率看起来越接近正常水平。

虽然对于每天和每月的收益，几乎没有任何有预测效果的模式，但它们并非完全随机的。藏在市场先生螺旋一样的波动循环之中的，是一个强大的均值回归倾向，就是回归到收益平均水平，或者按照当前短期运行水平推算出来的长期水平。这也是为什么基金经理都在学习用正式的统计学术语来描述投资收益。个人投资者要是知道什么是平均值和正态分布，以及用两个标准差作为衡量异常事件预期发生频率和实际发生频率的指标是什么意思，就更容易听懂投资顾问给出的专业投资建议，也更容易领会和执行。

除了知道描述投资收益率围绕平均值的分布情况非常重要之外，我们还需要把平均收益率的不同成分分开，然后一次分析一个成分。平均

○ 接近 2000 年的时候，投资者的共识是，他们实际上的预期是 13% 的年化收益率，即预期这一波强劲的十年大牛市还会再延续十年。而这时，巴菲特就用了直截了当的方式，一针见血，直接说明他为什么预期未来十年通胀调整后的股票市场收益率只有 4%。巴菲特质疑整个市场过于乐观的共识，而且是第二次。多么正确，多么有勇气！

收益率有三大主要成分：

- 第一个主要成分：真正的无风险收益率。
- 第二个主要成分：通胀调整后无风险收益率，即超出真正无风险收益率的一部分溢价，可以补偿通货膨胀预期会吃掉的购买力。
- 第三个主要成分：市场风险调整后无风险收益率，超出通胀调整后无风险收益率的一部分溢价，可以补偿投资者接受的市场风险。

把总的投资收益率拆分成三个不同级别的收益率，就能分别对比三大类投资——股票、债券和现金等价物的收益率。这样的对比分析能够提供有用的信息（见图11-1）。

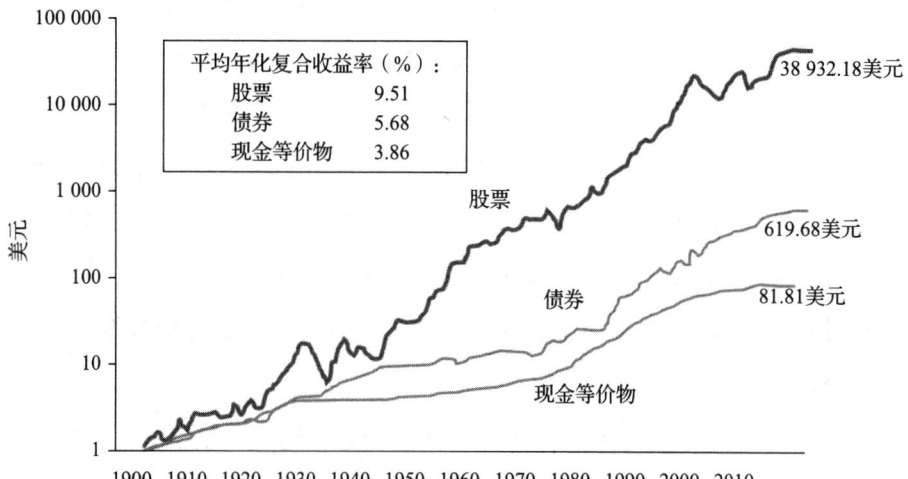

图11-1　股票、债券、现金等价物长期名义累计收益率显示出来的差异
（1900年1月1日到2016年4月30日）

资料来源：BofA Merrill Lynch; Citigroup Global Markets; Common-Stocks Indexes（Cowles Commission）; Global Financial Data, Inc.; Standard & Poor's; and Thomson Reuters Datastream.

现金等价物，比如国库券，看起来非常安全、可靠，只看名义收益率，没有经过通胀调整，几乎所有年份都有正的名义收益率。但是经过通胀调整以后的真实收益率为正的年份，还不到整个期间所有年份的60%。更加令人吃惊的是，国库券的平均年化收益率，经过通胀调整之后，是0。

换句话来说，国库券通常只不过勉强与通胀打平罢了。大多数年份，你确实能把你的本金和利息拿回来，其实际购买力还跟你原来投资的时候一样高。但是你所能得到的只是原来的购买力而已。因此你的这笔投资几乎没有得到一点儿真正的收益率。

相比国库券等现金等价物，长期债券产生的通胀调整后收益率更高一些，有两个原因：一是公司债券有违约风险；二是购买公司债券和政府债券迫使其投资人暴露在市场波动风险之中，因为其到期日更加久远，在此期间市场持续不断地调整债券的价格，以反映预期利率水平的变化。投资人并不想品尝市场波动带来的不确定性之苦，除非他们得到更高的收益率作为补偿，所以长期债券要支付更高的收益率，这就是"到期溢价"。到期溢价估计为0.9%～1.1%，高等级长期公司债券的违约溢价约为0.5%。到期溢价和违约溢价，都加到无风险利率上，就是通胀调整后无风险收益率，长期政府债券的通胀调整后无风险收益率在正常市场情况下接近2%，长期高等级公司债券的通胀调整后无风险收益率接近3%。

股票的收益率，要高于债券的收益率，这很合情合理。因为债券可以保证按期支付利息，到期按照面值归还本金，而股票就没有这样还本付息的保证了。所以股票必须为并不保证还本付息做出相应的补偿，在其正常名义收益率中包含这种风险溢价。股票的通胀调整后真实收益率约为5%。在去除通货膨胀的破坏性影响，并在相当长的一段时间内考察收益后，投资者对其资金所需回报要求的一致性就很清楚了。这种一致性来自两大因素：

▶ 一是投资者要求更高的收益率来补偿他们接受的更高的市场风险。

▶ 二是随着衡量收益的期限延长，由折现率变动引发的收益短期波动，就会变得越来越不重要，预期的分红或利息支付，就变得更加稳定了，也变得越来越重要了。

我们并不抱有也不应该抱有这样的希望——获得证券投资精确的收益率数据。就像其他任何一个复杂的、动态的、长期的、持续的过程一样，这个过程受到很多大大小小的外部因素影响，所以我们根本不能期望通过抽样得到完善和精确的数据。不过我们确实可以得到有用的近似数据，来了解收益率过去一直以来是多少，将来最有可能是多少，而且知道这些也就够了，足以满足我们建立一个长期投资基本方略的需求了。

如果你是在这个衡量期限一开始的时候就买入，然后一直持有到这个期限结束之时才卖出，然后拿着你的钱从此离开市场，那么这个资产在这一段衡量期限内的业绩表现数据，就是你实际得到的业绩，否则，这一段衡量期限内的各种资产业绩表现数据，就只不过是你看到的有代表性的统计数据而已，并不代表你实际得到的业绩。这些统计数据描述的只是一小部分样本，所取样的样本总体，其实是一个持续时间非常长的过程，有几十年甚至几百年，在这个漫长的过程中，股票价格会经历一系列的"随机游走"，其实这一系列的股价就是连续不断的股票净现值估值近似值，股票净现值估值基于未来收益和分红预测以及折现率变化估算的预测，随着时间推移，估值不断更新。

关于投资收益率，还有两个观点也很重要。

第一个观点是，预期通胀水平的变化，对于投资收益率的影响可能会很大，特别是对于股票的投资收益率，因为股票几乎是永久性的投资。

预期通胀率的大幅变动，从 1960 年的接近 2%，上升到 1980 年的接近 10%，再加上其他变化，引发股票要求的名义平均收益率随之大幅变动，从 1960 年的 8%，大幅提升到 1980 年的 17%，结果股票价格因此大幅下跌。从股价大跌之后的水平来看，股票未来的收益率水平，应该满足投资者认为值得购买的股票的通胀调整后收益率要求。请注意，把通胀的巨大破坏力影响考虑进来之后，投资人在那段"调整"期经受的亏损，是这半个世纪最惨重的亏损。预期通货膨胀率的下降，则具有相反的效果，会推升股票价格，正如我们在后面 20 年大牛市看到的那样。

第二个观点是，投资收益率的差异，在短期可能看起来不大，但由于是复利，长期利滚利就会演变成巨大的差异。表 11-1 表明了用高低不同的利率和长短不同的期限，对 1 美元进行长期复利之后的不同效果。这值得我们仔细研究，特别是好好看看，时间的威力会是多么巨大。这也是为什么说，时间在投资中就是阿基米德的杠杆。

表 11-1　长期复利能把 1 美元放大成多少钱

按照复利计算的投资收益率	投资期限（美元）		
	5 年	10 年	20 年
4%	1.22	1.48	2.19
6%	1.34	1.79	2.65
8%	1.47	2.16	4.66
10%	1.61	2.59	6.73
12%	1.76	3.11	9.65
14%	1.93	3.71	13.74
16%	2.10	4.41	19.46
18%	2.29	5.23	27.39
20%	2.49	6.19	38.34

但在我们的讨论离开投资收益率这个让人开心的领域之前，我们重新再来看看图 10-1，特别是其中 25 年的投资收益率数据——股票是

6.6%，债券 1.8%，这几个（经过通胀调整之后）真实收益率水平，看起来并不算高，但令人印象很深，而且给人很大启发。

经过这四分之一个世纪，整体而言投资收益率很高，不过投资人需要提醒自己，在进入 21 世纪的前些年间，务必注意正常的投资收益率，或者说基本的投资收益率。此前四分之一个世纪里，从 1986 年到 2000 年，股票的名义收益率很高，远远超过基本比率，肯定会回归均值，后来 2008 年金融危机爆发股价暴跌就是证明。

要注意历史平均值，如果股票平均收益率是每年 10 个百分点，那么在过去 75 年里，到底有多少次那个年度的收益率确确实实正好是 10 个百分点？只有一次，就是在 1968 年。又有多少次那个年度的收益率相当接近 10% 这个具体的数值？只有三次。因此，投资者在很多年的长期投资过程中，需要有一颗平常心，不能只看那些市场行情令人开心的年份，也不能只看那些市场行情令人恐惧的年份。要做到这样很不容易。

下一次，如果遇到一个上涨很猛的大牛市让你觉得特别激动，你要好好回顾机长讲的坐飞机时乘客"强烈表达"的两个愿望。第一个愿望是，当飞机停在地面上，因为天气原因不能准时起飞，乘客心里很着急，担心自己不能赶上一个重要的会议，等了很久，还不飞，乘客实在不耐烦了，就会说："哎呀，老天啊，我真希望飞机在天上飞啊。"第二个愿望是，飞机正在天上飞，遇上了很大的雷暴，正在猛烈颠簸，乘客实在太害怕了，就会说："老天啊，我真希望飞机停在地面上啊。"

大多数投资者肯定不会希望，把自己武断地排除在"让我一次赚个够"的机会之外，这种大赚一把的机会谁不喜欢啊。如果你相信路易斯·巴斯德的那句名言，"机会青睐那些有准备的头脑"，那么一定要确保你已经做好抓住大好投资机会的充分准备，不是一手准备，是两手准备。

第一，要准备好很多年都发现不了什么大好机会。在我们过去 50 多年持续主动积极地和很多世界上最优秀投资人的交流中，我只发现过两个对于很多其他投资人来说并不明显的重大投资机会。你看看，我全职做投资，可以说每天用全部时间来寻找重大投资机会，结果用了 50 多年才找到两个重大投资机会，平均 25 年找到一个。发现重大投资机会的概率如此低，你肯定没想到吧。

第二，要是你发现了一个绝好的投资机会，你应该做什么呢？㊀你要问自己 4 个问题，然后找人和你一起检查你的推理过程是否正确：

1."什么事情可能进展顺利，可能性有多大？"

2."什么事情可能出错，可能性有多大？"

3."我对自己的推断正确的信心足够大吗，能大到我应该把我投资组合的很大一部分都投到这只股票上吗？"

4."如果我重仓买入之后股票价格大跌，我真的想要加仓买入更多吗？"

㊀ 我的父亲爱打桥牌，经常打桥牌。有一个晚上的打牌经历，让他印象特别深。那天晚上，父亲打桥牌的同伴，以前从来没有搭档过，这位同伴连续三把都没叫牌，过掉了，有一把他开牌先发制人就叫牌了："小满贯！全红桃！"父亲一听同伴这么说，惊呆了，"这是一把和啊！"父亲震惊地看到这位同样摊出手上的牌，全都是红桃！震惊之下，父亲很自然就问了同伴一个明显的问题："为什么你不叫大满贯大赢一把？"同伴这么回答："因为你没有叫牌，我不能确定你手里的牌能给我多大的支持。"父亲一听，乐了，你这样最先出牌，又是一把和，也不需要我出牌支援你啊。大赢一把的绝好机会就这样白白错过了。父亲一辈子也不会忘掉这件事。

| 第 12 章 |

投资风险与不确定性

  风险不过是一个简单常用的小小名词，但是，不同的人使用风险这个名词时，却赋予其不同的含义，数量之多，差别之大，令人震惊。风险不同于不确定性。风险这个名词，描述的是一系列的盈亏期望值序列，你只要知道盈亏的数值和发生概率，二者相乘就是盈亏期望值。寿险精算生命表就是一个大家熟悉的例子。具体到隔壁邻居这一个人的死亡风险来说，未来 14 年里会发生什么，寿险精算师并不是算命先生，确实算不出来，但是如果面对的是 1 亿人的群体，则未来 14 年每一年预期有多少人会死亡，精算师能算得非常精准。投资中的"风险"，正好相反，类似于不确定性，二者是近亲，但并不一样，那些学术界的专家学者讨论贝塔值（即相对波动性）和市场风险的时候，所说的风险，指的就是不确定性这种含义。太糟糕了，这些学者用的专业术语并不恰当。

  风险存在于市场之中，也存在于个人投资者身上。市场风险是价格波动造成的，天长日久，此时涨彼时跌，互相抵消。投资者风险，要么是在市场价格涨到顶峰时过度乐观和自信，要么是市场跌到低谷时过度恐惧和恐慌，从而造成永久性伤害。有一些个人投资者，能够相当冷静地面对大多数近期市场波动无常，抵抗住想要采取行动进行交易的冲动，他们知道，随着时间的拉长，一般来说，市场波动性越大，往往带来的平均收益率越高。但是，大多数投资者做不到这一点。大部分投资者通过买高卖低在错误的时间采取了错误的交易行为，这都是自己强加给自己的巨大风险。

基金经理等主动管理型投资者，通常会从四个不同方面来思考风险：

- **价格风险**。你买入股票的价格太高了，就会亏钱。如果你认为一只股票的价格可能过高了，就应该知道你正在承受价格风险。
- **利率风险**。利率上升得太多了，高于原来预期而且已经折现到市场价格里，那么你持有的股票价格就会下跌。这时你正在承受的就是利率风险。
- **经营风险**。企业可能会出错，盈利目标可能不会实现。若果真如此，企业的股价就会下跌。这时你正在承受的就是企业的经营风险。
- **破产风险**。这是最极端的风险。公司可能会彻底失败。你看到过很多著名巨无霸公司后来竟然也破产了，比如，宾州中央铁路公司、安然、世界通信、宝丽来。这就是为什么那些股市投资专业老手会告诉你，"小子，看到了吧，这才是真正的风险"。

真正的风险其实很简单，就是你非常需要有足够的钱，却没有足够的钱，就像你开车开到沙漠深处，车却没油了。有经验的财务顾问，都很睿智地重点关注最严重的风险，这也是所有个人投资者，特别是使用401（k）企业员工养老金计划的那些个人投资者，应该重点关注的：花光了养老金，特别是那些早已经退休的人到晚年，已没法再去工作赚钱了。

还有一种方式，可以用来看清风险的完整概念，这来源于过去半个世纪大量的学术研究。越来越多的基金经理和客户，开始在投资实务中运用学术界的风险研究理论，因为这些理论实在太强大有力了。在学术理论研究上，风险的完整概念是这样描述的：投资人做投资，必定会暴露于三种投资风险之下。第一类风险，我称其为市场风险（market risk），是绝对无法避免的，所有投资人必须为获得报偿承受市场风险。另外两种风险，我称之为个股风险（individual-stock risk）和板块风险（stock-group risk）⊖。个股风险和板块风险，可以避免，也可以减少，甚至可以通过分散投资来完全消除掉。投资人承受这两种不必要的、可避免的风险，绝对不会得到补偿。这也正是我们为什么应该分散投资。

个股风险和板块风险，这两类风险可以避免，可以减少，甚至可以消除掉，而且这两类风险也是紧密联系的。个股风险所牵涉的是与个别股票相关的风险；板块风险牵涉的是同一类个股或者同一板块个股都普遍存在的相同风险。

举几个例子会让你更加清楚板块风险的含义。成长股作为一个板块，股价容易大起大落，一部分原因是投资者买成长股，主要看重的是企业未来的成长性，而投资者有信心纳入估值而且愿意为其支付对价。（投资人对企业成长高度有信心时，在给股票估值时就会把未来很多年的盈利成长纳入估值。）而对利率敏感的个股，比如公用事业股和银行股，预期利率水平变化会大幅影响其股价。同一个行业的股票，比如，汽车行业、

⊖ 那些学者在论文著作中用略有不同的术语来描述这三类风险：我说的市场风险，他们称为系统风险（systematic risk），我说的个股风险，他们称为特定风险（specific risk），我说的板块风险，他们称为额外市场风险（extra market risk）。我在本章描述三类风险用的三个术语看来更清楚也更自然。

零售行业、电脑行业等，其个股行情走势有时会涨跌同步，这是由于它们所在行业整体的发展预期发生变化，驱动同一行业内所有股票同步涨跌造成的。影响同一个板块所有股票出现相同行业走势的共同原因有很多，大多数股票都是同时属于几个不同的板块。为了避免不必要的复杂化，投资人通常集中精力思考几个主要类型的板块风险。

关于板块风险和个股风险的最重要事实是：这两种风险投资人一个也没必要承担。这两种风险都能够大幅降低甚至接近完全消除。属于整个市场所有股票都要承受的市场风险无法消除，但是个别市场板块风险，或者个别股票的风险，可以通过广泛分散投资来降低，降低到几乎感觉不到。

因此，在一个有效市场中，你只靠承受更多个股风险或者板块风险，根本不能也根本不会得到更多投资收益。

承受个股风险或者板块风险，你不会得到更多投资收益，这一点非常重要。你承受了个股风险或者板块风险，期望为此能得到风险补偿，获得更多的投资收益，那么你只能凭自己艺高人胆大，有超一流的选股技能，能够选择到那些定价低得相当不合理的个股或板块。就像我们在第4章中解释过的那样，承担了这些风险的投资人想要实现投资盈利，往往只能寄希望于那些市场竞争对手选股定价出错。这种一厢情愿的期望，并不是一个令人鼓舞的决策依据。

幸运的是，运用一个简单方便的投资策略能够避免这种风险，就是用指数基金来复制市场。这样一来，指数基金投资组合的成分股相对整个市场而言不发生偏离，这意味着收益率不会偏离，既没有板块风险，也没有个股风险。通过指数基金来投资股票，这种方式既方便又便宜，而且风险小，行业板块和具体个股选择的风险，都由于完全复制市场而消除掉了。

你要注意：消除了板块风险和个股风险这两类局部风险，并不意味着所有的投资风险都从此烟消云散了。市场整体的风险总是会存在的，而且从整个投资风险构成来说，市场风险占大头。图12-1生动地表明了，只看一只个股的风险，个股风险和板块风险占的比重相当大，但是这张图也突出地表明，由于一个典型投资组合投资持股相当分散，从投资人投资组合的整体风险来看，个股风险和板块风险占比很小，在一般组合投资风险中占比不到一成。

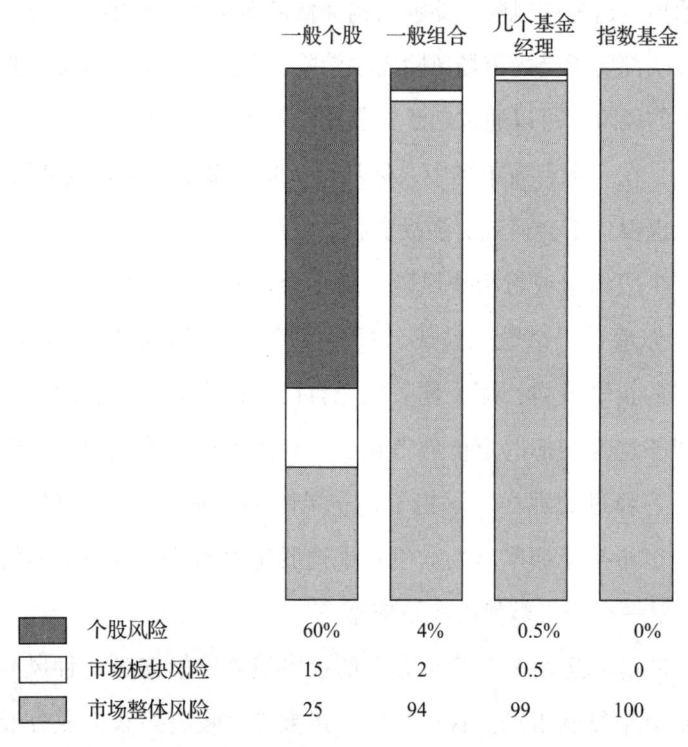

图12-1　分散投资迅速减少个股风险和市场板块风险

图12-1也表明，一个典型的指数基金投资人，其投资组合更加分散，也因此会进一步降低风险。投资者要是添加一部分投资国际股市的指数基金，其投资组合会比只投资国内股市的指数基金更加分散。

对于投资期限为长期的投资人来说，他们承受整体市场风险的最佳水平，要高于市场平均水平。这也合情合理，因为大多数其他投资人并不做超长期投资。很多人知道，他们的股票投资，快要到某个关键时间节点时，就要卖出变现，比如，孩子上大学要交一大笔大学学费，有个信托到期要终止了，或者是有些重要事件在接近中期时间跨度时，按照计划必须去做。其他投资人就是不能控制住情绪，没有那种冷静的自制力来冷眼看待市场短期突然大起大落，一天之间，一月之间，一年之间，股价突然大幅波动，要是你做的是超长期投资，遇见这种大风大浪很正常。那些投资期限相当短的投资者愿意付出代价，就是牺牲一部分增量收益，以换取他们想要的低风险和低波动。

总结下来，股票投资人总体投资收益率，包括以下四块：

- 第一块，无风险收益率，补偿你投资股票承受的预期通货膨胀风险。
- 第二块，市场超额收益率，补偿你投资于整个股票市场而承受的风险或者说是价格的不确定性。
- 第三块，行业板块潜在超额收益率，补偿你投资一个或者多个具体股票类型或者市场板块，因而承受了超出市场风险水平的额外风险，经济面、企业面或市场心理面这三大方面不同的因素，会导致这些板块的行情表现不同于整个市场。
- 第四块，个股超额收益率，这是又一块潜在超额收益率，补偿你选择投资一些个股因而承受了超出市场风险和板块风险水平的额外风险，和选股投资具体板块一样，经济面、企业面或市场心理面这三大方面不同的因素，会导致你选择投资的这些个股行情表现不同于整个市场。

一份回报，对应的是一份付出，一块收益，对应的是一块风险。在投资管理上我们现在知道了长期来看至关重要的投资决定性因素，并不是如何管理投资收益率，而是如何管理市场风险。通过管理市场风险，我们可以一石二鸟，在同一段时间里同时做到以下两件事：

第一件事，慎重地决定你要承受什么水平的市场风险，将其设定为你投资基本方略的风险水平，以此为基准来构建你的证券投资组合。

第二件事，坚定保持你慎重选择承受的市场风险水平不动摇，不管市场行情特别好还是特别坏，风雨不改。

改变你投资组合承受的市场风险水平，应该慎重决定，一般不能变，能变的理由只有一个，就是投资人的长期收益目标变了。

管理市场风险以适合投资人的实际情况，这是投资管理的首要工具。这是一个影响深远的主张，也是本章的核心理念。一个投资组合能够获得的收益，主要有以下三个来源，按照重要性排序依次是：首先也是最重要的收益来源，就是你的投资组合承受或避免的市场风险水平，承受风险越大，预期收益越高；接下来，是你持续稳定保持住这种风险水平，经历一轮又一轮市场周期而始终不动摇，持续的时间越长，收益率越高；最后，是你有相当高的投资技能水平能够通过分散投资，把个股风险和板块风险降到最小，自然会相应最大幅度减少这两种风险造成的投资损失。

真正的投资风险，不同于表面上的风险，也不同于市场风险，真正的投资风险是时间的函数。是的，如果持有时间短的话，股票表面看起来非常危险。但是一旦你开始执行投资计划，只要不是正好愚蠢地选择在股票市场"高得离谱"的牛市顶部大规模建仓，而是在正常估值水平下开始建仓，股票表面的高风险就会逐步消散，只要时间足够长，风险会变得越来越小，而越来越明显会获得相当不错的长期收益率。如果你没有足够的把握评估股票市场估值水平，不确定现在是在过于低估的底部，还是在相当低估的低位，你要是聪明的话，就用定期定额投资的方式，分期分批稳步建仓。

对于投资者来说，投资风险也可以按照时间跨度划分成短期风险和长期风险。短期的真正风险是，你短期急需用钱，必须卖出股票来筹措现金，这时候市场却正处于谷底。这也正是为什么，从长期来看股票投资风险很明显是最低水平的时候，从短期来看投资风险这时候却是最高水平。

有一个风险，大多数投资人都没有做好充分心理准备，那就是股票市场回复到昔日牛市最辉煌顶峰，往往需要好多年。告诉你两个历史数据，值得你牢记在心，标准普尔500股票指数，用了16年才重新回到1966年的牛市最高点，用了更长的时间才重新回到1929年的牛市最高点。但是如果你并不需要卖出，也不打算卖出，你其实不需要过多关注股价一时的涨跌。对于那些短线交易的人来说，股市行情短期涨跌当然非常重要，但是对于你这种好多年长期持有的投资者来说，无关紧要，就像距离你非常遥远的地方出现强烈台风一样，对你并没有多大影响。

对投资者来说，长期而言真正的风险，是他们自己过度反应而造成没有必要的风险，因此，投资人对于短期市场风险最好的回应，就是忽略持股期间的市场波动，保持耐心，坚定持有，做个真正的长期投资人。我们冷静地考虑正常的市场情况、长期的平均水平，还有收益率正常的波动情况，这时我们预期自己会做出什么样的投资行为，风险容忍度这个指标并不能描述出来。市场走向极端，会让我们内心非常忧虑，特别是市场行情走势证明我们错了，而且是一错再错时，你的内心很忧虑不安，这会驱使你做出很不理性的投资行为。这个时候，运用风险容忍度这个指标，可以像校准步枪瞄准器校准你的射击一样，校准你的投资交易行为。你要是能够清醒地知道，你手上这些股票或者基金会投资持有很长一段时间，这样你就自动给自己上了保险，可以对抗短期市场价格波动的不确定性。只要你投资持有的时间足够长，虽然在此期间市场先生造成的股价大幅波动，会让你的心情痛苦不安，但是你坚定持有，扛过去，这些短期大幅波动并不会严重伤害你的长期投资收益。

如果你能够认识到其实是投资风险驱动着收益增长，多承受一份预期风险，就多获得一份预期收益，你就明白，风险并不只是与其他投资人竞争更高收益的副产品。形成这样的认识，就转变了我们对投资基本方略的观念，管理好你的投资风险，才能管理好你的投资收益。我们现在懂了，不要重点关注投资收益率，而应该重点关注投资风险，充分了解基本面、心理面、市场面的长期事实情况，在此基础上才能做好投资风险管理。

| 第 13 章 |

建立投资组合

投资，主要是一门艺术，还是一门科学？长期以来，在基金经理这些投资专业人士圈里非正式讨论时，这个问题都是大家很喜欢聊的话题。也许是因为，讨论这个问题，大家一般都会非常愉快地达成共识，这些专业人士亲身经历的事实表明，既然主动投资管理明显不是一门科学，那就肯定是一门艺术了。

只要观察过那些很有才华的投资高手是如何工作的，你就会认识到，选择个股和选择板块，确实是一门艺术，很微妙，要凭直觉，也很复杂，只可意会却几乎无法言传。只有极少数的投资大师能给投资组合增加更多的价值，靠的是他们能够先知先觉看到良机，并且及时出手抓住良机，其他人要么是不知不觉错失良机，要么是后知后觉出手已晚。

对大多数投资人来说，投资组合管理既不是一门艺术，也不是一门科学。相反投资组合管理是一个需要解决的工程问题。工程学上有一个重大的教训是，要找到问题解决方案，关键在于正确地界定问题。你正确地界定了问题之后，就走对路了，离找到正确答案就不远了。投资组合的构建也是一个投资工程。股票指数投资和债券指数投资，大大简化了投资组合构建工程这项工作的复杂性，因为我们所处的投资世界非常复杂多变，非常不确定，什么可能都有，总是在不断变化，而我们对这个投资世界只是知道一部分正确信息，还有一大部分是错误信息。所有这些信息，又在人类大脑解读时，用并不正确的过滤器过滤了一遍。所以，指数投资为投资人提供了几乎可以说最可靠又最有效的投资方式，帮你达成具体的长期目标，而且符合你那一套投资基本方略的诸多限制。

正如我们在第12章中解释过的那样，我们现在知道了，长期投资的真正挑战，并不是如何选择股票或债券，如何选时在低位买入在高位卖出，来提高投资收益，那些主动管理型基金经理都努力想要这样做来战胜市场。其实长期投资的真正挑战，是如何管理风险，在深思熟虑之后慎重地选择承受适当水平的组合风险，这样持有的年限长了，就会为你增加相当多的投资收益。

良好的投资组合设计，消除了那些你可以避免的风险，消除了那些你并不打算承担的风险，让预期收益最大化，你只需承受谨慎选择去主动承受的市场风险。这正是为什么有效的投资组合风险调整后收益更高，和其他具有相同风险水平的可行投资组合相比，其预期收益更高，而和其他预期收益率相同的可行投资组合相比，其风险更低。

就像股票一样，债券也是既有个体风险，又有板块风险，能够而且应该通过分散投资来消除掉这些风险。例如，都是属于某一个具体行业里的那些公司发行的债券，作为一个行业板块来看，其价值也随着整个行业经济状况的重大变化而变化。有些债券，有相同的具体赎回条款或者发新债还老债条款，它们作为一个板块来看，在市场上相对而言的受欢迎程度会表现出相似的上升和下降。

债券评级机构已经发现了，它们的评级会出大错，大多数错误原因都是在评估债券行业板块风险的内在困难上，而不是在评估具体债券发行人个体风险的内在困难上。评估公司债券个别风险相对而言简单多了，只需要跟同一个行业或者同一个板块其他债券发行人进行比较分析就行了，一般不会出大错。悲哀的是，2008年的次贷危机再次证明，评估债券行业板块风险会出大错，当时那些新发行的次贷支持证券都得到了最高的3A信用评级。评级机构给次贷支持证券这个板块的信用评级大错特错，系统出错，彻底出错，结果导致那些过度依赖于穆迪和标普评级的投资人遭受了巨大的投资损失。（行业板块信用评级错误，在此之前也发生过多次，最早的那一次在20世纪20年代，当时有轨电车公司行业很火，得到的都是3A信用评级。结果后来这些有轨电车企业几乎全都破产了，因为大家都不坐有轨电车，改成开小汽车了。）

从概念上讲，债券投资组合管理一开始是用一个被动的投资组合来复制和代表整个债券市场。这种投资组合可以作为业绩基准，这样复制整个债券市场，分散投资到很多板块，分散到很多个别债券，以防范个别债券的发行人或者个别板块类型的债券发行人出现信用风险，这种投资组合运用一套期限长短均匀分布的时间表，分散投资到期期限长短不同的债券，以防范利率出现不利变化带来的风险。像股票一样，历史证据表明，个别债券的风险，可以通过分散投资来大幅减小。从历史事实来看，中等评级到较低评级的债券，在吸收了所有实际违约损失之后，随着投资期限延长，相对而言能够提供更高的净收益率，超出那些较高评级的债券。

个人投资者应该绝对不要去碰个别公司发行的债券。这是因为，债券投资必须分散投资，这样才能保证你的资金能够获得合理的投资收益率。幸运的是，债券指数基金有好多种类，现在都可以用很低的成本买到。请注意，我这里说的债券投资，并不是你投资哪一只个别债券，而是指通过投资债券指数基金投资于整个债券市场：你的组合是否应该投资债券，应把多大比例的资金配置到债券上。这样一来，你的投资组合中股票和债券的配置比例就确定下来了，这个因素就决定了你的投资组合长期总体投资业绩。

几百年前用帆船进行商业航行时，发明了保险，汇聚众人资金到一个账户里，集群体之力，共同对抗意外风险，对于保险公司这个受托人来说，这是最基本的职责。同样，基金经理等所有投资专业人士，也是受客户之托，为客户管理投资，其身为受托人的最基本责任是，防范不利的意外事件，控制投资组合风险，小心谨慎行事，追求实现长期投资目标。大多数基金经理等主动管理型投资人，认为他们的工作要坚定自信、全力进攻，但是现在的真实情况是，股票投资是而且应该主要是一个防守的过程。长期投资成功的最大秘密，是避免严重的永久性损失。要做到这一点，最好的方式，历史证明，就是指数投资。

| 第 14 章 |

全景式思维投资

金钱体现为财产，就是人们经常说的资产，它有多种实体形式，是可以互相替代的。但是几乎大多数投资人思考自己的股票和债券等构成的投资组合时，都将其作为一个单独的资产实体来看，没有从自己一生会积累的所有资产来看，纵览一生，统揽全局，形成投资理财的大局观。这是一个大错，因为错误地运用过窄的分析框架来分析股票投资，肯定会导致你遇到股票市场波动时产生不必要的忧虑，会导致你问出错误的问题，得到错误的答案，做出错误的决策。

这里有个例子，按照传统智慧，我们应该根据我们的年龄，来确定投资债券的比例。但是这样合情合理吗？一个女白领，MBA，只有 30 岁，真的应该把自己投资组合中 30% 的资金放在债券上？如果你用更大的大局观重新界定这个问题，把这位女白领一生价值最大的一笔资产考虑进来，就是未来一生工作 35～45 年的累计工资收入，你的看法就不

一样了。[○]

那么这位女白领现在该如何估算她未来的工资收入呢？只要花一点点功夫，她未来最有可能实现的收入增长情况，就可以合理地估算出来（她可以问问公司的人力资源部门，问问她毕业的研究生院，或者问问猎头公司，她这种学历和资历什么样的薪酬递增情况是"正常的"）。估计好自己未来几十年的收入的增长情况之后，她可以把自己预期未来每年的收入流，折算成现在的净现值。

不用多想，我们就知道，这位女白领一看到这个数字会说什么："啊！我的天哪！这么多！"（而且这还没有算上她可能得到的股票期权、奖金，以及把储蓄用来投资获得的投资收益。这还不包括她的养老金或者401（k）企业员工养老金计划和社会保障基本养老金福利。）[○]这位女白领未来工作到退休的累计工资收入，作为一项资产，其净现值将会远远超过她现在投资组合的总市值。她肯定应该把这项资产算进来，才能真正看清自己一生的整体投资组合全景，才能有投资大局观。

从她一生的投资组合"全景"来看各个大类资产的配置比例，你会看到，未来工资收入的现值占了大头，可能会占到她整个财务组合的95%。未来的所有工资收入的净现值，并不会随着股市涨跌而上下波动。未来工资收入总额这笔资产的价值是相当稳定的，也是可以持续的。那么为什么这位女白领还要"按照自己的年龄"来确定投资债券的比例？

○ 等这位30岁的女研究生年满65岁时，65岁就不再会是整个社会的正常退休年龄了，那时可能是70岁甚至75岁退休。这位女研究生年满65周岁时，可能像我一样，想要持续工作更多年，因为工作太有意思了。

○ 有些财务顾问会建议投资人持有一些债券，这样能给自己的投资组合一个"稳定的平衡"。对于有些投资者来说，这样做可能是明智的，但是他们应该认识到这个真实的情况：债券的收益率比股票低多了，你买债券相当于为自己的投资焦虑买了一份保险，支付的代价相当高。相比之下，付出更多的时间和精力去理解市场，学习如何与股票价格波动共存，这样做花费的成本就便宜多了。

当然了，她根本不需要。她已经在一项价值稳定的资产上投资比例过高了，就是她的未来收入能力。这位年轻女白领的证券投资组合，应该100%配置在股票上。

久而久之，在这位年轻女白领的投资组合全局中，其他资产成分会逐渐变得更加重要。例如，她很有可能会拥有一套自己住的好房子。（请注意持有一套家庭住房的"产权"，从来不会成为你的主要赚钱机器。尽管很多上了年纪的人都说，"我们住的房子是我们这一辈子做得最好的投资"。他们这样说，几乎总是把一些往往是决定性的因素，包括在自己的感觉里面，其实这些外部客观因素并不是以个人感觉为转移的，这些因素有：长期的通胀、抵押贷款利息能够抵税。不要犯这种错误，你买一套房子自住最主要的好处是，让一家人日子过得舒舒服服，住在自己的房子里感觉很幸福。这也是为什么很多经济学家把家庭住房看作消费品。但是房子这项资产持续使用的时间有好几十年，太长太长了，长得我都不会觉得房子是"可消费的"。所以我认为你最好把你的房子看作一份价值稳定的资产。）

如果用这种全景的方式来思考自己的整体财务状况，那么我们这位年轻女白领，就会把她的房子和她未来的累计工资收入的折现值，都算进自己的人生资产组合，这样的话她就不会犯下孤立看问题的错误，只看她现在的证券投资组合，而不看其他现在已有的资产和将来会有的资产。而且，当股价上涨下跌的时候，这位年轻女白领就会特别聪明地去实践应用这种全景式投资思维，这样就想开了：多亏我在宏观上大类资产分散投资，这样就让整个资产组合的价值波动小得多，大大小于只看我股票投资那一小块资产的净值波动。这样一来，这位年轻女白领不必像她的投资小伙伴那样忧虑，这些小伙伴没有投资大局观，只是把自己的资产分成股票和债券等几个小类，看到股票这一块资产相对波动幅度比较大，就非常焦虑不安，却没有看到整个投资全局中，股票只不过是自己一生积累的所有资产中的一小块而已。更有可能的是，这位年轻女白领并不需要投资持有任何债券以保持组合平衡。从她人生还有四五十年的长期来看，用这种全局式投资思维，会让她把更多资金投资配置到股票上。过了很长很长时间之后，可能是再过50年，这样偏重股票投资，就会给她带来要高得多的总收益率。

　　用全景式思维来看你的一生资产组合，还应该包括你退休后能够领取的社保基本养老金折算到现在的现金价值⊖，还有你的个人养老金基金或401（k）企业员工养老金计划的折现价值。这些资产肯定是你的一生资产组合中的一部分。考虑到自己的整体财务状况和财务规划，如果预期自己将来会继承一笔财产，也应该考虑在内（不过也要考虑到父母的财务状况可能会发生变化，导致分配的遗产多少也会发生变化）。

⊖ 那些接近退休年龄段的老年人，要是明智的话，就应该仔细考虑到财务管理全局中的另一部分，这就是，在年满70周岁之前不去申请领社保，会给你带来相当大的好处。年满70周岁才开始领社保，每年能够领到的社保收入要高得多，要比62岁开始领社保高出76%。除此之外，你继续工作，就还能让你的401（k）企业员工养老金计划未来带来的收入进一步增加：能从投资账户中领退休金，但并不领取，而是进行再投资，把更多钱存到投资账户，享受投资收益免税。这样一算，到了退休年龄并不退休，继续工作，太值了，这样能够带来的财务好处真的是太大了。

| 第 15 章 |

再谈债券

债券有很悠久的历史,不过对投资者来说,如何投资债券,投资多少才是最好的实践做法,大众的看法有过多次变化。在 20 世纪早期,稳健保守的证券投资,几乎总是限制在债券投资上,特别是那些有良好信用评级的债券(投资者也投资住房抵押贷款,那个年代通常是只有 5 年的到期期限)。股票就不一样了,除了那些大盘国有铁路股和银行股之外,大众一般都会认为股票"不值得投资"。

20 世纪 20 年代早期重债轻股的这种看法,过了几年就转变了,埃德加·劳伦斯·史密斯(Edgar Lawrence Smith)写的《用普通股进行长期投资》(*Common Stocks as Long Term Investments*)[1] 出版,引发美国人投资股票的热潮。史密斯的开创性研究表明,从几十年的长期来看,股票投资组合收到的现金分红,不但比债券投资组合收到的利息更加持续稳定,不会中断,而且随着上市公司的盈利增长,给长期投资者带来的收入会越来越高。(史密斯的这本书,担任了很重要的推手角色,加速推动 20 世纪 20 年代后来形成一波长期大牛市,吸引更多投资人来买股票。推动大牛市形成的主要因素还有：不断上涨的股市本身，运用保证金贷款，也就是用券商配资买股票来大赚一把的机会，还有报纸上报道股票投资赚大钱的故事令人心动。)

但是20世纪20年代末期这种重股轻债的想法后来又反转了，因为1929年发生了股市大崩盘和经济大萧条；"明智的"投资人重新回归到只把债券作为投资的看法。在第二次世界大战期间，战争债券得到广泛的推销宣传。二战结束之后，美国人普遍非常害怕再次发生经济大萧条，债券又回来了。股票债券六四开的组合配置，成了大家普遍认可的"明智的"投资基本方略，个人信托、企业养老基金和捐赠基金，都是这样配置的，大家普遍认为股票债券六四开的配置是"审慎的""保守的"。（国家公共养老金基金一般是把债券配置到90%。)

股票上涨的时候，债券通常会下跌，反过来，股票下跌的时候，债券通常会上涨，人们都是这么说的。有些人指出，既然对于投资者来说，要坚持原来的投资计划不动摇极其困难，因为市场先生会周期性大幅上下波动，那么组合中配置价格更加稳定的债券，就大有好处，可以减弱股票市场的大幅波动对整个组合的影响，可以帮助投资人坚持住原来的投资计划，挺过"股票市场的周期性波动起伏"。

一般的股票债券六四开，过于一刀切，后来搞得更加"灵活"，就是大家熟悉的根据年龄来调整自己的债券投资比例，通常都是这么说的："年龄越大，债券配置越多。"比如说，你30来岁，你的证券投资组合的债券配置比例就应该是30%；你40来岁了，就应该持有40%的债券；你要是90岁，就持有90%的债券。

任何事情搞得这么整齐划一，你都应该高度怀疑其是否正确。你读了上一章之后，应该不会奇怪，我敦促各位认真仔细查看你们一生所有积累资产形成的"全局"投资组合，再去决定，在你这个全景中只占一小块的证券投资组合里,有多少资金应该配置到债券上。

实话实说,你持有债券的主要理由,就是为了减少自己的焦虑,因为市场先生会激起你的强烈情绪反应,可能一天内波动非常大,或者一个月内波动非常大,换了谁都受不了。你可以换个方式试试,不用多配债券也能减轻你的焦虑,只要看看你一生积累的所有资产形成的全景式投资组合的价值波动,而不是孤立地只看你这个大组合中的证券投资那一小块。(我们上一章已经解释过了,为什么通过投资指数基金持有非常分散的股票组合,就能大幅减少市场先生上蹿下跳给你带来的焦虑,这样一来你就不太难坚持你原来的投资计划不动摇了。这也是指数投资的众多好处之一。)

另外还有一个办法,能够提升你在情绪上跟市场先生和平相处的能力,就是研究股票市场过去是什么样长期历史走势,未来大致会是什么样的长期走势,这样的话你就能做好充分的心理准备。你知道市场先生会用很多方式挑起或者驱动我们的过度反应和过度焦虑。持有债券,对于大多数投资人来说,实际上,就是付出降低长期收益率的代价,来防止你自己乱折腾而破坏你的投资计划,防止你过度焦虑。

我以我个人为例讲讲吧。我现在80多岁了,还继续工作,因为我喜欢我的工作,我喜欢自己能够为别人提供帮助。我这个80多岁的老人,是不是把80%的资金都投在债券上呢?不!不!不!少得多。(我一辈子都是在做投资,市场先生猛勒马缰,股市突然掉头大跌的情形,过上几年就会有一次,我见的次数多了,所以我希望自己能够做相当充分的准备,不管市场会用什么样的手段来考验我、折磨我,我都会冷静应对。)

说实话,我的债券持有比例是0。但是在我的整个投资组合中,我有一大块价值稳定的资产。我做这类稳健投资,并不是为了获得收益,而是这些投资作为资产对我来说意义重大。其实你和我也类似,你退休后每月能够从美国联邦社保领取的退休金的折现价值，还有你的房子和家具这些"稳定资产"的折现价值，合在一起，能占你一生积累所有资产组合价值的30%～40%。

既然我的稳定资产占的比例已经这么大了，我为什么还要把更多资金放在债券这种价值稳定资产上呢？因为我的证券投资组合的时间跨度，不是短短一年，甚至不只是我预期能活多少年，我还要传给我的儿女，他们再传给他们的儿女，我下面的第二代人和第三代人能活多少年，我的证券投资组合就会持有多少年；你看，我下面的第二代人，就是我的子女，平均年龄只有50岁；下面更年轻的第三代人，就是我的孙子孙女，平均年龄还不到15岁，这意味着这些第三代人的投资期限将来会超过70年，甚至可能会到80年。

肯定会的！我过去一直非常幸运。但是这并不是我要说的关键！关键是我们每个人都幸运地拥有独特的机会，客观审视我们个人的实际情况，在此基础上做出审慎的决策，制定合适的投资规划，来最好地满足我们个人的需要。

各位读了我写的书，是不是应该抄我的作业？对，也不对！

说对是因为，每个人都绝对应该抄我的作业，抄我的决策思考方式，像我这样用一生全景式思维来规划个人投资，先仔细查看自己一生积累的所有资产构成的全景式投资组合，然后做出合理的决策，在只占全景投资中一小块的证券投资所构成的投资组合里面，股票债券应该分别配置多少才合适。说不对是因为，不该抄我个人的具体配置资产种类和比例。因为我们每个人都与众不同、独一无二，除非你正好跟我年龄一样、收入一样、投资期限一样、风险容忍程度一样、储蓄一样……什么都一模一样，你的投资方案才能和我完全一样，这可能吗？你最好的投资方式，应该是最适合你个人的投资方式，而不是照搬最适合我个人的方式，因为我的方式最适合我，肯定不会最适合你。

那些"目标日期"和"生命周期"养老基金怎么样？有些人不想花时间来和财务顾问合作，像量身定制套装一样给自己量身定制一套投资计划，而用这种像成衣一样把指数基金合理地组合在一起的标准化产品，肯定要好过你什么研究功课也不做随意乱买。但是一定要注意：这类配置统一的产品也是一刀切，和"年龄越大，债券配置越多"的投资基本方略差不多。买这样配置统一的基金产品，像买成衣一样，并不是一个最好的解决方案，最好是像量身订制套装一样，结合个人实际情况来定制最适合的投资方案，使你的资产组合能够产生适合你的投资收益水平，能让你晚年过得平平安安、舒舒服服。

债券现在处于特别糟糕的处境之中。美国国库券的收益率还不到2%，美国联邦政府的目标是把通胀率控制在2%以内。所以，这些债券的净收益率，或者说真实收益率，其实是0。债券肯定不是一个好投资了，因为你根本没有得到一点真实的投资收益。（而且投资债券总是会有利率风险，如果利率上涨，就会导致债券价格下跌，让你投资债券也亏钱。）

即使你并不喜欢把债券作为长期投资，是不是也有一段时间有理由应该持有一些债券？当然！要是你有个承诺，一定要支出一笔钱，金额确定，目的明确，再过一年左右就要支出，那么你很明智的做法是，把这笔钱单独拿出来，投资到货币市场基金账户里，这样随时可以拿出来用，保证你不会亏一分钱。类似的情况还有，你要花一大笔钱来买东西，比如说要买一套房子来住，你要花好多年才能积累起一大笔钱够你付首付，那么你的合理做法是，把你攒着准备过几年买房付首付的这些钱，投资到中期债券上，既保证不会亏损，还能有一份稳定的利息。

每一个投资者都想有一笔随时可用的"现金储备"，以备不时之需。

这样深谋远虑，其实也可以通过银行贷款解决，或者到券商那里用保证金贷款，但是很多投资者还希望有一笔保证随时能用的救命钱，就像藏在床垫下的一沓钞票一样，确保随时可以动用，这也合情合理。"要么吃得好，要么睡得好"，只能权衡取舍，这种紧急现金储备的目的，完全是为了能够睡得好。所以你判断足够能让你睡得好的现金储备数量，应该投资到短期货币市场基金上，清清楚楚地跟你的长期投资组合分开。

如果你并不"买账"这种审视一生积累所有资产全景式投资组合的概念，你几乎肯定会想买入更多的债券，因为你设定你的投资组合资产配置比例，目的就是把市场风险控制在你能够忍受的水平之下，特别是在市场行情走势令人沮丧的时候，市场先生把很多风险都直接甩到你脸上，嚷着叫着世界就要完蛋了，挥舞着胳膊，大声发出警告。

但是如果你真的购买并且持有更多的债券，历史清楚地表明，你会为这种"保险"支付很高的代价。市场先生恶作剧式大起大落，让你的投资组合账面上有时大赚有时又大亏，大多数投资人都受不了，又焦虑，又脆弱，这其实是他们还没有真正认识理解市场长期波动模式的结果。如果你受不了，配置更多的债券，就得相应配置更少的股票，为此就要付出牺牲更高股票长期投资收益率的高成本，这其实是因为投资人没有下足够多的功夫研究市场，研究自己，所以不能"保持冷静继续前行"，不能坚持自己原来精心审慎制订的长期投资计划不动摇。

参考文献

1. Edgar Lawrence Smith, *Common Stocks as Long Term Investments*, 1924.

| 第 16 章 |

为什么投资基本方略至关重要

有个最主要的理由告诉我们,每个人都应该清楚自己的长期投资基本方略是什么,最理想的方式就是白纸黑字写下来,以避免自己瞎折腾,破坏自己的投资组合。市场先生时不时会行为举止异常,最近的市场行情折腾得我们痛苦不堪,让我们陷入对自己的长期投资基本方略的怀疑。投资者做出不适当的投资行为,短线投机、频繁交易、高位买入、低位卖出等,几乎总是因为我们没有提前做足功课,没搞明白身外与内心两个世界之间的联系,我们内心这个世界里的短期情绪波动,其实是一种情绪反应,起因是看到我们身外那个外部世界里,要么是整个资本市场价格水平大幅波动,要么是具体某项投资的价格水平突然大幅波动,要么是二者同时大幅波动,股价崩于前,你的内心就会崩于后。

太过常见的是,投资基本方略往往都很空泛,含糊不清,一直拖而不决,后来急需用时才匆忙决定自己的投资策略,因为这时市场行情下跌得让人痛苦非常,压力山大,不得不如此方能做出重大决策。这个时候,我们也特别容易做出错误决策,这是因为处在错误的时间,又是因为基于错误的理由。

这种极匆忙之下做出的决策，通常会导致严重的后果：投资人看到股价直线暴跌之后，在底部卖出股票，结果错失后面股票市场的大幅反弹；反过来则是在股票市场接近或者达到顶部的时候，大量追涨买入股票。这样错误选择市场时机去改变资产配置，一向都会严重损害投资者的长期收益。

科技已经改变了投资。感谢新的科技，基金经理能够用一系列可行的结果分布，来对任何一个投资组合估计其想要的长期的"相对于市场而言"风险水平。投资人现在完全有权利要求基金提供的预期业绩水平，能配得上他们的合理风险预期水平，以及基金经理的能力水平。由于现在投资操作可以很方便地指数化，只要买合适的相关指数基金就行，这样投资人可以专注于发展形成长期投资基本方略，遵循这些基本方略，坚持10年、20年甚至更多年，就可以实现实际具体的投资目标，与投资者对此期间市场风险的容忍程度相匹配。

市场短期大幅波动，会激起你的情绪，从而产生过度反应，你要抵挡住这种情绪反应，最好的盾牌就是理解和认知，特别是理解市场，认识你自己、你的目标、你的优先考虑事项。因此，你认真思考形成的投资策略，应该白纸黑字写下来。千万不要相信你自己是完全理性的，尤其是在你看到周围的人都被情绪驱动行为失常的时候，因为你和周围的人一样，也是人。作为投资人，你会成为投资赢家的，赢的标志是，你如愿得到了你希望得到的结果，靠的是你遵循与你个人长期优先考虑事项相匹配的长期投资基本方略，这是你能得到的最好结果。

在理论上，我们都知道，最符合我们长期投资利益的，莫过于更低的股价，这让我们能用更便宜的价格买入更多的股票，将来股价上涨，我们赚得更多。但是实际上是另一回事，看看你，看看我，看看我们周围的人,哪个人看到市场下跌会开心得不得了?反过来,看到股市上涨,你持有的股票价格上涨,哪个人不是心中感到一股喜悦的暖流?其实我们心里都知道,股价涨了,现在再去买入股票,成本就更高了,未来能够获得的投资收益率肯定只会更低了。

相反,同样是我们这些股票投资人,回到日常生活之中,走进一家商店,正好赶上店家搞促销活动,最吸引人的镇店之宝,9折、8折,甚至7折,我们有谁会收起钱包转身离开呢?我们没有一个人会这么说:"我不想买这些东西,因为它们现在正在打折低价出售,我要等到价格重新涨上来再高价去买。"但这正是我们大多数人股票投资交易行为的真实写照。

股票市场下跌,其实就是股票打折"大甩卖",我们却停止买入。事实上,历史记录表明,我们不但不买入,甚至会跟着众人一起低位卖出。股票市场上涨,其实就是股票涨价出售,我们却买得更多,而且更加充满热情地买入。正如研究股票市场的专家贾森·茨威格(Jason Zweig)说的那样:"要是我们用买袜子的方式来买股票的话,我们肯定会赚得多得多。"我们错了,我们看到股价涨上来了却感觉很好。我们又错了,我们看到股票价格跌下来了,却感觉很糟糕。所以我们应该不断地提醒自己,我们想要低位买入多赚钱,必须具备的第一个前提条件,就是股票市场下跌。

心理学家研究了焦虑和恐惧,结果发现,有四类典型事件,容易让人过度担心,看到一种情况感觉到的风险程度,大大高于实际上会有的风险程度:一是后果很严重,二是缺乏个人控制力或者个人影响力,三是不熟悉,四是突然发生。结果是,我们害怕坐飞机旅行胜过开车旅行,其实一般来说,每年飞机旅行中,死亡人数少于30人,受伤人数少于350人,而仅在2019年的汽车旅行中,死亡人数就超过3.8万人,严重受伤人数超过 400 万人。

大多数投资人，看到股价大跌，一下子让自己账上大幅亏损，会感受到严重的焦虑，这就是因为他们事前没有充分了解，股票市场变幻无常，这种暴跌时有发生。股市突然暴跌，那是意料之中的事，甚至可以说，股市暴跌很正常，那些仔细研究并且了解股票市场长期历史走势的人，都会很淡定地这么看。

这种股票市场行情大跌，都是在预料之中的，当然了，只是不知在何时，市场会大跌，但是市场可能会跌幅很大，可能会出乎意料突然而来，那些了解股市长期历史的人都知道，市场大跌这种事是必然会时不时一再发生的。所以，也不奇怪，那些没有好好研究过股市长期历史的人，受到股市突然暴跌的打击，自然会很焦虑。看到股票市场最近一直大幅下跌，投资者内心会非常焦虑，正是在这一片焦虑之中，投资者会让短期的恐惧情绪压倒冷静的理性思维，而冷静的理性思维才是最利于长期投资的。这样过度焦虑，不但会导致投资人过度关注现在的短期市场行情，因而产生"群体思维"的错误，而且会让我们的注意力偏离长期投资，而你要投资成功，必然要长期坚持不动摇才行。

投资人需要抵制他们自己的人类天性心理倾向，这容易产生不切实际的期望，也容易产生不必要的恐惧，这都是由于市场先生向上猛涨或者向下猛跌，像过山车一样，激发出投资人强烈的情绪反应，现在市场那些流行的观点看法，也会让人的情绪大起大落。这完全可以理解。投资人并没有足够全面深入地认识了解投资市场的真正本质，肯定会大吃一惊。市场上突然严重暴跌，就像在 2008 年金融危机和 2020 年突发新冠疫情一样，几乎每个人都大吃一惊。投资人对重大意外的集体反应，接下来又会让几乎所有人都大吃一惊。这样会创造出一场市场大恐慌。

我们要大幅改善自己的长期投资业绩，就要先尽可能去充分理解，自己的投资操作处在一个什么样的投资环境之中，其现在和过去长期的真实客观情况是什么。仔细思考，客观认识，这样深入研究证券市场过去的长期历史，是最好的方式，也是成本最低的方式，能够让你逐步认识理解市场运行的基本特点，特别认识理解市场走极端的特点。这正是为什么你非常值得花工夫研究市场的长期历史，过去几十年的市场收益率如何，市场偏离长期平均水平是什么样的模式，尽可能全面深入学习理解为什么市场会这样走。

作为一个投资人，回报更大的研究，不是研究现在的市场行情走势，也不是估计未来的市场行情走势，而是研究投资历史。我们并不想陷入桑塔亚纳说的陷阱里："那些不能够牢记过去的人，注定要重蹈覆辙。"再说一次，多去你们当地的图书馆，读你最喜欢的杂志或者报纸的金融投资版，慢慢回溯100年，特别是1928～1929年、1957年、1962年、1973年、1987年、2000年、2008年、2020年的历史。就像是尤吉·贝拉说的那样，"一再重复却不知，似曾相识一次次"。市场大涨大跌的走势，过去总是出人意料，将来还会出人意料，这是因为尽管每一轮市场大涨又大跌的走势在具体细节上并不相同，但是长期来看市场走势的主要特征大体相似，市场有周期，大涨又大跌，潮起又潮落，一波又一波。

只有充分理解投资和资本市场的本质，你才不会陷入这种矛盾之中：过度关注市场每天的短线波动，却过少关注真正重要的工作，这个工作就是发展形成明智的、合适的投资基本方略和投资做法，并且一直坚持不动摇，这样天长日久，年限长了，你就能获得更好的业绩，远远高于大多数投资人的业绩水平。

| 第 17 章 |

为赢而战

　　赢家相争更强者胜的投资比赛，所有投资人都可以参加，所以，我们每个投资人，都能成为一个真正的赢家，这几乎可以说是很容易的。几乎是，但并非肯定是。投资成功的第一个秘密，就是每个投资人就必须根本不要听那种"战胜市场"的大忽悠，投资行业里的广告到处都在大肆宣扬，你能战胜市场，经常这样打广告的是谁？那些证券公司，那些主动管理型基金公司，还有那些靠提供投资操作建议来赚钱的所谓股票市场分析专家，其实他们和市场先生是同伙。

　　投资成功的第二个秘密是，每个投资人都必须亲自决定，自己想要制定一个什么样的投资基本方略，以后不管市场是好是坏，都会坚持不动摇，这样天长日久，就会有最好的机会产生自己最想获得的具体投资成果。投资基本方略就是具体明确的一条总路线，把你的长期投资目标和你每天的投资操作工作联系起来。如果你的投资基本方略不是经过认真仔细考虑之后慎重决定的，那么就会是临时决定或者"胡乱拼凑"而成的。赢得投资比赛的投资人，并不是彼此之间进行竞争对抗，他们只是与自己竞争对抗。你能多年长期坚持你的投资基本方略不动摇吗，特别是在市场先生大起大落大折腾的时候？

大多数投资人认为，投资是很多行为非常复杂地混合到一起的综合体，有个办法可以轻松地化复杂为简单，帮你解开投资的谜团，就是把投资分成五个层面的决策，投资者可以一层一层地逐一决策：

▶ 第一层投资决策：长期投资目标与大类资产配置。决定你的长期投资目标，再决定你的大类资产配置，股票、债券，可能还包括其他类型资产，这些大类资产的最佳配置比例是多少，能帮助你实现预计的收益目标。

▶ 第二层投资决策：子类资产配置。决定你的股票配置比例：不同类型股票的合适配置比例，比如成长股与价值股、大盘股与小盘股、国内股与国外股。债券配置也是如此。（与此类似的是，如果你有一个很大的投资组合，也要对每一个大类资产下面的子类资产再进一步分类，决定合适的配置比例。）

▶ 第三层投资决策：选择投资方式。对个人投资者来说，就是要么选择买主动基金，要么选择买指数基金。正如我们之前讲过的那样，对大多数投资者来说，低成本的指数基金才是最好的长期投资选择。

▶ 第四层投资决策：选人。如果选择使用主动投资，那么你要决定选择买哪个基金，或者选择哪个基金经理，来管理你整个投资组合的每一块子类资产。（不幸的是，大多数投资人都集中大部分的时间和精力来做这一层投资决策。）

▶ 第五层投资决策：选股和选债。具体选择股票和债券，进行买卖交易。

花费成本最少但是创造新增价值最多的投资决策，就是第一层决策：基本上正确设定你的长期投资目标和大类资本配置。最后两层投资决策，第四层选择基金经理和第五层选择投资种类及买卖交易，花费的成本费用最高，但是创造新增价值的可能性最小。（此外，证券交易相关的税收和运营成本也会高得多，因为你越是积极努力选股，就会越是额外做出过多的交易行为，而每多做一次交易都要多支付一些交易佣金和印花税。）

这就是失误送分定胜负的比赛讽刺到极点的地方了：经常把我们整得目眩神迷的是第五层决策，是在选股和交易决策上获胜的行动和机会，而选股交易正是市场先生最喜欢也最擅长的地盘了，这属于失误球送分少者胜的比赛，你参加比赛的成本很高，而获得的回报很低。更糟糕的是，寻找战胜市场的方法，会让我们分心，不再专注于大类资产配置决策，第一层决策的成本很低，回报却会非常大。

因为资产配置几乎都可以通过低成本指数基金做到，所以那些考虑买主动基金进行主动管理的投资者，应该建立一个客观的业绩基准，来衡量自己选择的基金经理值不值：当你选择基金经理时，不要只听他们口头上"令人高兴的业绩承诺"，而要看他们创造的实实在在的超越市场指数的增量收益，能不能超过你为选择主动管理型基金经理额外付出的成本和额外承担的风险，还绰绰有余。（参见第23章对基金管理费的讨论。）

请注意这个非常重要的现实情况：大多数主动管理型基金经理，都梦想能够进入所有基金业绩排名前10%。有一个保证你业绩排名能够进入前10%的方法，又简单又容易，就是在任何相当长的期限内进行指数投资。有证据清楚地表明，只要年限够长，指数基金总是能够业绩排名进入前10%。

如果你不想使用指数基金，想自己选择主动管理型基金经理，由他们来精挑细选个股，让自己投资组合的选股不同于整个市场形成的股票组合，你必须花些时间来搞清楚以下几点：一看选股策略，这个基金经理是如何让投资组合不同于市场的（例如，是重仓押注在少数股票上，还是非常青睐某一个具体的市场板块而重仓持有这个板块）；二看选时策略，这个基金经理是什么时候这样做的（是持续这样做，将其作为长期投资策略的一部分，还是偶尔这样做，将其作为短期战术安排）；三看可信任程度，这是最重要的问题，为什么你可以确信，这位基金经理采取这些投资操作行为，就能获得有利的长期增量收益。如果你认为，要做出这些非常困难的投资决策，只靠你一个人就能全部搞定，我劝你还是再好好想想，三思而行。在股票市场这个投资大学校里，现在要多次遭受严重打击当头棒喝才能顿悟投资真谛，学费很高，好处很少。

时间长短，正如我们已经看到的那样，是最重要的单一因素，能够区分出对一个投资组合来说合适的投资目标，明显不同于对其他投资组合来说合适的目标。关键是看投资时间跨度有多长，在此期间，你的投资组合将会一直忠实地坚持一个可持续的投资基本方略不动摇，在此期间你每过一段时间会耐心地评估，投资结果是否符合你的投资目标和投资基本方略。

你的个人投资收益要求，要排除在投资基本方略讨论之外，原因是，只是因为你想要有更多的钱，却没有承担更多风险，这样做根本不会大幅提高你的投资组合收益率。按照投资人想要每年花多少钱，来制定投资组合的业绩目标，认为你能够而且应该用支出需求倒逼投资收益，实在是一个非常愚蠢的想法。有时，这种完全不合情理的任性想法，就体现在养老基金的投资管理上，他们把自己精算时设定的投资收益率，拿出来作为基金投资管理的"指引"，用养老金支出需求倒逼养老金投资收益。有时大学管理层也是这样做的，大学的董事会主席坚持要求学校的捐赠基金要争取实现更高的投资收益，以弥补学校的预算赤字。有时，个人投资者也是如此，这些个人投资者想要强迫他们的退休基金赚到更高的投资收益，以资助他们更加大手大脚地花钱享受更高的生活水平，而这么高的投资收益预期，完全超出了他们的退休基金能够维持下去的收益水平。以上所有这些做法，形式不同，实质相同，都像小孩子我想要什么你就得给我什么的想法一样幼稚，愚蠢透顶，荒唐至极。

你的支出决策从来不应该左右投资决策，应该恰恰相反。你的支出决策应该最明确地受制于你能实现的投资业绩结果，而你能实现的投资业绩结果主要取决于你的投资基本方略和整个市场收益水平，因为，坦白地说，市场才根本不在乎你想花多少钱呢。

一次又一次，几乎每过5年或10年，系统地检查你的整体财务资源状况，这是个很合适的做法，相当于给你自己做一次系统的财务和投资体检：你的总体财务资源、支出目标、市场经验、风险容忍程度、投资期限跨度。所有这些都是建立你个人投资基本方略要考虑的关键因素。这里有几个简单的测试标准，可以用来检查你的每一项投资基本方略：

你的投资基本方略，如果实施的话，能实现你的长期投资收益目标吗？

你的投资基本方略是不是用白纸黑字写得清清楚楚、明明白白，就是交给一个你不认识却很能干的投资专业人士，比如一个基金经理，他也能够按照你写的投资基本方略来管理投资组合，而且清清楚楚地贴合你的真正意愿？

你是不是过去一直能够坚持你的投资基本方略不动摇，即使是在过去50年最糟糕的市场行情下也是如此，比如在2008年的金融危机中也不动摇？

投资基本方略是不是客观现实地进行设计，符合你作为一个长期投资人的真正需要和真正目标？

一个健全合理的投资基本方略，符合以上所有这些测试标准。你的投资基本方略能吗？

| 第 18 章 |

业绩衡量的挑战

搞清楚关于投资业绩统计的重要特点,你才会接受下面的假设,这个假设是"显而易见的"。

如果很多人一起参加一个抛硬币游戏,你可能有非常大的信心预测会出现以下两种结果:

1. 在很长很长的时间跨度里,大多数人抛硬币的结果会是,正面朝上的概率约为50%,正面朝下的概率约为50%。

2. 在短期和中期的时间跨度里,就不一样了,有些抛硬币的人正面朝上的概率,看来比整体平均水平好一些,极少数抛硬币的人,正面朝上的概率看来比整体平均水平好得多。

要是我们去检查一下业绩表现记录,肯定会看到,每个人抛硬币的数据清清楚楚,客观公正。但是我们并不傻,不用想就知道,光凭你过去抛硬币的业绩表现记录,并不能准确地预测你未来抛硬币的业绩表现。或早或晚,这些人抛硬币的业绩,不可避免地会变得越来趋近于平均水平。就像我们已经看到的那样，统计学家把这种很强大但是也很常见的现象，称为"均值回归"，这个概念，我们在前面的章节里已经介绍过了。理解均值回归的决定性力量很关键，这样你才能理解很多基金报告中关于投资业绩的东西。

这样难题就来了：投资技能，越来越难以评估，因为投资过程实在太复杂了，牵扯太多的变量，各有不同，又互相交织。投资管理是一个持续的过程，在这期间充满了很多"交易"，所以需要很长的时间，才能够有效地评估整个投资过程。说到具体投资问题，天天都有不同，因为公司在变，行业在变，很多方面都在不断演变；经济、政府、市场环境，也年年在变；其他投资人的竞争也在变。投资组合中的股票和债券，也经常在变，公司及其业务也总是在变，对证券价格影响最大的因素，包括：恐惧、贪婪、通胀、政策、经济新闻、企业盈利和投资者预期等，从来都是不停在变。

与此同时，每一个基金经理也在变，年纪都在变得越来越大，基金公司也在变，不断积累扩大资产管理规模，员工和员工之间的联系有增加也有减少，获得新的科技装备，股权变更，如此种种，不断变化。经过的年限足够长，人们终于能够有相当大的把握可以识别出来，一个基金经理的能力确实是投资大师级别。这时有很大的可能会是，这个基金经理已经变了很多，年纪大得多了，能力早就大幅退化了，不再是投资大师了。正是因为投资上有这么多变数，这么多复杂性，收集证据形成一个大样本，必须要经过很多年的时间，而在统计上要获得显著性的结论，大样本是必须的。（基金"业绩表现"的统计数据，会摘引到广告中的，往往只不过是短短几年积累形成的短期小样本。）

在通常用的12个月衡量期限内，会有40%的公募基金战胜市场（甚至即使是用税后业绩，也会有30%左右的公募基金经理战胜市场）。但这只是一时的领先而已，在接下来的10年或者20年里，这些基金能够一年又一年持续战胜市场吗？历史数据有话说："不！根本不可能！"

经过认真仔细的统计数据分析，一个量化分析专业人士大概需要长达70年的观察结果，才能够不容置疑地断定，只有两个百分点那么大的年化超额收益率，可以归因为主动管理型基金经理超一流的投资技能，而不是归因于偶然因素。你别小看这两个百分点，以基金投资业绩基准收益率（只有7%～8%）作为基数，这两个点的超额收益率，已经在业绩基准中占比有25%～30%的幅度了，这样的领先幅度肯定非常大了。

作为投资人，你会投资很久很久，要持续投资好几十年。比如你从30岁开始投资，后面一直持续到85岁，这样你一生投资时间就要超过50年了，比半个世纪还要长。你知道的，换基金，就是换基金经理，非常难办，代价很大，风险很高，所以人人都想一直抱牢一个一流的基金经理。但是历史的教训已表明，以前业绩一流的主动管理型基金经理，以后很少能够一直保持业绩一流很多年。换基金，就是换主动管理型基金经理，做起来很难，而且成本很高，结束一段与老基金经理的合作关系时，特别容易出错，开始一段与新基金经理的合作关系时，也特别容易出错。

之所以要衡量业绩，主要是想要改善基金客户和基金经理的沟通。业绩衡量的目标，不是为了找到答案，而是为了找到问题。基金投资人和基金经理共同探索，以确定他们双方能够共同清楚地理解，哪些事对投资业绩有正面作用，哪些事对投资业绩有负面作用。就像小孩子那样问出一连串的"为什么"。这样一直问到底，你就会发现，只有那么一两个投资决策，会给一个主动管理型基金经理实现的长期业绩造成很大差异，而基金经理能做出这一两个投资决策，可能是因为能力特别强，可能是因为运气特别好，也许能力和运气二者兼备。

如果基金经理的投资操作并不符合双方一致认同的投资基本方略，不符合基金经理也认同的投资使命，那么与忠实地遵循投资基本方略预期能够实现的正常业绩相比，如果这个基金经理现在的投资组合业绩更好，那是你运气好，业绩更差，那是你运气不好。但是业绩好坏并不重要，不管业绩更好还是更差，都在传达给你一个真正重要的信息，那就是投资组合本身，还有管理投资组合的基金经理，不再和你的投资基本方略保持一致了，可能有些不听话，有些失控了。迟早有一天，这种缺乏控制的投资管理，会体现为亏损，而且经常会是完全无法弥补的永久性亏损。

警告：最需要业绩衡量的时候，是业绩衡量最低效的时候，而业绩衡量最有效的时候，是最不需要业绩衡量的时候。业绩衡量的时间期限太短，只有少量的样本，就不能提供足够多的信息，以准确又客观地衡量一个基金经理的长期投资过程。更长期限的业绩结果，能够在更大程度上保证业绩衡量的准确性，但需要较长的时间才行，不能及时提供信息用于当前的决策分析。等到业绩衡量结果的质量足够好了，可以让投资者充满信心去采取行动了，采取行动的最佳时机却早就过去了。

投资业绩的衡量结果，并不说明这些数值代表真正的业绩，至少在短期内是这样的。业绩衡量服务，报告的并不是"结果"。报告的业绩，只是统计上的估计值而已。通常报告出来的业绩衡量数据，数值精确到小数点，来衡量一个具体时间跨度的投资收益，看起来几乎像显微镜一样准确："在截至 6 月 30 日的前 12 个月，基金经理 A 实现的收益率为 7.53%。"这样清楚表达出来的"精确"数值，给业绩数据披上一件合法性的外衣。其实根本不配。因为这种短期业绩衡量数据，只是其中一个小小的样本数据而已，并不是对长期业绩的衡量。（与其说年收益率 7.53%，不如说年收益率 7.4% ～ 7.7% 更加明智。）作为小样本，这些短期业绩衡量数据，应该看作统计数据，它们缺乏那种有上限和下限的区间可以完全显示出来的确定性。只要你的投资组合没有卖出变现，多种维度的、混乱的变动力量组合在一起就会让基金投资业绩持续不断发生改变。所以说，根本没有什么真实的结果，也没有什么最终的结果，直到基金关闭，投资过程停止，基金投资组合全部变现进行清算，一切都结束了，才会有真正的最终业绩结果。

有个格雷欣定律（Gresham's law）说的是，劣币驱逐良币，这个定律在基金行业也可以轻松上位，变成短期业绩驱逐长期业绩，因为基金经理和基金投资过度执迷于短期"业绩"，因此就变得不再全面深入考虑更长期限的投资实践和投资目标。把最近的短期业绩表述得如此精确，这种业绩衡量，也许会让我们相信，短期业绩是有意义的，将来的长期业绩会和现在的短期业绩一样。但其实几乎从来不会如此，未来长期业绩几乎从来不会和最近短期业绩一样⊖。因此，市场先生特别擅长诱使你去过度专注短期表现，而这种短视的做法会是你长期投资成功的致命敌人。

通常来说，有些基金那种超一流的短期业绩，并不是因为基金经理技能高超，能够持续创造出超一流的投资收益，其实不过是正好重仓的那个市场板块一时大涨，远远超过市场平均涨幅，说得直白一点就是运气好。有涨潮就有落潮，潮水转头下落，原来那个一时猛涨的市场板块，转头开始猛跌，原来重仓这个板块的基金经理，也从业绩大幅领先于市场变成大幅落后于市场，潮水涨潮的时候，怎么把你给推上去，落潮的时候，也怎么把你给拉下来。为什么基金的业绩经常会回归均值，这是原因之一。另外一个原因是：因为股票市场上有太多投资专业人士，个个技能高超、专业精通，结果所有这些优秀投资专业人士聚合而成的整

⊖ 基金过往业绩不代表其未来表现，这是监管层要求所有基金公司公告业绩时必须加上的风险提示。——译者注

体水平变得非常高，结果导致任何一个投资人单枪匹马，都很难持续打败所有投资竞争对手这个群体，持续发现市场定价错误，而发现市场定价错误，才是获得超一流业绩的关键所在。不是你的个人水平不够厉害，而是你的市场竞争对手整体水平太厉害，这个对手是一帮投资专业高手聚合而成的群体，他们个个博学多才、见多识广、奋力竞争、非常自律、非常勤奋，掌握和你同样先进的信息技术，有同样广泛又及时的信息。

主动管理型基金经理的长期业绩表现数据，几乎总是既有幸存者偏差，又有回溯偏差（backdating bias）或者说新基金偏差。就像我们看到的那样，这两类偏差综合到一起，就会创造出欺骗性的数据失真，很危险。幸存者偏差发生，是因为业绩很差的基金经理都进入不了长期业绩的统计样本，甚至他们管理的基金业绩太糟糕，做不下去，只能清盘，基金从此彻底消失，当然统计不进来了。剔除这种业绩糟糕的基金经理之后，只看幸存下来的那些基金经理的整体平均业绩，就人为美化了数据，投资者因为相信"数据不会说谎"，结果就被这种人为美化后的数据骗了。另外一个相关的偏差是新基金偏差，形成的原因是，基金公司会新设立一些基金，用基金行业的术语来说，"孵化"好几年，然后从中选出最近业绩表现最好的基金，作为新的投资"好机会"，大力向公众宣传推销。这些新出来的基金业绩数据，和原来那些老的基金业绩数据，混合到一起来计算，就人为地提升了基金公司整体平均业绩水平，让那些迷信"数据不会说谎"的投资人再次受到欺骗。

请务必注意：幸存者偏差和回溯偏差，二者造成的基金数据失真，往往会等于甚至是超过这些基金经理表面上的超额收益。可是，基金公司打广告吹捧的，都是最近业绩记录最好的基金，这样一来，基金投资者平时听到次数最多的基金，就是那些一直以来业绩记录最好的基金，至少是最近业绩记录最好的基金。

还有，任何一个统计数据序列，起点都非常重要。那些基金的投资业绩走势图，像高耸的山峰一样令人惊叹，不过你只要调整一下走势图上时间期限的起点或终点，加上一两年或者减去一两年，整个走势图一下子就变得像低矮丘陵一样平淡无奇。基金投资人想要使用业绩表现数据，一定要总是拿到过去很多年度的最完整数据全面来看，不是只看别人精心选择出来的一部分年度数据局部，不然容易以偏概全。

对于那些使用业绩衡量数据的基金投资人来说，面临的一个最大问题是，有三个非常不同的业绩因素经常混杂在一起，你一定要区分开来。其中第一个因素是"取样错误"，就是说有可能统计数据并不等于真实情况。具体到任何一个样本，都会存在不准确或者不确定的情况。在投资业绩表现数据中，某一个具体时间跨度的具体投资组合，作为一个样本，并不能完全公平地代表基金经理的全部工作，因而造成样本失真的错误，就是我们说的取样错误。

第二个因素是市场环境因素，就是说有可能在业绩衡量期间，对于具体某一只基金的投资方式来说，市场环境也许是一直有利的，或者一直不利的。比如小盘股基金，在过去这几十年里，有几年遇到的市场环境非常有利，也有几年遇到的市场环境非常不利。结果造成基金短期业绩有水分，和这些基金真正的长期业绩水平相比，基金有些年份表面上的业绩衡量数据看起来过度夸大了，有些年份看起来却是过度贬低了。

第三个因素是基金经理有技能或缺乏技能。这正是很多基金的客户最想要衡量的因素。但是这里有个大难题：在短期内，取样误差，通常会对报告期业绩的影响更大，大过基金经理技能的影响。正如前面说过的那样，需要好几十年的长期业绩衡量，才能知道，明显优异出众的业绩结果所反映的是基金经理的投资管理技能优异出众，还是基金经理的运气太好。等到你收集到了足够多的年度业绩数据，可以判断出来，你的基金经理业绩优异出众，到底是因为手艺好还是运气好，这时为时已晚了，你及时做出是否投资这只基金的决策最佳时机早就过去好多年了（你和你分析的这位基金经理，至少有一个人这时已经退休了，甚至因年事已高去世了）。这一点，表 18-1 用数据说得清清楚楚。把基金按照上一年度业绩排名从高到低平均分成四个档次，表中每一列都是分别表示这些基金此后三年期限业绩排名进入四个档次的比例。简单粗略地瞄上两眼，就能看出，四个档次的分布数据几乎可以说是随机的。这再次证明，基金过去的业绩并不能预示其未来的业绩。

表 18-1 基金经理上一年度业绩排名与后续三年业绩排名分布

基年超额收益排名分档	后续三年业绩分成四个档次			
	最佳四分之一	次佳四分之一	次差四分之一	最差四分之一
最佳四分之一	29.2	16.2	15.0	20.6
次佳四分之一	16.6	24.8	22.3	15.3
次差四分之一	14.7	20.0	22.8	16.0
最差四分之一	15.1	14.9	15.3	22.6

仔细看看表 18-1 中的数据。你很快就会看出来，根本看不出什么规律，用扣费之后的基金净值来衡量基金真实业绩，根本没有模式，毫无规模可循。就像福尔摩斯探案集里讲的那样，那条狗并没有叫，这才是问题所在，缺乏模式，本身就是模式，没有规律，本身就是规律。有人问美国作家格特鲁德·斯泰因（Gertrude Stein）会不会回加利福尼亚奥克兰，她说根本不会考虑："故乡再也不是我记忆中的那个故乡。"（There's no there there.）

很多个人投资者都知道晨星评级，晨星这家投资研究公司做的基金业绩评级受到广泛认可。但是晨星公司的 1 星到 5 星基金评级，评价的只是一只基金过去的业绩表现。晨星公司坦诚地说，它们做的基金星级评定，预测未来业绩表现的能力只有那么小小一点，甚至可以说一点点都没有。尽管如此，新增的投资资金，100%都流进了那些最近获得晨星5星评级或者4星评级的基金（我们都看到过，有好多好多的广告猛吹旗下什么基金获得了晨星5星或者4星评级）。这对于投资者来说太糟糕了，因为严谨的研究结论表明，"可以说基本上没有统计数据表明，晨星评级最高的基金，将来能够跑赢晨星评级中等的基金"。[1] 其实，每一年晨星评级结果公布后的几个月里，那些获得5星评级的基金往往业绩会更差，还不到代表市场平均水平的宽基指数的一半。尽管并非故意，但晨星基金评级其实是在错误地引导投资人先高位买入后再低位卖出。

令人悲伤的是，根据基金过去的业绩表现进行评级，缺乏预测基金未来业绩表现的能力，这就体现在表18-2的统计数据之中。分析3896只基金的业绩，在牛市里排名前20位的基金，对比它们在此后熊市里的业绩排名，简直是一个天上，一个地下，只有一只基金排名下滑不超过1000位，多数下滑超过3000位。⊖

表18-2 前后相连的牛市和熊市中基金业绩表现对比

牛市排名	熊市排名	牛市排名	熊市排名
1	3784	11	3881
2	277	12	3603
3	3892	13	3785
4	3527	14	3891
5	3867	15	1206
6	2294	16	2951
7	3802	17	2770
8	3815	18	3871
9	3868	19	3522
10	3453	20	3566

注：以上是对3896只公募基金进行业绩排名对比，前面是截至2000年3月30日的前12个月牛市期间业绩排名，后面是截至2001年3月30日的前12个月熊市期间业绩排名。

⊖ 一会儿看见了，一会儿又看不见了，这种缺乏实际意义的表现，在个股表现上也很常见，第一个描述而且描述得让人听了很开心的人，是担任英国牛津大学纽菲尔德学院投资主管的伊恩·M. D. 利特尔写的文章"Higgledy Piggledy Growth"，题目妙极了。

从非常长的期限来看，大多数主动管理型基金获得的平均业绩，必定预期会接近于市场平均业绩，再扣减掉每年约有1.5%的基金投资成本。这1.5%的基金投资成本包括：基金管理费，购买基金的手续费，交易成本，基金托管费。（现在市场普遍形成的业绩预期共识是，基金平均年化收益率有7%，那么这1.5%的投资成本在预期收益中占比就超过20%，这可是非常高的成本占比了。）所以即使是在扣费前能够小幅跑赢市场，为此也需要具备非常高超的投资技能，并且非常勤奋努力地长期工作才行，但是扣除管理费和其他费用之后，大多数基金的业绩都是跑输市场。这也正符合那些关于投资业绩的研究持续显示出来的结果：只有2%的主动管理型基金，在整个衡量期限内的平均年化收益率能够领先市场两个百分点，而且这还是在税前。（相比之下，在整个衡量期限内，平均年化收益率落后市场两个百分点甚至更多的基金，占比达16%，落后市场的基金数量是领先市场的基金数量的8倍。）

你看，能够明显跑赢市场的基金数量只占2%，而明显落后市场的基金数量占16%。你自然就会认同这样的投资观点，平均要在100个基金里面找到那两个能够战胜市场的基金，这样的胜算确实太小了，用你的真金白银来参与这种比赛可不值得。你自然也会认同，有一个胜算非常大的替代选择，就是投资指数基金。还有，正如我们前面看到的那样，对于指数基金来说，股票买卖交易需要缴纳的所得税非常低，完全可以忽略不计，因为指数基金的股票换手率非常低，可以简单轻松地管理就能避免引发纳税。

更加让基金投资人内心不得安生的是，基金赚钱可是基民并不赚钱，主动管理型基金的投资人实际赚到手里的平均业绩，平均而言明显落后于他们投资的基金平均业绩。[2] 从1997年到2011年，落后幅度之大令人震惊：基金投资人的平均投资收益率只有基金平均报告收益率的一半，也就是说，基民赚的钱只有基金赚的钱的一半。即使基民投资债券基金，实际赚到手的投资收益率也不如这些债券基金报告的业绩。我们前面已经看到这样的情景了。1999 年有一篇研究报告的结论表明，尽管从 1984 年到 1998 年这 15 年期间，标准普尔 500 股票指数获得了 17.9% 的平均年化收益率，但股票型基金投资人同期获得的平均年化收益率只有 7%。[3] 原因是，基金投资人过度频繁买进卖出，追逐"业绩"。很多基金投资人，不是一直坚定持有手上的基金不动摇，而是想选择时机，根据市场周期波动进行操作，通常持有一只基金不到 3 年时间，就会卖掉，然后再去买另外一只基金。基金换手时实现的盈利，在美国要缴纳收入所得税，考虑到基金投资人的基金组合换手率，一般每年会有 60% 甚至更高，要是把这些收入所得税作为投资成本扣掉的话，基民投资基金净业绩落后于基金平均业绩的幅度就更大了。

随着业绩衡量期限变得越长，基金经理跑赢市场的概率变得越来越糟糕，而且在统计上的显著性越来越强，正如表 18-3 所示的那样。一项长期研究发现，业绩衡量期限超过 25 年，在此期间存活下来的幸存者基金里面，只有 10% 能够战胜标准普尔 500 指数。请注意，我们说有资格纳入统计样本的条件时用的术语是"幸存者"。正如我们原来前面看到的那样，公募基金公司都会埋葬掉自己的错误，那些业绩很烂的基金，要么合并到其他基金里面了，要么倒闭清算，从此完全消失，再也不会让外人看到了。所以，把这些因为失败而消失的基金考虑在内，在这 25 年期间成立的所有基金之中，跑赢市场的基金数量占比会变得更低，而且是低了许多。因为现在的基金经理是投资专业人士，在教育水平、信息资源、技术装备等方面的水平越来越接近，相差无几，而且基金经理这些投资专业人士，在美国已经完全主导整个市场，因此在未来 25 年里要想在投资竞赛中胜出，做出优异出众的业绩，肯定会比过去 25 年更难。

表 18-3　只有极少数公募基金能够多年长期跑赢市场

时间期限	跑赢基准指数的基金数量占比
1 年	40%
10 年	20%
15 年	10%

衡量业绩表现是为了确定基金经理现在的投资组合操作是否忠心耿耿地与长期投资基本方略保持一致。核心概念是这样的：实际业绩水平偏离客观现实的预期业绩水平，这种偏离事先根本无法预期，事后又根本无法解释，可能预示着基金经理表现糟糕。（公募基金的客观现实的业绩预期水平，有一个合理的替代，就是那些具有相似投资目标的其他基金的平均业绩表现。）基金业绩表现大幅偏离预期水平，事先根本无法预期，这就是非常糟糕的表现。每一个使用过质量控制⊖相关统计技术的人都知道，偏离预期，不管是高于预期，还是低于预期，并没有本质上的差异，都属于质量不合格。当然了，投资人习惯了就会认为，更高的投资收益就是更好的投资收益，从长期来说，肯定是这样的，但是从较短的期限来说，偏离预期，高了也好，低了也罢，本质上都是偏离，都表明这个基金经理和他的投资使命不能保持一致了，而不能保持一致通常意味着失去控制，这样下来，可能最终的结果就是不会令人高兴的结果。（一条船，偏离了航线，往东偏离了 10 公里，还是往西偏离了 10 公里，偏离的幅度其实一样大。）对于投资者来说，短期得到的收益高于预期，当然要好过低于预期，但是二者都是偏离预期目标，投资人切不要把运气和基金经理的投资水平混淆了。

基金经理这些投资专业人士，对于短期业绩表现，会感到一种很大

⊖　爱德华·戴明和约瑟夫·朱兰成就了一番伟大的事业，就是帮助制造企业取得了优异的产品质量水平，他们用的质量控制方法就是用统计技术来分析质量水平是否和计划及目标持续保持一致。

的挫败感，那就是，自己做出很烂的决策，却得到好的结果，基金投资人对此完全可以接受，可是若自己做出很好的决策，却暂时得到不利的结果，会导致基金投资人失去信心，转身离开，而这正是错误的时间，在不该卖出基金的时候卖出了基金。投资人选择买入一只公募基金，正好是在这只基金受益于一波特别有利的市场行情而净值大涨之后，这些基金投资人，却把基金短期业绩较高，归因于基金经理有一套特别的技能和天赋，但是事实会证明，这个基金经理将来根本不可能复制这么好的短期业绩，因为原来那一波有利的市场行情过去了，后来市场的风向变了。

基金业绩衡量的终极问题是，基金业绩一波不合常理的走势，会激发基金投资人因此产生适得其反的想法和行为，结果起了杂念，让基金投资人的兴趣和注意力偏离长期投资基本方略，转向关注短期操作结果。业绩衡量的过程几乎肯定会影响所衡量的现象，物理学家沃纳·海森伯格（Werner Heisenberg）很多年前提出了"测不准定理"，就清楚地说明了这一点。

参考文献

1. C. R. Blake and M. R. Morey, "Morningstar Ratings and Mutual Fund Performance," *Journal of Financial and Quantitative Analysis*. 35, no. 3 (September 2000).
2. Gary Belsky and Thomas Gilovich, *Why Smart People Make Big Money Mistakes* (New York: Simon & Schuster, 1999), p. 178.
3. Dalbar, Inc.

| 第 19 章 |

主动投资管理的失败

有一些黑暗力量,一直出没在主动投资管理领域。在过去 15 年里,90% 的美国国内主动管理型公募基金,都没能追平它们选择作为业绩基准的指数,这是它们自己选择的竞争对手,也是它们努力要击败的竞争对手。(正如表 19-1 显示的那样,所有类型的基金跑输业绩基准指数的比率,都差不多。)统计专家会预测,现在业绩排名前 10% 的基金,其中 90% 的基金未来 15 年都会跑输作为其业绩基准的市场指数。

表 19-1 美国股票基金 15 年后跑输业绩基准指数的比例

基金分类	业绩基准市场指数	15 年后跑输市场的比例
所有大盘股基金	标普 500	92%
所有中盘股基金	标普中盘 400	93%
所有小盘股基金	标普小盘 600	97%
所有多种市值规模基金⊖	标普综合 1500	91%
大盘成长型基金	标普 500 成长	95%
大盘核心型基金	标普 500	92%
大盘价值型基金	标普 500 价值	79%

⊖ 多种市值规模基金,其选股范围不受大盘股、中盘股、小盘股三类市值规模股票选股范围的限制,可以自由选择。——译者注

（续）

基金分类	业绩基准市场指数	15年后跑输市场的比例
中盘成长型基金	标普中盘400成长	91%
中盘核心型基金	标普中盘400	95%
中盘价值型基金	标普中盘400价值	92%
小盘成长型基金	标普小盘600成长	98%
小盘核心型基金	标普小盘600	97%
小盘价值型基金	标普小盘600价值	94%
多种市值规模成长型基金	标普综合1500成长	91%
多种市值规模核心型基金	标普综合1500	92%
多种市值规模价值型基金	标普综合1500价值	87%
房地产基金	标普美国REIT	86%

资料来源：标准普尔道琼斯指数公司，数据截止到2019年12月31日。晨星公司，数据和计算截止到2019年12月31日。

可以理解，大多数内部人士不愿意承认和讨论这些"黑暗"力量的真实含义，也许是因为主动管理型基金经理，像预料的那样，越来越经常败给市场。大多数基金客户却还没有认识到，这些强大的黑暗力量，已经让那些主动管理型基金越来越难以战胜业绩基准指数，而他们自己选择并且宣扬的使命就是"战胜市场"。本章的目的就是要揭穿基金行业的黑幕，那些基金经理和基金选择顾问公开报告的投资业绩，也就是他们引导客户相信自己取得的投资业绩，往往过于夸大了，而基金真实的投资业绩要令人失望得多。

当然，有些主动管理型基金经理会在未来10年成功跑赢市场。但是时间跨度超过10年，还能跑赢市场的基金经理人数，就会少得多了。有两股主要力量，引发了这种令人郁闷的现实情况。第一股力量，正如我们会在第23章中讨论的那样，就是基金管理费太高了，已经增长到令人吃惊的水平，当然你要正确地计算后才能看出来。第二股力量，就是基金经理多了好多竞争对手，一下子有好多投资管理专业人士进入基金管理行业，技能高超，又刻苦努力，全心全意，拥有最先进的现代信息技术装备，可以同样方便地获得非常密集的信息，这样就持续不断地降低了"赢家"的数量，还降低了他们跑赢市场的领先幅度，也就同时增加了输家的数量。这些基金经理扣除基金管理费和运作成本后的业绩，也就是基金投资人真正拿到手的业绩，无法跑赢市场。结果是，现在新一代基金经理的装备水平和能力水平，平均而言都大大超过老一代基金经理。但是，如今基金经理的同行竞争对手数量也多得多。而且，现在基金围绕平均业绩水平的分布，变得越来越集中。所以对于任何一个基金经理来说，想要脱颖而出，取得显著超越市场平均水平的业绩，持续跑赢市场很长时间，就变得困难多了。

有一个重要的客观现实情况是，大多数受到主动积极管理的公募基金，按不同类型来看，都赶不上与它们投资目标相同的指数基金。这个至关重要的现实情况，就体现在表 19-1 之中，表中所列数据，是基于 SPIVA 公司的数据，这是最值得信任的共同基金业绩独立评价专业机构（表 19-1 中显示的数据，是所有基金扣费之后的业绩）。你要特别注意的是，过去 15 年整体来看，基金跑赢业绩基准指数的"成功比率"是多么低。所有的公募基金之中，能够追平它们选择的业绩基准指数的基金，只有 11%。也就是说，过去 15 年，冷冰冰的证据表明，89% 的主动管理型公募基金，都赶不上它们自己选择作为业绩基准的市场指数。

另一个事实，至少应该和基金跑输业绩基准指数比例同样严肃认真看待，就是接近一半的公募基金甚至连 15 年都活不到。这些公募基金要么是清盘了，要么是合并到别的那些业绩更好的基金里面了，几乎都是出于同一个原因，就是业绩表现太糟糕了，这些早早死掉的基金占比相当高：

▶ 大盘成长型夭折比例高于 44%。

- 小盘成长型夭折比例高于 43%。
- 大盘价值型夭折比例高于 37%。
- 小盘价值型夭折比例高于 29%。

这些基金像是被基金公司遗弃的孤儿，在所有基金投资人都需要知道并理解的整个真相之中，这当然要算是至关重要的一块。最终，图 19-1 表明，那些终止运行而清盘的基金，从此再也不会公告，从此人间无人知晓。这些基金终止运行而清盘之前的最后 12～18 个月里，其业绩往往会大幅度下滑。

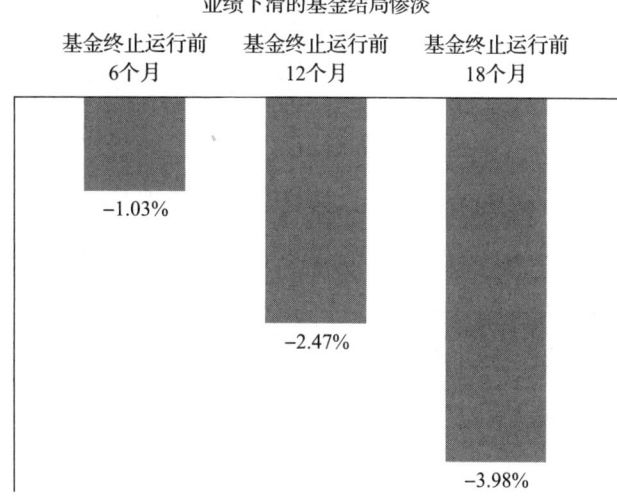

图 19-1　清盘的基金业绩下滑情况

资料来源：先锋集团计算得出，用的是晨星公司公布的基金业绩数据。

当然，大多数基金投资人不会认同这些基金业绩数据的。大多数人会反驳说："你说的这些基金业绩数据不对，我过去看到的基金业绩数据要好得多了。肯定是有什么地方搞错了！"搞错的地方是这样的：你在基金广告和销售宣传材料中看到的那些基金业绩数据，都是故意选择出来公开披露的，都是做了过度美颜的，目的就是要给基金投资者一个错误的表面印象，让你觉得主动管理型基金经理的业绩看起来很美。哎，正如我们之前已经说过的那样，这种欺骗性夸大宣传并不是无意而为之，而是有意而为之。

没有法律法规要求公募基金机构持续报告它们已经不再管理运作的基金的历史业绩数据。也没有法律法规要求基金公司去报告，它们的整个基金大家族里，有多少只基金已经清盘了，或者说合并到业绩表现更好的基金里面了。也没有法律法规要求基金公司，持续报告那些已经清盘或者合并掉的基金糟糕的历史业绩。这样一来的结果是，很多基金公司的做法跟它们的竞争对手一模一样：把那些消亡基金的糟糕的或者平庸的历史业绩表现，从公司数据库里静悄悄地删掉了，好像这些基金从来没有存在过一样。要是把这些因业绩失败而消失的基金被有意删掉的糟糕历史业绩数据，重新添加到基金公司的基金大家族历史业绩数据库中，现在动人的、精心选择的、"有利的"的业绩宣传，就会变成糟糕的、不利的业绩证据，从原来的正面结论"主动投资管理往往很灵"，变成相反的负面结论"主动投资管理往往不灵"。

与此类似，投资顾问帮助机构投资者选择基金经理，把一个基金经理从推荐名单中删掉的时候，他们通常会同时删掉这个基金经理所有历史业绩数据。这个基金经理他们以后再也不会推荐了，为什么还要继续报告他的历史业绩数据？投资顾问把一个新的基金经理加入推荐名单的时候，他们就会把这个基金经理以前所有年份的优秀业绩展示出来，美其名曰业绩回溯。业绩回溯之后的结果，就是一个很好看的基金历史业绩走势图，用来标榜他们精心选择出来的这个基金经理过去跑赢了市场。这个数据可能会"很精确"，精确到小数点后三位，但是这并没有准确地衡量出投资顾问和理财经理选择基金经理的技能水平或历史记录。

鉴于证券市场的组成有很多重大变化，投资人应该认识到，大部分主动管理型基金经理的业绩，已经越来越难以跑赢他们选择的业绩基准市场指数，尤其是最近几年，变得更加困难。表 19-2 中显示的数据，包含了那些因为合并或者关闭而消失的基金业绩数据，证实了悲观的推断。几乎每一种基金类型，几乎是每一个年度，主动管理型基金经理作为一个整体而言，都跑输了基金自己选择的业绩基准指数。随着时间推移，未来长期的大趋势是，跑输他们选择的业绩基准指数的主动管理型基金经理数量占比会变得越来越大。

表 19-2 中的数据表明，几乎 40% 的美国国内公募基金，在基金设立之后没能持续经营到 15 年就终止了。

表 19-2　公募基金没有跑赢它们自己选择的业绩基准市场指数的数量占比

基金风格类型	新设基金数量	存活比率	投资风格持续保持占比
所有美国国内基金	2680	61%	48%
所有大盘股基金	972	59%	60%
所有中盘股基金	431	59%	39%
所有小盘股基金	588	64%	56%
所有多种市值规模基金	692	60%	30%
大盘成长型基金	332	56%	65%
大盘核心型基金	344	59%	58%
大盘价值型基金	296	63%	58%
中盘成长型基金	198	56%	52%
中盘核心型基金	139	58%	33%
中盘价值型基金	94	68%	19%
小盘成长型基金	221	57%	71%
小盘核心型基金	244	66%	54%
小盘价值型基金	124	71%	33%
多种市值规模成长型基金	205	57%	37%
多种市值规模核心型基金	349	62%	39%

资料来源：标准普尔道琼斯指数公司，芝加哥大学证券价格研究中心（CRSP）。数据截止到 2019 年 12 月 31 日，基于各只基金权重相等来计算。

尽管有非常硬核的数据，可以肯定地得出结论，主动型股票投资管理并不灵，主动管理型公募基金跑输它们自己所选业绩基准市场指数的数量占比高达90%，令人震惊，但主动投资管理灵不灵的争论还在继续。为什么？因为要是一个人依赖于某种特别的信念来赚钱谋生，特别是那些财务报酬或非财务报酬很大的时候，让这个人否认他这种赖以为生的信念，就会断了他自己的财路，自然难以做到。我们已经看到了大型烟草公司和大型石油公司的先例了，大型烟草公司否认吸烟会导致癌症，大型石油公司否认石化燃料排放引起气候变化。老一辈美国人早已经看明白这一点了，那个时代美国南方联邦政府强硬地为奴隶制辩护。

对于主动管理型投资管理的辩护者来说，不幸的是，只用下面一番简单的回顾，就能表明，他们的辩护理由还远远不够坚实可靠。

这里我们把这些理由集中在一起来说一说。

（1）在任何竞争情境之中，被动都绝对不会是一个能获得成功的方法，所以为什么要放弃尝试主动投资的机会呢？

因为尝试用主动投资获得胜利，这个方法不灵，而且费用太高了。更好的办法是，每一个投资者都可以确保自己的长期业绩稳稳进入排名前25%，方法很简单，只要做指数投资就行了。

（2）做指数投资，会让投资者买入价格高估的股票，类似于在15年前买入通用电气，一直持有，眼看着股价越跌越多。

是的，但是指数投资也会让投资者买入并持有那些大牛股，比如亚马逊、Facebook、微软、谷歌，而且一直持有不动，看着这些股票一年又一年越涨越高，甚至后来涨得更猛。

（3）做指数投资，就意味着让你根本不认识的一个小团队帮你选股票。这样做根本不可能战胜市场。

指数公司负责选择成分股的人，认真遵循你所选择的指数对应的选股规则。他们选择指数成分股的工作，并不需要激情燃烧，也不需要创意十足，而是需要严格遵守既定规则，一丝不苟，坚持不懈。

（4）指数投资只有那些输家才会用。

其实指数投资是一个确定性很强的投资方式，可以保证你能够获得排名前25%的长期业绩，甚至会更好。

（5）主动管理型基金明年肯定会战胜指数！主动投资又要杀回来了！

严肃认真的投资不是只看1年，而是会看10年以上，主动管理型基金时不时就会有些年份表现好于指数投资。但是表现不如指数投资的年份数量会更多，而且从10年甚至更长的时间跨度来看，主动管理型基金的业绩会明显跑输市场指数。

这些支持主动投资管理的理由明显软弱无力，不比不知道，你看看下面支持指数投资的这些依据是多么强劲有力：

（1）在过去半个世纪里，投资市场变化巨大，在市场中进行操作的投资者变化巨大，投资者进行投资操作运用的资源也变化巨大，市场、人、资源三大要素都变化巨大，大得可以说天翻地覆，导致现在谁要是试图战胜市场指数，都面临着难以克服的困难，几乎不可能跑赢市场，除非是运气特别好。

（2）指数投资的运作成本，远远低于主动投资管理的所有成本。关键在于主动基金投资组合的交易规模大得多，你的那个主动管理型基金的基金经理，想要买入或者卖出股票的时候，很多其他主动管理型基金经理也想买入或者卖出，这样一来，就在你的基金经理想要买入的时候，股票已经因为很多基金经理大量买入而大幅上涨了，你的基金经理原来预期的盈利空间一下子没了，反过来也一样，就在你的基金经理想要卖出股票的时候，由于很多其他基金经理也在大量卖出，结果把股价打压得下跌了许多，你的基金经理原来设定的卖出价格没法成交了。

当然，这种事情并不是每天都会发生，但是在发生的时候，价格波动幅度很大。把上面说的所有交易相关成本考虑进来，折算成基金经理管理资产规模的百分比，会接近资产总规模的1%，或者说会占到正常年度收益的15%。

（3）指数基金缴纳的税金要低得多，因为指数基金投资组合基本上持有不动，周转率就低得多了，一般来说组合周转率只有5%，而主动管理型公募基金的周转率会达40%甚至更高。

（4）指数基金的管理费大大低于主动基金，指数基金的管理费率低于千分之一，而美国主动管理型公募基金的管理费率一般是百分之一或者更高。大多数主动管理型公募基金现在还会额外再收取一笔名为"12(b)-1"的管理费，给那些卖基金的理财经理或者投资顾问发尾随佣金，让他们鼓励投资者持有自家的基金，不要换成别家基金公司的基金。

（5）做指数投资，你坚持原来的投资计划不动摇就容易得多了。（对于大多数投资者来说，在他们为了获得长期投资成功有责任去做的事情里面，这才是最重要的那一部分。）你的投资组合里有500只或者是1000只各不相同的股票或债券的时候，一只股票或债券短期大涨大跌对组合的影响很小，这样一来你要做到保持冷静并继续聚焦长期，就容易得多了。相比之下，你只是集中持有少数几只股票，那个市场先生会从你背后悄悄地溜过来，突然出现在你面前，挥舞双臂，大喊大叫，不断用个股短期涨跌来吸引你的注意力，让你动摇而偏离原定的长期投资计划。

（6）投资指数基金，你就再也不需要担心基金经理或者基金规模变得太大的事，这些都不会影响你的指数基金。从10年的时间跨度来看，现在业绩领先的主动管理型基金经理有一半会出现一次或者多次业绩大幅落后于市场，再延长到20年的时间跨度，几乎每个基金经理都会出现一次或者多次业绩大幅落后于市场。这样一对比，投资指数基金的好处就很明显了，你不用去想是不是要离开一个没能跑赢市场的基金经理，选择一个新的基金经理，这个决定做起来很困难，成本也相当高，你还要考虑什么时间必须下这个决心。

（7）投资大师和权威学者，比如，沃伦·巴菲特、伯特·马尔基尔、大卫·史文森、丹尼尔·卡尼曼，还有一批获得诺贝尔经济学奖的教授，都一致认同，对于个人投资者和大多数机构投资者来说，指数投资都是最好的投资方式。

（8）你有一些更加美好的事情去做……比做投资管理这种事好多了，远远胜过把你的时间、精力和聪明才智，用于投资管理追求跑赢市场，或者寻找一个优秀的、能在现在及将来战胜市场的基金经理这些事上。把你的时间和精力用在比投资更加美好的事情上，会让你的人生幸福很多！

每个投资人，都是独一无二的，而且每个投资者都承担着一些最重要的责任，其重要性要高得多，可行性要大得多，远远超过像一个狙击手寻找猎物一样寻找一个优秀基金经理，期望他能够在未来很长的时间跑赢指数。每个投资人这些最重要的责任包括，积攒足够多的投资资本以便未来长期投资，发展形成一个长期的投资计划，既符合客观现实，又切合你个人的具体情况，坚持这个长期投资计划不动摇。听起来挺简单的，但是很难做到又做好。所以，有件事极其重要，值得你下大功夫，放下手头的事情，专门抽出一段时间，集中时间和精力，用上你所有的聪明才智，做好这件事，而且只有你自己才能做好的这件事，就是制定长期投资基本方略。

我们大多数人都没有认识到，美国股票市场和债券市场过去这60年变化有多大。变化非常大，变化非常多，而且是在同一个方向上持续变化,这让主动管理型基金经理要成功跑赢市场,变得越来越困难,越来越困难。

下面是一些最重要的变化:

(1)60年之前,一家大型证券公司,也许会有二三十个分析师,只在纽约市区办公,专门寻找"有趣"的小盘股,让这家证券公司的合伙人在自己管理的投资组合中买入[1],但是大多数肯定不会推荐给他们的客户。现在几乎每家大型证券公司都会有公司和行业分析师、经济学家、大宗商品专家、宏观政策分析师、投资组合策略分析师、财务会计专家等,总人数可达到600名,各有分工,各司其职,分布在全世界各地的办公室工作,关注全球主要国家地区的经济、股市、公司,每一个分析师都会发布重要信息和洞见,分发给全球各地的投资人。

(2)用最新科技追踪反馈各类可能影响投资的重要信息,比如,用卫星追踪记录购物中心停车场里的车辆数量,全球各大海港油罐车进出数量。

(3)彭博终端,能让专业人士访问"彭博专业服务"(Bloomberg Professional Service),查阅和分析实时的金融市场数据,进行金融交易。彭博终端能给每一个用户提供各种各样的数据信息,分析其历史趋势和关系。60年前彭博终端还根本不存在,而现在彭博终端数量多达34.5万。

(4)每个人都时时联网、时时在线,同时在全球传播分发信息,每周7天24小时,完全同步。

(5)50~60年前,上市公司高管定期和他们精心选择的几个主动管理型基金经理聚会,找个豪华的私人会所,小范围共进晚餐或者午餐,

---

[1] 相当于中国证券公司的自营业务。——译者注

边吃边聊,"内部通报"一下公司现在的经营运作状况,透露一下这个季度和这个年度的盈利情况。现在这样做就是违法的!现在美国证监会已经制定了公平披露规则,要求每家上市公司要尽最大努力保证,出现那些可能影响投资决策的任何信息时,都必须公平披露给每一位投资者,因此公司必须确保同样的信息同时让所有的投资人都可以得到。

(6)60年前,大部分计算用的都是计算尺(我还有一个能够计算双对数的计算尺,当年我能用这么复杂的计算尺,我骄傲,我高兴,但是现在我不知道把它放到哪里去了)。那时计算机还很少见。现在,我们每个人手上随时随地都拿着一部手机,其计算能力远远超过IBM 360大型机。

(7)多年以前,几乎所有的投资人都只限于投资他们本国企业的股票和债券。但是现在全球各国投资人投资全球各国公司的股票和债券。投资者越来越全球化,而全球投资者在每个国家的证券市场都很重要,占比很大。

以上所有这些方面的重大变化相互交织,你要看清现在的市场真相是,几乎所有的投资专业人士,都和他们几乎所有的竞争对手,几乎同时拥有同样的信息。这让我们也认识到如今股票市场和债券市场另外一个本质上的重大变化,正是这个重大变化让所有其他变化变得影响力巨大。

在20世纪60年代,美国股票市场90%以上的交易量由业余投资者贡献,业余投资者主导市场,他们拿了一笔奖金,或者继承了一笔遗产,就会把这笔钱投入股市去买股票,等他们要买房子,或者孩子要上大学时,才会卖掉股票。这些个人投资者往往隔上好几年才买进或者卖出一次,通常是零零散散的大笔交易。这些散户根本不会做研究,也看不到券商的研究报告,他们一半的时间都是投资买入美国电话电报公司这样的大盘蓝筹股。20世纪60年代，机构投资者的交易量只占纽约证券交易所股票交易量总额的9%，而且这9%里面只有一半是由各个地区银行信托部门做的交易。（这些银行分支机构经营地区受到严格限制，只能在州或者说州的一部分地区开展业务，中型城市才会有3～5家有信托部门的银行，银行有一个投资委员会，成员是银行的高管和资深专业人士，从一个经过批准的股票池里选股投资，进入股票池的都是著名龙头企业的大盘蓝筹股，分红很好，银行信托部门会持有这些蓝筹股很长时间以避免交易盈利部分要缴纳所得税。）

现在股票交易所场内交易和场外交易都有了巨大的变化。第一，交易量，从60年前的每天成交300万股，现在增长到每天成交60亿股以上，增长幅度超过2000倍。第二，还有一个非常明显的变化是，衍生品交易额等于甚至大于交易所的现货交易额。

第三，比交易量增长2000倍更加重要的，是交易者的结构变化，专业投资者和电脑做的交易，在20世纪60年代初期只占整体交易的9%，随后增长到20%，增长到30%，增长到50%，又持续增长到70%，接着增长到80%，现在已经超过90%。

这个变化的意义重大，我们必须高度重视：几乎所有时间，几乎所有买入，几乎所有卖出，都是投资机构里面的专业投资者做的交易，因此，专业投资者买入或者卖出的交易对手只会是专业投资者，这些交易对手装备着同样强大的电脑交易系统，你所知道的那些信息，你的交易对手也几乎全都知道，而且几乎都是和你同时知道。现在我们把以上所有的数据放在一起。如果基金管理费和交易费用等运作成本加总到一起，我们取个适中的数据，比如基金资产规模的1%～2%，那么在这个平均收益率只有7%的股票市场里，主动管理型基金的投资成本就要吃掉收益的七分之一，也就是说主动管理型基金经理做的业绩，至少需要比整个股票市场专业人士共识形成的平均业绩高出七分之一,才能让自己扣费后的净业绩跟市场平均业绩打平。

主动管理型股票投资的业绩记录已经够惨了,主动管理型债券基金的业绩记录更惨,你看看表19-3就知道了。

表 19-3 固定收益基金跑输业绩基准市场指数的比率非常高

基金类型	业绩基准市场指数	10 年期限	15 年期限
长期国债基金	巴克莱美国长期国债	99%	98%
中期国债基金	巴克莱美国中期国债	80%	89%
短期国债基金	巴克莱美国国债(1~3年)	70%	83%
投资级长期债券基金	巴克莱美国长期国债/信用债	98%	97%
投资级中期债券基金	巴克莱美国中期国债/信用债	53%	69%
投资级短期债券基金	巴克莱美国国债/信用债(1~3年)	45%	71%
高收益债基金	巴克莱美国公司高收益债	97%	99%
抵押贷款支持证券基金	巴克莱美国抵押贷款支持证券	79%	94%
新兴市场债券基金	巴克莱新兴市场	100%	93%

资料来源:标准普尔道琼斯指数公司;彭博;数据截至2019年12月31日。标准普尔道琼斯指数公司,CRSP;数据截至2019年12月31日。

| 第 20 章 |

预测市场：只是大致预测

投资者自然想知道，未来几年股市投资前景最有可能会如何？（要了解股市未来几天或者未来几周前景会如何，那就简单了。正如 J. P. 摩根那句名言说的那样：市场会波动。）

有一个好方法，可以让我们客观现实地看待股市未来的收益率，就是假定未来的市盈率和企业盈利波动区间会落在其历史上限和下限之间的区间内，其数值越来越接近其长期平均值，这种概率看来会不断增长。

尽管宏观经济从细节的层面来看极度复杂，股票市场反映行业、公司、整体经济的所有各种影响因素，包括每一个国内行业和国际行业，包括成千上万家上市公司，还有国民经济的整体情况，可以说是千头万绪，非常繁杂。不过大道至简，整体而言，投资者面对的股市的现实情况是，其支配因素可以归结为两大因素：一大因素是公司盈利（及其发放给股东的股息，也叫现金红利）；另一大因素是市盈率，即股票价格与资本化的公司盈利的比率。市盈率又是由利率、预期盈利增长率、预期通胀率以及反映股票投资收益不确定性的"权益溢价率"，加上或减去反映市场上投资者乐观或悲观情绪的投机因素决定的。

要研究未来，最好的方式是先研究过去。

1901年到1921年，美国股票市场经过通货膨胀调整之后的年化收益率只有0.2%。

1929年到1949年，只有0.4%。

1966年到1986年这20年只有1.9%。

换句话说，在20世纪超过60%的时间里，美国股市的涨幅表现在全球排名第三，但其经过通胀调整后的真实年化收益率竟然还不到2%（进入21世纪后的前10年就更糟了）。

1964年底，美国道琼斯指数是875点，1981年底又回到了875点，经过17年漫长的时间，道琼斯指数又回到了起点，涨幅为0，这还是没有考虑通货膨胀调整的涨幅。

尽管公司盈利增长得挺好，但是利率水平从4%飙升到15%，大幅打压了市场市盈率倍数水平。投资人变得非常悲观。

市场都跌到这么低了，还能再跌到哪里去？肯定只会上涨！

1988年，红利收益率为3.5%。随后的11年里，公司盈利以每年7.1%的速度持续增长。这对于投资者是好消息：基本收益率，也就是红利收益率加上盈利增长率，每年就有10.6%。但是还不止于此，投资人得到的回报还要多得多。虽然基本收益率就有10.6%了，但总体投资收益率是18.9%，高得惊人。二者之间的差异，单纯是由股价波动造成的，多出8.3%的收益率，这是因为市盈率飞升，从1988年的12倍上升到2000年的29倍，提高到两倍还要多。

这种情况会一直持续下去吗？当然不会。均值回归是市场长期波动的必然周期规律，市场肯定会让市盈率再次回归到长期平均水平。就像原来1988年市场的市盈率只有12倍实在是太低了，过度偏离历史长期平均值，后来 2000 年上升到 29 倍也实在过高了，同样是过度偏离历史长期平均值，最终肯定会向下回调，回归到代表平均值的周期中心线。

从历史的角度来看问题，总是会大有助益的。㊀ 如何用两个主要因素——公司盈利和市盈率，来解释从 1982 年到 1999 年这 17 年的大牛市（这是美国历史上最牛的一波超级大牛市）？解释如下。首先我们来看公司盈利这个因素。美国上市公司盈利总额，在 1982 年只占美国当年国内生产总值的 3.5%，明显低于 4%～6% 的正常区间的下限，到了 20 世纪 90 年代晚期，美国上市公司盈利总额占美国当年国内生产总值的比例几乎为 6%，达到了正常区间的上限。这可是一个巨大的变化。接下来我们再看市盈率这个因素。美国政府长期国债利率水平，1982 年为 14%，1999 年只有 5%，直线暴跌 6 成以上。（单单利率水平这一个因素的变化，就会让这些国债的市场价值翻上 8 倍，按照复利计算年化收益率就是 13%。）随着市场估值水平的长期变化，推动市场上涨的主要力量是基本面因素，也是客观因素。当然了，推动市场上涨的力量，还包括另外一个主观因素，就是投资人的心理情绪如何：在 20 世纪 70 年代的大熊市里，投资人非常悲观；在后来 20 世纪 90 年代的大牛市里，投资人非常乐观。1964 年到 1981 年，经过 17 年，美国股市道琼斯指数从 875 点又回到 875 点，涨幅为 0。但是后来的 1982 年到 1999 年，同样也是经过 17 年，美国股市道琼斯指数（加上所有红利再投资）增长了接近 20 倍，按照复利计算的年化收益率高达 19%。用两大因素来解释，一部分原因是企业盈利增长，但主要原因是市盈率大幅提升，这是因为利率大幅下滑，而且通胀预期明显下降。

㊀ 推荐阅读《非理性繁荣》（普林斯顿大学出版社 2000 年出版），罗伯特·希勒这本书写得非常流畅，很有说服力，以事实为依据，回顾了在"新经济"狂热达到最高点时的美国股市，这本书是理性评估股市合理水平的极佳典范。

投资人几乎总是用简单外推法来预测未来，会把最近一段的市场表现和经济表现简单外推到未来。虽然我们其实都知道，经济和股市都会波动，波动有周期，有跌必有涨，有涨必有跌，但心里还是相信，最近的上涨或者下跌趋势会继续保持下去。在 20 世纪 70 年代早期的大熊市底部，股票投资人几乎都一致肯定地认为，通胀会继续保持在高位，而收益会继续保持在低位，甚至还会跌得更低，几乎所有报纸和杂志也做出了同样的预测，未来的经济和股市会很恐怖。而在 2000 年的大牛市顶部，你几乎完全可以预测到，投资人都是过度乐观，预期未来会继续保持过去十多年超高的复合年化收益率。投资人那个时候特别疯狂着迷于网络股，嘴里高喊着在所有股市大泡沫时期都会普遍流行的那句口头禅："这次不一样。"（历史上，多次出现过这样的股市泡沫破裂大崩盘，投资人过度激情燃烧，必定在劫难逃：19 世纪 20 年代英国的运河股大泡沫，19 世纪 50 年代欧洲和美国的铁路股大泡沫，还有 20 世纪 20 年代的汽车股大泡沫，20 世纪 80 年代日本的房地产股大泡沫。）

到了 2007 年，投资人已经淡忘了网络股泡沫破裂大崩盘，股市持续上涨，让投资人又一次觉得，股市整体市盈率高于平均水平很正常。后来次贷危机像火灾迅速蔓延引发更大火灾一样，最终形成一场超级大灾难，股票市场暴跌，信贷市场冻结，很多知名的银行和证券公司突然倒闭，人人害怕会迅速形成经济大衰退。投资人再次领教到预测近期市场走势是多么困难。

我们再来用公司盈利和市盈率两大因素来分析一下股市。

先看第一个因素公司盈利。如果股息收益率是 1.5%，公司盈利增长率是 4.5%（这是其长期增长率区间的中位数），合在一起就是 6%，这是可以合理预期会得到的基本收益率的第一部分。注意这是通胀调整之前的预期收益率。

再看第二个因素市盈率，这个估值水平的变化，如果有变化的话，变化多大才是合理的？作为预测的起点，我们来看最近几十年的平均市盈率，一直在15.5倍左右。

本杰明·格雷厄姆那本经典投资名著《证券分析》1934年第1版的引言中，有句提醒相当明智："长期投资者必须注意，不要从最近的经历中汲取太多东西。"[1]他那时的这段话，说的是5年之前的1929年股市大崩盘，以及后来跌得极其恐怖的三四十个月。格雷厄姆的这段话其实同样适用于2000年的网络股大崩盘，也适用于2008年金融危机引发的股市大崩盘，可以说适用于股市一系列大涨或大跌，这起因于股市对最近发生事件的过度反应，有的时候有利，有的时候不利，结果短期过高的希望或者过度的恐惧完全压倒了理性，而让市场估值水平向上或者向下极端偏离长期平均值。

只是大致预测股票市场走势并不难，但是要准确预测是根本不可能做到的。⊖同样，要大致预测股市长期走势，也就是预测股市未来长期的平均收益率水平，一点儿也不难，但是预测股市短期走势，即使是预测未来几个月的市场走势，也几乎是不可能的，也毫无意义。

参考文献

1. Benjamin Graham and David Dodd, *Security Analysis, the Classic 1934 Edition* (New York: McGraw-Hill, 1996).

⊖ 预测未来是困难的，而且不仅仅是因为约吉·贝拉曾经说的那个原因："这事长不了。"有一份研究报告研究了8万多份专家预测——让这些专家对自己专长的领域里的变化幅度进行预测。你可以轻松战胜这些专家的预测，只要这么一分为三进行预测就行了："三分之一的时间里，变化幅度会增大；三分之一的时间里，变化幅度会减小；三分之一的时间里，变化幅度不大。"

| 第 21 章 |

个人投资者的决策

个人投资者,跟养老金基金和捐赠基金等那些机构投资者相比,差别非常大。

第一,资金规模差别大,个人投资者的投资规模小得多。个人是蚂蚁,机构是大象。

第二,税收差别很大。主动管理型基金经理一般每年组合周转率都超过 40%,每一笔卖出实现的盈利都必须交纳所得税,在美国叫资本利得税,从而会产生很大一笔应纳税款,羊毛出在羊身上,最终是基金投资人买单。所以,你要注意了,基金公司宣传的基金业绩,都是税前的业绩,基金投资者能拿到手的,只能是税后的业绩,扣税后基金业绩会大幅减少。

第三,寿命期限差别很大,这是决定性的。个人的寿命都是有限的,而机构的寿命可以是无限的。作为一个人,你的寿命是有限的,作为一个投资者,你的投资生涯是有限的。虽然我们并不知道具体什么时间会离开人世,但是我们知道,人必有一死,对每一个个人投资者来说,这个现实情况压倒一切。

上班赚钱的人都知道，我们的工作年数是有限的，我们只能工作三四十年，靠着工资收入不断积蓄养老金，好在退休之后安享晚年。那些已经退休不再工作赚钱的人，就只能吃自己以前积蓄的老本了，积蓄是有限的，但是自己能活多少年不能确定，最担心的就是人还在钱没了。

虽然人人都知道，投资成功的关键是保持理性，但是人天生是感性动物，大多数个人投资者都会控制不住自己，让感性也参与到投资决策中，特别是在某个关键的市场转折点，感性甚至会压过理性。可以理解，钱对于个人投资者来说，往往会有很大的象征意义，会激起投资者的强烈情绪。很多个人投资者都觉得，他们积累的钱的价值大小，就代表着他们个人一生创造的价值大小。（就像企业家经常会把个人价值等同于企业价值，我就是企业，企业就是我，人企合一。）很多人觉得，我就是钱，钱就是我，这种钱我合一的现象，在上了年纪的人中很常见，有些老年人，别人一说花他的钱他就很生气，特别小气。（如果你家里有些老人是这样的，你就多理解、多宽容吧。老人可能不是怕花钱，而是恐惧死亡，想多留点儿钱，其实可能是想多活几年。）

除了上面说的人必有一死，还有另外一个重要的现实情况，也对个人投资者影响很大，就是我们个人有相当大的力量去影响别人，既有财务上的力量，也有情绪上的力量，是否赠予财产，是否分配遗产，给别人的财产数额高于对方预期还是低于对方预期，让对方觉得是否公平，对其影响差别很大。在家庭里，这就不仅仅是钱的事，你的钱如何分配，给对方情绪上的影响，常常会远远大于在经济上的影响，还有这些钱在精神上的象征意义，也往往远远大于其经济意义。明智的话，个人投资者打算分配给别人一笔钱时，要仔细权衡会给对方带来多大的经济力量和情绪力量，再慎重决定。

正如我们所知道的那样，个人投资者买股票通常是出于和股票市场并不相关的原因。古人云功夫在诗外，现代人投资在市外。个人买进股票，是因为最近继承了一大笔钱，拿到了一笔奖金，卖了房子拿回来一大笔钱，手里有了大笔资金等，反正都是好事，于是就拿出来一些钱买股票了，但是这些都跟股票市场本身没有直接关系，他们根本没有分析股票价格水平是高是低，是否值得投资买入。与此类似，他们卖出股票，往往也都是因为和股市本身毫不相关的原因，比如，孩子要去上大学得交一大笔学费，他们决定要买一套房子得交一大笔首付款，不管现在股票价格是高是低，是否值得卖出。

那些在专业投资机构里全职做投资的投资专业人士就完全不一样了。这些专业投资机构完全主导当今的股票市场。这些投资专业人士一般会在整个股票市场上进行广泛又严格的比较，再决定是买入还是卖出，买入或者卖出一只股票时，要对比几十只甚至几百只备选股票。个人投资者买衣服、买机票、订酒店时，才会大范围比较筛选，但是买股票通常不会这样费事地比较来比较去。因为股票分析起来比较复杂，大多数业余投资者搞不懂，别说全市场上有三四千只股票了，就连三四只股票业余投资者也并不精通。有些个人投资者，投资买入一只股票的时候，也许会认为自己知道了这只股票的一些重要信息，但往往不过是自以为是而已，他们觉得自己才知道的独家消息，要么是假的，要么是不相关的，要么是不重要的，一句话，这些信息对公司股价没有什么影响力。业余投资者以为自己抢先知道而其他人都还不知道的"独家新闻"，早已经传遍市场人人皆知，成了流行已久的旧闻，而且早已经反映到股票市场价格上了，因为那些专业投资者早就知道了这个消息，而且早已经相应调整了自己买入和卖出的价格，而专业投资机构在美国股票市场上交易特别活跃，创造了整个市场 90% 的交易量。因此，对于大多数个人投资者的投资行为，那些市场研究人士有一个专业术语描述得十分正确，就是"无信息"交易，或者说是"噪声"。（这些术语并不是故意冒犯各位个人投资者的，只是客观描述而已。你要是觉得自己被冒犯了，你这个人就太敏感了。）

所以，一点儿也不奇怪的是，原来在20世纪60年代，专业投资机构中首批做主动投资管理的勇士在市场里深耕多年，他们比较股票的性价比，也就是股票的价格与价值之比，十分严格，他们又见多识广，十分老练，比较的范围很宽，会对几百只不同的股票进行横向比较，基于可以掌握的这些股票当前最新的信息，这样他们完全有信心认为，自己肯定可以跑赢那些业余投资者。20世纪60年代，个人投资者的交易量能占到整个市场的90%，可以说股票市场是以业余投资者为主的，专业的当然能够轻松战胜业余的，而且确实战胜了业余的。但这都是50多年之前的股票市场情况了。

现在的股票市场情况已经完全不同了。过去50多年来，以公募基金、企业养老金基金、对冲基金这三大基金为主的机构投资大发展，它们的投资组合换手率不断增加，原来美国股市交易量散户和机构是九一开，散户交易量占九成，而机构只占一成，现在已经完全反转过来，变成一九开了。现在纽约股票证券交易所的交易量，包括场内交易和场外交易，九成以上都是机构完成的。纽约股票证券交易所交易量的70%，都来自前一百家规模最大又最活跃的机构。纽约股票证券交易所交易量有一半完全来自前五十家规模最大又最活跃的机构。这意味着，在70%的时间里，个人投资者做交易的话，其买卖的交易对手是全世界排名前一百的大型投资机构，它们经验最丰富，而且信息最广泛又最灵通。

战胜全世界排名前一百家大投资机构有多难？给你看看对手几个真实的情况。全世界交易量最大的几家投资机构，每家每年都要付给那些大型券商高达 1 亿美元，其实就是用交易佣金换取券商的服务。券商要赚到这大笔佣金收入，就要尽全力提供最好的研究服务。这些以基金公司为主的大型机构投资者，购买了范围广泛的信息服务，装备了强大的电脑系统，运行非常复杂的模型和程序。这些大型投资机构都有内部的分析师团队和资深的基金经理团队，团队成员的投资经验平均都在 20 年以上，他们个个都有自己多年积累的人脉和关系网，总是可以拿到最好的信息。你看明白了吧，和个人投资者一比，机构投资者可以说全方位占有压倒性优势。

所有投资者都有一个容易过度低估的风险，就是通货膨胀。通货膨胀这个对手，给个人投资者造成的危险相当大，给退休的人造成的投资危险尤其大，就像 20 世纪 70 年代高通胀时期那样。但是我们现在的通胀幅度太小了，让很多人断定通胀再也不会发生，美国联邦储备委员会的目标，现在是把通货膨胀率控制在 2% 以内，但是要完美地控制住，是不可能做到的，3%～4% 的通货膨胀率，将来肯定会出现。

长期以来，通货膨胀一直是投资者面对的主要问题。不管是市场行情每天的变化，还是周期性的变化，都很容易吸引投资者的注意力，让大多数投资者忧虑不安，这些变化其实远远不如货币贬值这个问题重要。通货膨胀腐蚀货币购买力的程度，真的很吓人：哪怕是 2% 的"正常"通货膨胀率，过上 36 年，也会吃掉你一半的货币购买力（见表 21-1）。按照 5% 的通货膨胀率，吃掉你一半的货币购买力，只需要 14 年，再过上 14 年，又吃掉你一半的货币购买力，实际购买力只剩下原来的四分之一。现在美国社会普通人平均预期能活到 86 岁，他们退休之后没法继续工作增加收入，根本没有办法抵消通货膨胀所导致的购买力的严重缩水，这很明显是一个严重的问题。

表 21-1　通货膨胀率增长导致购买力指数级缩水

通货膨胀率	货币购买力缩水一半需要年数
2%	36
3%	24
4%	18
5%	14
6%	12

个人投资者有些责任必须自己来承担：要花钱让孩子接受系统教育，要花钱买一套好的家庭住房，要花钱养老以安度晚年，要攒一笔钱，万一发生大灾大难也能有强大的安全保障，要攒一笔钱以防备自己活得比预想的更久，要出一些钱支付老年亲属的医药费、护理费，要捐一些钱给使自己受益或希望自己社区受益的学校和其他机构等。最后，大多数个人投资者想要留下一些财产给自己的后代，让他们过上更好的生活（孩子过的生活比他们的父母和祖父母更好，大多数人认为这才是有意义的）。有些花费，特别是晚年治病的花费，具体数字是根本不知道的，但是肯定会非常大，特别是和你攒的钱相比，数量会大得多。

你要看清一生理财大局，就得做一个像资产负债表一样的表格，一边写你有哪些资产，一边写你有哪些负债，也就是你有责任花钱的地方，计划支出责任这一块的时候，你就要决定"谁"应该包括在你说的"我们"之中，为了达成什么目标才要把这个人包括进来。这样做能够发现一些有用的信息。

你打算承担多大的责任，就是花多少钱来支持你孩子的教育？上大学很花钱，上研究生更好，但是也更花钱。好不容易孩子毕业了，工作了，要买房了，要不要出钱帮一把？孩子要创办一家企业或者开一家牙医诊所，要不要帮一把？父母、兄弟姐妹还有岳父母，在什么样的情况下需要你出钱帮一把？需要你出多少钱？何时需要？这些账你不能单个算，得全盘考虑，要确保你知道这些花钱的事加到一起需要你出多少钱，什么时候出钱，这些你都要提前计划好。

投资必须从储蓄开始。没有储蓄，就没有投资。存的钱很少，投资的本钱也就很少。所以，在讨论如何进行最佳投资前，我们非常简要地看看，那些明智的投资者成功的秘诀是什么，还有他们怎么管理储蓄这个投资必需的前提。

首先，明白储蓄不容易。你要是从负面的角度来看储蓄的过程，觉得为了储蓄我们主动放弃了那么多，自我否定了那么多，牺牲了那么多，储蓄起来就特别难。成功的储蓄者根本不会这么想！成功的储蓄者，是从正面积极的角度来看待储蓄的，储蓄的过程，就是让你避免别人会犯的一个又一个错误，你这样持续不断储蓄是很明智的，今天储蓄，将来受益。这样一想，储蓄者会觉得自己储蓄的决定很好，觉得自己养成良好的储蓄习惯很好。

其次，制定的储蓄目标要明确。只是抽象地说多储蓄，没有什么用，远远比不上你设定一个具体的储蓄目标，数值精确，又可信可行，只要攒够钱就能实现目标，这样能强有力地激励你采取行动。十岁的小孩子想要攒钱买一辆自行车，十几岁的少年想要攒钱供自己将来上大学，刚参加工作的年轻人想要攒钱买房结婚，这些都是用具体目标激励自己攒钱的好办法。花钱的目标越具体，攒钱的目标越有力。

有了目标，接下来就要做储蓄计划了。买一辆100美元的自行车，一星期存5美元。为上大学攒学费，一个月要存100美元。为买房子付首付，一年要存1万美元。这些钱从哪儿来？怎么能够攒下来？谁来攒钱？什么时候攒钱？你怎么知道你在正确道路上前进？如果你落后于原订的攒钱计划，该怎么办？不断攒钱，不断朝着目标前进，一路上也要不断表扬自己，肯定自己。要积极正面地想，你正一步一步走在通向成功的大道上，你是在创造一场大胜利，而且是为你自己，一边努力一边好好享受这个过程吧。在很多方面，好的长期储蓄者就像好的长跑运动员一样，长期坚持刻苦训练，而且很高兴地说："没有付出，就没有收获；没有平时训练的痛苦，就没有获胜的幸福。"一个人要是只想着现在一时的快乐，可能就会放纵自己从而偏离目标。成功的储蓄者持续聚焦长远的目标，专注追求实现更加重要也更加值得追求的长期结果。

做好储蓄的方法，可以分为三个层面：战术层面、战略层面、基本方略层面。

先从战术层面看，做好储蓄的具体方法有很多。比如，出去吃饭点主菜时，从三个价格最低的主菜里面选一个，或者要两个便宜的凉菜来替代一道较贵的主菜；去饭店时选择坐地铁而不是打车；出门吃饭前在家里先喝上一杯酒，这样到饭店就不用点酒喝了；甚至可能你再仔细想想有无必要出去吃，在家里自己做一顿饭既营养健康又省钱。再比如，长假就要到了，你可以选择一家人找个便宜的地方户外露营，而不是去纽约或者巴黎这些吃住都很贵的大城市度假。

再从战略层面看，储蓄的决策分析框架要条理清晰，就像我们前面说过的那样，关键是要用具体明确的方式来让你更多正面思考，这样一来，你的储蓄，不管大小，你都愿意做，都是在为你要用这些储蓄去实现的那个目标出一份力。想一下，以后攒的钱够了，你花钱的时候会多么开心啊。

最后从投资基本方略层面，也就是大局观层面来看，这会涉及更大金额的钱，往往更容易用更加积极正面的方式来规划，这样一调整能省出一大笔钱。比如，不是去买一个更大更贵的房子，而是选一个面积小一点儿但是你住着会特别舒服的房子；不买新车，而买一个二手车；这两年你的工资收入涨了，但是你的消费水平没有涨，还是跟你两年前工资收入没涨时一样，这样就能把增加的这部分收入都给存起来。还可以用结伴方法来减少支出以增加储蓄。比如，夫妻两人一起出去买东西，限定只能买两个人都想买的东西，再比如，为了避免冲动购物，限制自己只能买事先列到购物清单上的东西。

用你睿智地选择的方法，多省钱，多储蓄，日积月累，积少成多。在过程中，还要定期评估一下你的储蓄成果和储蓄是否过度。这样的储蓄方式你能持续坚持下去吗？和你轻轻松松就能保持下去的储蓄方式相比，是不是要求太高了？现在看你有一些储蓄经验了，你想增加还是减少储蓄比例？怎样调整能让你年复一年成功地坚持储蓄，既享受结果，也享受过程？

这里我想讲的关键点是，省钱储蓄的方法有很多，你要多寻找一些既适合你自己又能长期坚持下去的省钱储蓄方法。这样能得到双重满足，既能成功达成你的储蓄目标，也能买到你现在最想体验和拥有的东西，这样你的第一选择的数量就增加了。

记住，储蓄的目的是让你的人生过得更好一些，事前预期、事中体验、事后回顾都更好一些。和不储蓄相比，你会过得更好一些。这样，你就能用更多资金去做投资了，就能积累更多的财富，不仅能让你自己活得更好一些，也能让你关心的人活得更好一些，让你关心的组织发展得更好一些。

当然，做投资也要多省钱，减少你支付的投资成本。有个简单的方法，就是买指数基金，所有投资都采用指数投资方式，这样能让你避开一系列成本：过高的基金管理费、过高的基金运作费用、过高的税金、过高的基金转换成本，因为你不用从一个越来越弱的基金经理转换到另一个越来越强的基金经理。我们前面已经一次又一次看到了，上面所有这些基金投资成本单个来看非常低，但是加在一起非常高，每年占你投资收益的比例非常大。这也正是为什么先锋基金集团创始人约翰·博格喜欢说:"不用花出去的钱,就是你能攒下来的钱。"

储蓄的首要目的是积累一笔储备资金,就像你在家里备上一个灭火器,遇到麻烦马上能用。也像用灭火器一样,在你遇到麻烦而动用这笔储备资金的时候,应该大胆用,充分用。这笔钱放在手上就是为了花的。如果你用储备资金的时候总是舍不得用,只用一部分,解决的办法很简单,把你的储备资金相应成倍增加就行了。

本书的核心理念是,能够用来长期投资的资金,如果能够投资到股票上,而且一直长期持有股票,能给投资者带来最大的收益。长期资金最好长期投资股票,这个指导方针非常重要,对于年轻的上班族投资者来说尤其如此,这主要有以下两个原因。第一个原因是,时间越长,复利增值越大,即使是按照 7% 的收益率,你存 1 美元,过 10 年也能够翻一番,1 美元变成 2 美元,过 20 年翻两番,1 美元变成 4 美元,过 30 年翻三番,1 美元变成 8 美元,就这样一直按照"72 法则",每过 10 年翻一番,一直不断翻下去。[⊖]第二个原因是,你用大局观来从整体上看你的整个财务状况,你占比最大的那一块"资产",就是你的收入能力,你能够一年又一年不断工作获得收入,收入可能还会逐年递增。这种未来不断靠工作赚钱的能力,折算到现在的现金价值,从理论上可以看作一项资产,类似于一笔逐年分期归还的应收账款。比如,正常情况下你 60 岁退休,你 30 岁时就有未来 30 年的工作收入,你 40 岁时就有未来 20 年的工作收入,你 50 岁时就有未来 10 年的工作收入,你算算能有多少钱,

---

⊖ "72 法则"是个速算法,用 72 除以给定的年化收益率,就能快速推算出来把初始资本翻一番需要多少年。反过来也可以推算翻一番需要多高的年化收益率。如果年化收益率是 10%,72÷10=7.2,你就知道翻一番需要 7.2 年。如果年化收益率是 12%,72÷12=6,你就知道翻一番需要 6 年。如果年化收益率是 3%,72÷3%=24,你就知道翻一番需要 24 年。

按照长期利率水平，折算到现在值多少钱。从你这一辈子积累的所有财富来看，未来直到退休的工作收入肯定会占很大一块（参见第14章）。

但是那些已经退休老人，七八十岁了，预期未来都活不了10年了，他们怎么做长期投资呢？一般来说长期投资，起码是10年。这些七八十岁的老年投资者，按照传统的说法，是不是应该主要投资债券来保本？通常来说，这些传统的说法往往是错的，特别是从现在的低利率水平来看更是如此。退休的投资者也许觉得，人老了，心安比什么都重要，他们宁愿投资收益相对比较稳定的固定收益产品，比如债券和银行理财产品，这样做其实是让情绪利益压倒经济利益，为了图心安，投资收益少赚了很多。

虽然老年投资者预期自己不会活很多年了，但是他们的投资还会"活"下去，比他们本人的寿命要长得多，因为他可以传给儿子，儿子还会传给孙子，子子孙孙，代代相传。其实就跟你的房子一样，你自己老了人走了，房子不会跟着你走。所以为什么老年人非得限制自己那些投资的期限，只能是自己的一生呢？要有更长远的眼光。除此之外，人这一生要想过得又长寿又幸福，有一个秘诀，就是持续向上攀登，持续向前，就像英国前首相迪斯雷利说的那样，"联盟未来"。投资股票，投的是未来，想的是未来，能够帮助我们的思维更年轻、更有活力。

要成为一个真正成功的终生投资者，第一大挑战，也是最主要的挑战，就是了解你自己，了解你的个人财务目标是什么，了解对你来说什么才算得上是真正的成功。记住《金钱游戏》这本书作者亚当·斯密那句非常睿智的投资忠告："你不知道你是谁，想要在股市上搞清楚你是谁，你要知道股市这个地方的学费很昂贵。"同样，在房地产市场、商品期货市场、期权市场上寻找自我，代价都非常高昂。投资者聪明的话，应该尽量多花时间去多了解自己，市场涨到牛市顶部和跌到熊市底部的时候，你作为投资者是如何想的、如何做的。我们需要了解真实的自我，这样才能让自己尽量做到最大限度的理性思考，以控制住自己的情绪，不让情绪压倒理智。

比如，你做做下面这个简单的测试题，注意里面暗藏着小玄机。

问题：以下两个选择，你会选择哪一个？

选择一：股票上涨，涨了很多，而且一直持续上涨好多年。

选择二：股票下跌，跌了很多，而且一直持续下跌好多年。

你先做出选择，然后才能看下面的答案。

你的选择是什么？如果你选择的是第一个，股票持续上涨很多年，那么你就和90%的投资者选择的一样，包括个人投资者和机构投资者，大多数人都会选择上涨的股票。大多数投资者都赞同你的选择，你是不是心里觉得挺舒服的呀？你可不应该这样想。除非你是卖出股票，才应该这样想，如果你是买入股票，选择第一项即股票持续上涨很多年，其实是违背你的个人利益的。

原因是这样的：

首先，你要记住，买入股票，其实真正买到手的是上市公司的股权凭证，你成了公司的股东，有权利得到公司的现金分红。㊀就像是你开了一家奶牛农场，买了一些奶牛，其实得到的是以后有权利天天挤牛奶了。那么你这个奶牛农场的老板，愿意看到奶牛的价格持续上涨还是持续下跌？当然是愿意看到奶牛价格持续下跌，这样你就能用同样的投资金额

㊀ 是的，你还有权投票选举审计委员会成员、董事会成员，你还有权接受要约收购以更高的价格卖出股票，当然前提是有人高价要约收购这家公司。但是现实地讲，股东投票反对管理层提名董事会成员人选的票数很少，根本没有用，完全出乎意料的要约收购，这种好事也只会落在极少数公司头上。所以说，这些股东权利通常没有什么实际意义，远远不如股东分红权利那么重要。你也有权利把股票卖给别人，当然最好是以更高的价格卖出。但是什么决定了接手你股票的下一位投资者愿意买入的价格？就是预期未来的盈利和分红折算到现在的现金价值。

买到更多的奶牛，以后能产出更多的牛奶。

股票就是你的现金奶牛。股票的市场价格越低，你买入的平均成本越低，每投资 1000 美元，你能买到的股票数量就越多，以后凭这些股票收到的现金分红也就越多，平均算下来，每 1 美元投入成本的收益率也就越高。因此，如果你是一个储蓄者，攒了一些资本，你要买入股票做长期投资，大多数投资者其实都是如此，这一辈子会有很多年持续不断储蓄，持续不断买入股票。真正符合你这个股票买方长期利益的股票行情是，股价大幅下跌，持续下跌。这是不是听起来让你觉得有点儿奇怪啊？其实一点儿也不奇怪，因为这样的话，你就可以用更低的价格买到更多的股票，自然未来就能得到更多的现金分红，让你同样多的投资资本得到更多的收益。所以，正确的答案是第二个选择，就是股票价格持续下跌。但是，这个正确的长期投资选择，却违反了你的直觉。

深刻理解这一点，股市持续下跌是好事，能让你享受到更大的投资成功，能让你这一生的投资获得更大的成功，内心也会获得更大的平静，因为你这一辈子投资长达三四十年，绝对不可避免地会遇上熊市大跌，而且会遇上好几次。（你甚至会逐渐明白，熊市大跌其实对你是大好事。如果你真的完全理性分析过，就会明白这一点。）

大多数投资者都是太顺着人的本性走了，更喜欢看到股票一路上涨，越涨越高兴，越涨越有信心股市还会继续上涨，涨得越多，买得越多。在股票价格水平已经涨得很高的时候，最有激情高位追涨大量买入，这就不用说了。这自然会导致他们手里同样的钱能买到的股票数量变少了，将来能得到的现金分红也就随之减少了，投资收益率就降低了，而且市场有涨必有跌，大涨必有大跌，他们未来的亏损风险就升高了。反过来，看到股票市场一路下跌，跌幅很大，大多数投资者就会非常难受，其实市场跌到最低的谷底，最接近于大幅反弹，但这就像最接近黎明前最黑暗的时刻，投资者实在受不了，大量割肉卖出，这实在是大错特错。因为这正是最不应该卖出的时候，股票价格已经跌到底部，以这样的股价为分母来计算，未来的现金分红收益率特别高。你看看图 21-1 就明白了。1927 年，你投资美国股市 1 美元，再过 72 年，股价本身就能上涨到 106 美元。如果你红利再投资，同样是投资 1 美元，同样是经过 72 年，就升值到 2592 美元，能多赚接近 2400 美元。

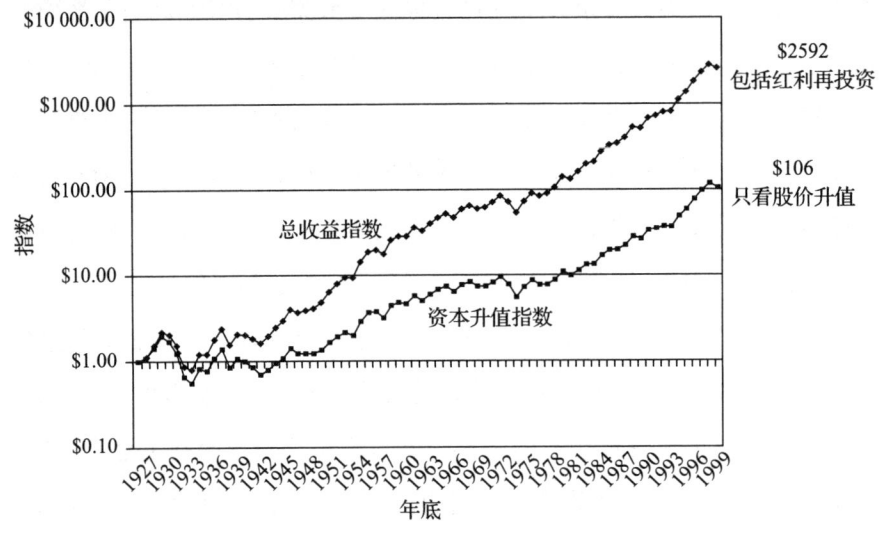

图 21-1 红利再投资非常重要

当然，你做几十年的长期投资，在这期间肯定免不了会有好多次短期账面浮亏，因为市场会波动，涨涨跌跌，多次循环交替，但这只是短期下跌引起的短期账面浮亏，不会真正影响你长期投资的正常收益，忍受股市高波动性是获得股市高收益率的必然代价。但是你千万不要去冒那种可能会发生巨大亏损而且不可挽回的投资风险，千万不要用借来的钱做股票投资。

如果你发现自己容易为情绪所困，股市上涨就很激动，股市下跌就很郁闷，这时就马上停下来，不要做任何交易操作！出去散散步，让自己的情绪平复下来。要不然你很快就会冲动地盲目随大流,成为市场上乌合之众的一员。人家都在做的事,你也想去做,你就开始会做出错误的操作了,可能是大错特错,以后有你后悔的。潮起又潮落,一笑风云过。随它涨和跌,善意地忽视是大多数投资者获得长期投资成功的一大秘诀。

如果你成功地持续储蓄,长期投资股票,积累了相当多的财富,足够承担你选择承担的责任和义务,你就真正地赢得了这场比赛。为你欢呼吧!这可是相当惊人的人生重大成就。

不过,成了人生投资大赢家之后,你还要小心谨慎,不要拿你的胜利果实去冒险,想要大赢一把,特别是本来没有必要却大量借钱投资,就是我们平时说的配资,加杠杆,在任何一笔投资上押的赌注太大或者大包大揽,承担太多的支出责任,做出太多的花钱承诺,大大超过了你的资金实力。成了投资大赢家之后,还需要避免投机。你不值得去冒这样的投机风险,这可能会把你自己从大赢家变成一个大输家,那你可就真成了一个大傻瓜。同样,成了投资大赢家之后,你应该注意自己不要过于小心谨慎,过犹不及。

我总结出以下"投资十诫",可以作为个人投资者的投资指南,供你思考投资决策时使用。

第一诫:不要乱花钱,而要多省钱、多储蓄。把你储蓄积累的资本投资到合适的地方,能让你未来生活更加幸福平安,能让你的孩子受到更好的教育,能让你有更大的财务自由而享有更多的选择。

第二诫:如果你想在股市上玩玩股票、炒炒股,就是图个乐,你需要清醒地认识到,你其实就是在赌你有能力战胜那些专业投资高手。所以，你还是现实一点儿，一定要限制你自己只能玩得很小，非常小。（务必要准确记录你在股市上的战绩，一笔一笔都要如实记录，这样，你不久就会说服自己还是赶紧退出股市跑路吧。）

第三诫：不要主要为了避税而在投资上乱折腾。这种投资操作，在避税上是好事，但通常在投资上是坏事，会让你因小失大。为了用投资亏损来抵税而卖出账面浮亏的股票，这种投资操作方式主要适合那些股票经纪人，可以增加他们的佣金收入。不过确实也有例外。你要确保自己制定了一个精明的遗产规划，既符合你现在的财务状况，也符合不断变化的税收法律法规。如果你正好想要卖出一些股票，这些股票原来买入的成本很低，现在已经大幅升值，你可以选择用这些股票做捐赠，这样能享受免税和抵税，一举两得，你捐的钱越多，抵税金额也越多，这是明智的做法。如果可以的话，给自己设立一个个人退休账户，向你的美国企业员工养老金投资计划［401（k）］账户里缴费，或者向你的企业盈利分享计划账户里缴费，一定要缴到最高水平，因为这两个投资计划获得的投资收益是可以避税的。如果你在401（k）之外还有别的投资，确保你要根据自己的整体财务状况做出投资决策：为了把你的所得税水平降到最低，你投资的债券或者债券基金，都要放在你能避税的养老金投资账户里。

第四诫：不要把你的房子看作一项投资。要把你的房子看作一个贮藏价值的仓库，看作你和家人生活居住的好地方，但你也只是生前居住一段时间而已。买房不是一笔划算的财务投资，从来都不是。但是买房对你的家庭幸福来说肯定是一笔好投资。把老房子换成新房子，房价高低总是最核心的成本因素。由于建筑效率大幅提高，如果按照通胀调整之后的真实成本，建造新房的成本现在和50年前差不多。

第五诫：不要做商品期货。⊖商品期货交易，其实只是价格投机。商品期货交易根本不是投资，因为它没有创造一点儿经济产出，也没有创造一点儿新增价值。

第六诫：不要让那些股票经纪人和推销基金的理财经理把你忽悠了。他们通常为人都挺好的，但是他们的工作不是为你赚钱，而是从你那里赚钱。确实有少数股票经纪人和理财经理对跟了自己好多年的老客户非常好，全心全意为客户服务，非常体贴地为客户着想，但是你可不能想当然地认为，你的那位股票经纪人和理财经理就是这样全心全意为你服务的。这种股票经纪人和理财经理人数很少，大部分股票经纪人和理财经理要是这样做就没法养活自己了。现实点儿吧。一般来说，一个股票经纪人要"对接"200个客户，这些客户投资的资产规模合在一起能有500万美元。这个股票经纪人要想一年从证券公司赚到10万美元，就要让这些客户多做交易，给证券公司带来30万美元的交易佣金，相当于客户资产的6%。这么多的交易佣金，对于投资者来说当然是一笔沉重的费用支出，证券经纪人必须让客户多做交易才能产生这么多佣金，自己才能拿到足够多的提成，所以根本没有时间去研究让客户买什么股票才是"对的"。股票经纪人和银行理财经理只能让客户的钱不断地进

⊖ 约翰·特雷恩写了一本好书《金钱的主人》(*The Money Masters*, New York: Harper & Row, 1987)，他在书里面全盘托出实情。一个商品期货经纪人做了十来年，服务的商品期货交易客户有上千人之多。其中有多少人赚钱了？一个都没有。但是这个经纪人确实赚钱了，商品期货的交易佣金可不少。

进出出，多做交易，才能创造更多的交易量，才能给证券公司创造更多的交易佣金，才能给银行创造更多的基金销售手续费，才能给自己创造出更多的提成。

第七诫：不要投资于那些新奇的或者很少见的投资种类。它们往往是专门设计出来卖给投资者的，而不是适合投资者的。（有个钓鱼的新手很好奇，就问渔具店老板，那些鱼饵装饰得花花绿绿、奇形怪状，放到水里，鱼儿一见，真的就很受吸引而愿意过来吃吗？老板简洁有力地回答了一句："我们又不是把鱼饵卖给水里那些鱼的。"）

第八诫：不要只是因为你听人家说债券很稳健，或者只是因为你觉得债券很安全，就盲目投资债券。债券面值固定不变，但是债券市场价格也会波动，有时甚至大幅波动。而且债券抵抗通货膨胀的能力非常差，而通胀是我们长期投资的最主要风险。

第九诫：不要只是偶尔想想目标，要白纸黑字写下你的三大长期规划：长期投资目标、长期投资规划、遗产规划，然后遵照执行，长期坚持不动摇。我建议你每年回顾一下你的投资，是否符合长期投资目标和规划，至少每过十年重新回顾一下你的遗产规划。

第十诫：不要相信你的感觉，投资不要跟着感觉走。你觉得非常开心飘飘然的时候，小心你可能要摔个大跟头了，当你觉得非常郁闷冰冰凉的时候，记住：黎明前最黑暗，终点前最疲累，胜利前最绝望，成功前最迷茫。所以，心再动，手不动。投资最好的策略就是长期持有指数基金，一动不动。动得越少，业绩越好。

|第 22 章|

如何选择公募基金

如果你还没有打算接受指数基金,你有两个替代选择:一是你可以自己来做投资决策;二是你可以找别人来帮你做投资决策,就是投资一个主动管理型公募基金,把你的资金委托给基金经理管理,由基金经理来做投资决策。如果你读了本书之后,还是决定自己来选股做投资,那么为了你自己的利益着想,你一定要认真仔细做好投资记录,记下以下重要事项:你的投资决策、投资收益预期、投资进展情况以及所有与投资相关的费用支出。

你要自己做股票的话,就得到券商营业部开户。那些股票经纪人,有的叫投资顾问,有的叫理财经理,就会主动前来请你到他们公司开户,而且开出优惠条件:你一分钱都不用付,我们免费给你提供专业投资建议,免费提供我们公司的研究报告,还有其他所有相关的投资交易服务。但是你开户做起股票交易后很快就会发现,你付给券商营业部的交易佣金,表面上看每次占交易额的比例很小,但架不住你交易次数多啊,一年下来你一算,自己支出的交易佣金占你资产规模的比例,大大高于买公募基金按照资产规模支付的管理费。

投资不是玩。很多人都说玩玩股票，股票投资可不能随便玩，亏的都是我们自己辛辛苦苦赚的血汗钱。每一次重大研究都发现，那些只靠自己独立做股票投资的个人投资者，长期业绩平均来看很糟糕，投资业绩上下偏离市场平均业绩中心线的幅度也相当大，所以只有少数优秀的专业投资高手能持续赚钱，大多数个人投资者业绩都非常差。这也正是为什么那些在券商里的股票经纪人或投资顾问，通常每年都会有 20% 的客户跑掉了。没办法，这些客户亏得太多了，实在没钱做下去了，只能跑路了。所有这些客户几乎都不是账面浮亏，而是实实在在的亏损，亏的是真金白银，这些钱从此就一去不复返了，他们永远也不会从股票投资中赚回来了。

所以你一开始首先要知道，自己的投资目标是什么，能让自己坚持下去的力量有多大，自己究竟能够坚持多久。弄清楚你的投资持久力有多强，能帮助你设定好自己能够承受多高的市场风险水平。不要承受过高的风险，它可能会把你压垮。知道你的市场风险承受能力有多大，包括财务上的承受能力和心理上的承受能力，适可而止，一定要保持在你自己的承受范围之内。我父亲有个非常明智的建议："永远不要冒险超过你知道你所能承受的损失。"

20 世纪 70 年代中期，我用很高的杠杆配资去投资约翰·聂夫管理的 Gemini 基金。我追踪约翰·聂夫这位著名基金经理好多年了，非常了解这个人，我知道他做投资非常谨慎，他一贯非常小心谨慎地控制并限制风险。那些传统的投资者都没有认真仔细区分，只是感觉上的风险还是真正的风险，约翰·聂夫却非常明确地区分了这两种风险。当时美国股市遇到一轮大熊市，已经深深跌入熊市谷底，市场对于聂夫喜欢持有的价值股的评价特别负面，其估值很低。

Gemini 基金是一只封闭式的分级基金（dual-purpose fund），基金份额分为 A 和 B 两类，A 类份额只享有约定分红收益，B 类份额享有扣除 A 类分红收益后的所有投资收益。由于股票市场连续多年下跌，跌幅很大，导致 Gemini 基金受到多重放大的负面影响，这只封闭式基金的市场价格大大低于基金份额净值，折价率相当高。我计算了一下，券商能用几倍的配资，即使这只基金的市场价格再跌 20%，也不会让我被迫找钱追加保证金，然后我就融资大量买入 Gemini 基金，杠杆放到最大。后来随着股票市场反弹，不断上涨，我享受到六重好处：一是约翰·聂夫这么优秀的基金经理给我管理投资；二是股市反弹；三是价值股涨幅大大领先市场，让我获得超额收益；四是 Gemini 基金的市场价格大幅上涨，从"折价"变成"溢价"；五是分级基金的内在杠杆放大了我的投资收益；六是我使用券商配资的最高杠杆买入，又放大了我的投资收益。尽管这种杠杆上加杠杆有很大的风险，我却觉得非常有信心，也觉得非常安全，只是因为一个原因：我相信约翰·聂夫这个基金经理，他严格规避风险，操作纪律严明，投资非常理性。买入 Gemini 基金之后，我长期持有了十年，非常感谢约翰·聂夫这位基金经理，他的投资管理工作做得非常出色，不愧为专业投资者最青睐的专业人士，我的投资回报非常丰厚。

仔细研究你自己这些年来的投资决策记录，看看你作为一个投资者的业绩表现如何，检查在长短不同的时间框架下承受市场不利行情的能力。知道你应对季度市场行情波动的能力是一回事，毕竟一个季度的市场波动幅度通常不大，而且很快就会反转。但是承受和接受一波完整的熊市行情则是另外一回事，特别是那种超级大熊市，持续的时间比一般熊市长得多，而且跌幅比一般熊市大得多。比如问问你自己，2008年金融危机美国股市暴跌超过45%时，身在其中的你是什么感觉？一天又一天看着股票市场跌了又跌，给你带来巨大的心理压力，这时你在重压之下是如何采取行动的？

你也许还想自己来选择公募基金，所以我这里给你一个建议：你可以这样开始做功课来寻找适合自己的好基金，就是搞一份管理401（k）或者其他固定缴费投资计划的优秀基金公司名单，《货币》《福布斯》《彭博商业周刊》这些一流财经杂志上，每年都会公布这样的基金公司排行榜。然后问问你那些最懂行的熟人，在这些优秀基金公司里面，哪一家能够持续吸引最优秀的人才加入，在未来二三十年这样非常长的时间里，最有可能获得良好的投资业绩。这样卓越出众的基金公司屈指可数，你很快就能列出短短的一个名单，比如美国基金（American Funds，由资本集团管理）、普信集团（T. Rowe Price）、先锋集团（Vanguard）。⊖你要找这样的基金公司，它们不仅收的管理费低，而且基金经理和研究员这些投资专业人士，也把自己大部分家产都投资到自己工作的这家基金公司管理的基金上。

你要是选择一只主动管理型公募基金，做选择的时候要故意采用非正统的方式。不要只选一只基金，相反，一开始先做一个选择"大致范围"的决策。不用非要找到最好的那一只基金，而是要找一家卓越出众的基金管理公司，管理着整整一个公募基金大家族。四处打听打听，问

⊖ 充分披露：坦白地说，我写过两本书颂扬资本集团和先锋集团这两家基金管理公司，而且担任先锋集团董事多年，我还为普信集团提做了几十年的战略顾问。

问和这家基金公司打过交道的人，业内是不是公认这家基金管理公司是一个工作的好地方，能够持续吸引并留住一流的人才？这家基金公司在管理上把自己定位成一家专业机构还是一家商业机构？专业机构追求的是干的活最好，商业机构追求的是赚的钱最多。你买基金投资成功的关键因素，并不能只从分析基金去年的业绩表现数据中去找，还要从这家基金公司长期形成的专业至上的企业文化中去找。

选股和投资的想法来来去去，基金经理来来去去，但是一个人的性格和品德、一个企业的企业文化，不管是好是坏，都很难改变。所以你寻找的关键因素是企业文化，这家基金公司的企业文化要能够吸引并留住一流的投资专业人才，把他们30年到40年的投资职业生涯奉献给这家公司。看看这家基金公司过去说它们是"怎么做事的"，它们过去很多年来的说法是不是前后一致。有些基金公司总是想方设法吸引你关注它们最近的业绩多么好，如果你真正的兴趣是十年二十年的长期业绩，那么你应该对这些故意宣扬自己最近短期业绩的基金公司表示怀疑了。最终，肯定是基金经理个人的性格品德和基金公司的企业文化，决定其管理基金的长期业绩。所以要寻找一家值得你长期信任的基金公司，这家公司要历史悠久，有良好的长期业绩记录，那些很懂行的投资者都很尊重和敬仰这家基金公司，这样你长期持有这家基金公司的基金会非常放心、非常安心、非常舒心。

大多数个人投资者投资公募基金，要想获得长期投资成功，关键就是这一点：能够让你安心长期持有，因为你不想换基金。换基金是基金投资者的敌人，这体现在两个方面：第一，换基金的成本看起来很小，毕竟换基金花的成本"只不过相当于你基金资产规模的几个百分点而已"，但是，你每过几年就换一次基金，多次换基金的成本加在一起就多了，会占到你基金收益的很大比例；第二，大多数投资者换基金还要支付大得多的隐性成本，换基金往往会低位卖出老基金，又高位买入新基金，这往往是因为原来手里的老基金前面跌得特别多，让你亏得特别惨，才让你下决心要换基金而卖出的，而你选择买入的新基金，往往是前一段涨得特别多，才吸引你去买入的。你用大局观看看整个基金管理行业各个基金的资金流入和流出情况，一比较就能看出来了。一只基金受到大量赎回卖出，都是在这只基金大幅跑输市场之后发生的；相反，一只基金受到大量申购买入，都是在这只基金大幅跑赢市场之后发生的。基金短期涨幅最惊人，这时申购的资金流入数量最多；相反，基金短期跌幅最惊人，这时赎回的资金流出数量最多。一个是火上浇油，一个是雪上加霜，其实都是自己伤害自己，让自己赚得更少，亏得更多。

销售驱动的基金公司，回顾过去，肯定会相当骄傲地看到，它们作为一家不断进取的企业，在业务规模和盈利上取得了巨大的商业成就。但是很少有基金公司认识到，在赢得美国超过1亿个人和约占美国一半家庭的信任方面，基金公司并不仅仅是赢得了这场追求商业上成功的战斗，它们也已经把自己从一个商业机构转型成为负有很大信托责任的信托机构，因为它们已经接受了公众的信任。所以不管基金公司有没有认识到这一点，现在衡量基金公司成功的标准，都已经有了非常大的不同。

你应该拥有多少个不同的基金类型呢？千万不要太多！看看公募基金，一个投资者常常会发现，任何一个大型基金家族，都能提供好几只不同风格或者不同类型的基金，其中包括：不同类型的指数基金、成长型基金与价值型基金、大盘股基金与小盘股基金、货币市场基金、房地产投资信托。国际市场基金和本土市场基金，还有很多种类的基金，数不胜数。对于同一个管理良好的基金家族提供的所有公募基金，基金公司都会负责任地进行组织管理，都是同样的投资专业水准，都是收取合理的管理费率，都是提供同样周到的投资者服务。这就是为什么选基金首先是选基金公司，这家基金公司的长期投资业绩、企业价值观、行为规范，必须都值得你尊敬才行，你要认真仔细比较，慎重选择，从这家基金公司旗下的基金家族里面选择一些适合你的基金，把你的大部分资金集中投资进去。

明智的投资者选择基金时会谨慎小心，一旦选定之后就会长期持有。有一个很好的投资规则，说起来简单，做起来却非常难，这就是：你现在看好的这只基金，如果将来连续三年业绩表现不佳，而且大众普遍认为这个基金经理的能力有些不行了，这个时候你有没有信心"加倍下注"这只基金？如果没有，你现在就不要选择买入这只基金。那些长期业绩表现一流的基金，在过去多年的业绩中，大多数都有过连续三年业绩跑输市场的记录，这通常是因为基金一直坚持的长期投资投资信条，正好跟那几年的市场行情不合拍。就像你的帆船再好，大风有一段时间就是一直和你前进的方向反着吹，你也一时没办法。

你肯定有过这样的生活经验，你去排队买票或者机场过安检，最好耐心排在一个队伍里不要动，要是你不耐烦了，从这一队换到另一队，往往会失望地看到，离开的那一队前进的速度变快了，新加入的这一队反而变得更慢了，还不如不折腾，这一点相信大家都知道。[一]换基金经理更加不合算，换基金成本也很高。你要长期守住一个能力强又信守承诺的基金经理不动摇，特别是在这个基金经理的投资策略跟现在的市场行情不合拍的时候，这样就显示出你这个基金客户真正是又审慎又忠诚，最终这个基金经理会让你得到丰厚的投资回报。当然，最容易做到长期持有不动的办法，就是买指数基金，这样你就没必要换基金经理了，指

[一] 这个现象被称为埃托雷观察（Ettore's Observation）。

数基金就是完全复制市场指数，其实谁做基金经理都一样。

风险调整后的基金长期业绩，还能大幅跑赢市场平均水平，这么卓越出众的基金非常少见。大多数基金的长期投资业绩都不佳，跟你看了法国圣西尔军官学校 1913 年毕业大合照的感觉差不多，这一大群年轻军官命中注定要赶上第二年就爆发的第一次世界大战，绝大多数会牺牲在战壕里。过去 50 年，作为基金业绩基准值的标准普尔 500 股票指数，年化复合收益率为 13.6%，而美国公募基金这 50 年整体平均年化复合收益率只有 11.8%，跑输市场 180 个基点。[1] 回顾美国所有的公募基金过去 20 年的业绩，竟然 90% 的基金都跑输给了指数基金。经过很多年的仔细研究，普林斯顿大学教授伯特·马尔基尔发现，估计一家基金相对于其他基金的业绩表现如何，有个最好的预测方法，只需要基于两个因素，基金组合周转率和基金费率。基金组合周转率和基金费率这两个方面，少就是多。综合考虑这两大因素，基金投资成功的"秘密"就是选择低费率的指数基金。

参考文献

1. John C. Bogle, "The Clash of Cultures in Investing: Complexity Versus Simplicity," speech given at the Money Show, Orlando, FL, February 3, 1999.

| 第 23 章 |

基金管理费过高㊀

公募基金提供的投资管理服务，收费太高了，完全违背了神圣的经济学规律，在过去50年里，这个违反基本规律的例外现象，显得越来越刺眼，虽然已经持续50年了，但是现在面临一场大崩溃。

尽管有些批评意见对于基金收费过高大发牢骚，但是大多数基金投资者一直觉得，基金收取的管理费水平，用一个字就可以说得非常到位，那就是"低"，用两个字再加一个数字来说，那就是"只有1%"。㊁具体来说，基金收的管理费看起来实在太低了，只是你委托基金经理管理资产的百分之一，你想选一个基金经理，帮你一年赚百分之十几甚至百分

㊀ 本书英文版这一章的标题是"PHOOEY ON PHEES"，出自夏洛特·贝耶（Charlotte Beyer）的《揭秘财富管理》(*Wealth Management Unwrapped*)。
㊁ 中国股市的股票投资基金过去收取的管理费一般是每年1.5%。2023年7月，中国证监会正式启动公募基金行业费率改革工作，很多股票投资基金的管理费率下降到了1.2%。——译者注

之几十，这1%的管理费，可以说完全无关紧要。⊖

基金投资者觉得基金管理费很低，其实是一个很大的错觉，基金公司让客户形成这种错觉，并不能说它是无心之过，其实基金公司都知道却并不主动说破。换个分析框架，重新描述和看待事物，你的看法就会有很大不同。基金公司提供投资管理服务收取的管理费，我们也应该换个分析框架重新审视。看透基金管理费的本质，你就会发现，基金公司提供的主动投资管理服务所收取的管理费其实非常高，甚至比大部分对管理费批评意见说的还要高得多。

按照占基金资产规模的百分比来描述管理费，那确实看起来很低，对个人投资者收取的基金管理费只有1%，⊖对机构投资者收取的略低于0.5%。但是用占资产规模的百分比这种方式来衡量和描述基金管理费的方式，是正确的方法吗？不！甚至连接近正确都说不上。

原因是这样的。基金公司管理的资金本来就是投资者自己的钱，并不是基金公司给客户赚来的钱，基金经理的贡献只是用这些客户的资金

⊖ 不同的公募基金，不同类型的公募基金，收取的基金管理费率水平差别相当大，即使是可比的指数基金之间也会差异相当大。有一份研究报告，研究了全球18个国家46 799只基金，结果发现，美国的基金费率水平是基金份额资产净值的1.0%，而有些国家的公募基金每年总的费率水平明显高于美国的1.0%：澳大利亚1.6%，加拿大2.68%，法国1.13%，德国1.22%，瑞士1.42%，英国1.32%，除了基金费率之外，公募基金还会有另外一项收费，一般是25个基点，美国共同基金通常是作为12b-1费用来收取。资料来源：Ajay Khorana, Henri Servaes, and Peter Tufano, "Mutual Fund Fees Around the World," HBS Finance Working Paper 901023 (2007).

⊖ 很久之前，律师为客户创造了信托，经常也会提供信托管理，包括收集股息和利息、兑现到期的债券、填写纳税收益报表等。因为律师提供这类服务是按小时收费的，他们帮助客户做投资管理也会按照小时收费。在20世纪的前50年，即1900年～1949年，有些律师在律师事务所之外组建了专门的投资顾问公司。这时开始认识到，规模更大的投资信托收取的投资管理费应该高于规模较小的投资信托，这样才算公平，于是这些投资咨询公司开始从按照资产规模比例来收取管理费。这样一改变收费标准，投资管理行业的盈利能力大幅提升，从过去的低利润率行业，逐步变成全世界最赚钱的一个行业，特别是管理费按照资产规模的收费比例提高了10倍，从最初的千分之一提高到现在的百分之一，从此之后现在的投资管理行业更是非常赚钱了。

进行投资管理赚来的钱，也就是投资收益，这才是基金经理贡献的"增加值"，按照经济学上按劳分配的公平原则，基金公司应该按照它们给投资者创造的增加值来收取管理费。

所以基金管理费正确的计算方式，应该是按照基金投资收益的百分比来提取管理费。我们来这样算一算。如果将来股票投资收益率的平均水平，按照大多数专业分析人士预期的那样，每年有7%，以此来计算，基金公司收取的管理费可就不是1%，也不是0.5%，而要高得多了，对个人投资者收取的基金管理费占基金收益的14%，这相当于基金公司给基民赚7美元就要分走1美元，对机构投资者收取的基金管理费占基金收益的7%，这相当于基金公司给机构赚14美元就要分走1美元。

但是，即使这种重新计算，也还是大大低估了基金公司主动投资管理的真实成本。这是因为，指数基金这种产品，就像玉米和大豆那些大宗商品型产品，你根本不用挑选，就可以非常可靠地给你赚到市场平均收益率水平，却根本不用让你承担超过市场整体水平的风险。指数基金能比主动基金更加稳定可靠地提供市场平均收益率水平，而现在指数基金收取的基金管理费却非常低：个人投资者只有0.1%或更低，机构投资者为0.05%或更低。相对而言，指数基金的管理费只有主动基金的十分之一。

既然这种大宗商品型产品，所有投资者都能随时随地买到，那么我们应该运用经济学入门课里学到的这个基本常识：如果一种可靠的大宗商品型产品可以广泛获得，那么任何替代产品的真实成本的衡量指标，应该是增量成本占增量价值的百分比。所以，理性的投资者应该按照这个经济学基本原理，重新审视基金管理费这项成本的正确衡量指标，主动基金收取的管理费，其真实成本衡量指标不应该只是基金总收益的百分比，而应该是风险调整后增量收益超过市场指数部分（也就是基金超额收益）的百分比。这是因为，正确的计算方法是，增量成本对比增量收益，用主动基金收取管理费超过指数基金管理费的增量管理费水平，对比主动基金收益率超过指数基金收益率的增量收益率水平。这样用增量管理费对比增量收益率的正确方式一算，主动基金收取的管理费那是相当高，高得你根本想不到。你猜猜，基金公司用你的钱给你赚的超额投资收益，就是超过指数基金的那部分收益，它们用收取管理费的方式，分走了多大一块？

我提醒你，别小看基金管理费每年只有1%，时间长了，复利出奇迹，能够积累形成非常大的规模。举个例子，有两个基金投资者，两人都是从10万美元开始投资，此后25年，两人都是每年能赚到14 000美元。其中一个投资者选择的那个基金收取的管理费是1.1%，另外一个投资者选择的那个基金收取的管理费只有0.1%，二者相差1%。经过25年，两个人的基金投资都增值到了100万美元以上，基金管理费高的投资者投资增值到1 400 666美元，基金管理费低的投资者投资增值到1 145 243美元，二者唯一的不同是基金管理费只差1%，却导致二人长期投资收益相差255 423美元，真是差之毫厘，谬以千里。

如果你也赞同，基金公司收取管理费的水平就应该跟它们为基金客户赚到的实际利益挂钩，那么你一看这样衡量出来的基金管理费真实水平，就会有深刻的印象：大多数公募基金收的管理费，占基金风险调整后增量收益的比例超过100%。是的，你没看错，就是超过100%。相对于指数基金这样的大宗商品型产品创造出来的市场平均收益水平，主动基金创造出来的增量价值都进了主动管理型基金公司的腰包，而且还要多一些，所以我才说是超过100%。主动基金超过市场平均收益水平的增量收益，基金公司都拿走了，客户一分钱也没有拿到，但是你要知道，是基金投资者付出了所有的投资本金，承担了所有的投资风险。这样合伙做生意，也太有意思了吧，这值得所有基金客户好好考虑考虑，你值得吗？天底下有这样的收费服务吗，服务的收费占这种服务给客户带来价值的很大比例，甚至可以说，服务的收费还要高于这种服务给客户带来的价值？基金公司提供主动投资管理服务，收费这么高，生意还这么好，但是这样高收费的生意还能好多久？这样下去，只有一个前提，那就是客户都看不出来下面这番真实的情况：其实和主动基金相比，指数基金的收益同样高，可是收的管理费却超级低，选择指数基金又超级简单容易，完全可以替代主动基金，相比之下，主动基金比指数基金多收取的增量管理费，占主动基金跑赢指数基金创造出来的超额收益比例，实在是高得惊人，竟然超过100%，可以说是用别人的钱给别人多赚的钱都到了自己口袋里。基金客户要是看清真相了，能让基金公司长期这样干下去吗？

要看清未来，我们先要回顾过去，主动基金收取管理费有很长的一段历史了，还挺有意思的。很久很久以前，其实也不算是很久了，就是1945年，投资管理这项业务才出现不久，还被银行看作是亏钱的买卖。当时企业养老金迅速发展，因为第二次世界大战之后，美国冻结了工资和物价，企业养老金成了企业给员工"额外发放的福利"，大型银行控制了大多数的这种新型业务，条件是答应为企业管理养老金资产，用现代人的术语说就是一种"客户关系管理"，是为了和客户搞关系才顺带这样做的，所以只收一点点象征性的管理费，甚至根本不收费。

但是银行发现了一个隐蔽的方式来偷偷摸摸地收费，把为客户提供养老金投资管理这个事从免费变成收费。六七十年前，券商收取的股票交易佣金很高，而且是固定的。㊀银行的信托部门管理股票投资，会给券商贡献大量的交易佣金，而券商有大量零售客户，就是我们经常说的散户，这些个人股票账户经常会趴着相当多的闲置资金，加在一起数量非常大，于是银行就和券商协商，二家达成了合作协议。双方互利互惠，

㊀ 20世纪90年代中国股票交易佣金是0.3%，而且是固定的。——译者注

银行到券商那里开股票账户，券商拿到银行管理客户资产进行大量股票投资产生的大量交易佣金。那个年代交易一股股票平均要支付0.4美元的佣金，作为交换，券商去银行开存款账户，把其成千上万个人客户账上的闲置资金（加在一起有好几百万美元）都存到银行里，这样银行就能把这笔资金用当时普遍很高的利率贷出去。银行和券商这样一合作，双方大大受益，只不过券商的客户一点好处也拿不到。其实就是，银行和券商在客户根本不知情的情况下，用客户的钱来给自己赚钱。

20世纪60年代，有几家为机构服务的证券公司，如帝杰证券公司（Donaldson, Lufkin & Jenrette）、米切尔哈钦斯证券公司（Mitchell Hutchins）、贝克维克斯证券公司（Bakcr Weeks），设立了专门的投资管理部门，名义上收取全额的管理费，通常是1%，但是后来用客户委托资金进行主动投资管理业务所产生的交易佣金来抵消，这样一来它们真正收取的投资管理费实际上是零。

在20世纪60年代和70年代，新设立的投资管理机构发现它们可以轻松地收取比银行和保险公司高得多的管理费，因为当时的客户把管理人收取更高的管理费，看作是管理人在确认它们预期会取得优异的业绩。和预期非常好的投资业绩相比，基金公司收取的管理费只有1%，看起来根本不算什么。哪个客户要是对基金公司收取管理费发牢骚，马上就会受到理财经理的鄙视，他们会这样来怼你：“你要给孩子做开颅手术，你会只看哪个医院手术费更便宜吗？”⊖

⊖ 另一个例外，可能会出现在那些高档餐厅的酒单上，那些年轻的对冲基金经理经常光顾这些高档餐厅，他们选酒的时候只看价格，只选贵的，才不管是不是对的。有意思的是，后来大家都知道了，那些餐厅的侍酒师才不会放过这些冤大头，他们会提高一些名贵红酒的价格，故意用高价来吸引这些客户的注意力，正好满足他们心里那个秘密的需求，就是证明给别人看：我，有钱，付得起最高价格来买这种最好的红酒。其实只是他们自以为最贵的就是最好的而已，事实并非如此。

摩根银行在20世纪60年代后期率先宣布,它将会向机构客户收取1.25%的投资管理费,㊀当时美国证券市场上的机构按照传统的看法普遍认为,这个收费举动将会导致摩根银行业务大幅缩水。客户根本不会接受这么高的收费。事实上,摩根银行只损失了很小一部分账户而已。这样一来,其他投资管理机构都认识到了这一点——投资管理费可以提高,所以它们后来就都提高了管理费。

从此开始,大约50年以来,基金公司等大型投资机构持续不断提高管理费,当然也是因为客户认为,如果选对了基金经理就能获得相当高的超额收益,轻松超过基金公司多收的管理费。即使是现在,尽管有大量证据证明,事实正好相反,但是个人和机构投资者还是多多少少会期望,他们选择的基金经理能够创造出相当高的超额收益。这也是为什么过去很多年来客户都觉得管理费很低的原因,主动基金的业绩好,赚得多,那1%的管理费相比之下就不算什么了。

过了十年又十年,美国公募基金大发展,养老金投资大发展,资产规模上涨了好多倍,与此同时,基金主动投资管理费率涨了3倍甚至4倍。这让经济学家直呼看不懂,按照经济学基本原理,一般为规模越大,收费越低。在规模成倍增加和收费也成倍增加的双重利好之下,基金投

㊀ 大型银行将其商业贷款的一部分盈利归功于银行的信托投资部门,因为这些银行认识到,券商客户账户上闲置资金形成的稳定活期存款,对银行来说具有很大的经济价值。银行的信托部门用它们的股票交易量来换券商的存款,当时交易一股股票平均要付0.4美元的佣金,非常高,券商要把客户账户上的闲置资金形成活期存款的5%存到这家银行。银行觉得这是它们用精明的企业家头脑进行业务创新赚到的超额利润,是它们应得的,但是这些资金的真正主人是券商的客户,银行并没有跟资金的主人讨论过把账户里的资金存到这家银行的事。后来,货币市场基金出来了,把券商客户账户上的闲置资金都给吸走了,银行失去了这笔盈利丰厚的存款,银行收入因此受到冲击。于是银行按照"与纽约证券交易所相同的佣金水平"计算出来的交易佣金,增加到银行和威登公司(Weeden & Co)做的第三市场交易佣金收费上,又把这笔收入拿回来了。再到后来,这种双方协商加收交易佣金形成的收入来源也消失了,于是摩根银行决定开始收取投资管理费。

资管理行业逐步变成非常赚钱的行业。薪酬很高，工作又很有意思，于是吸引越来越多的高素质人才加入，包括MBA、硕士、博士，他们成了分析师和基金经理。随着投资专业人士整体素质的提高，个体之间的竞争也变得越发激烈了。

在全球范围内，受过专业训练的投资专业人士人数的增加是惊人的，这些投资专业人士都在高强度努力工作，力争胜过同行，获得竞争优势。现在全世界致力于"价格发现"的投资管理专业人士，估计有50万到100万人，而50年前全世界只有5000人，增长了100倍到200倍。

与此同时，特别是在20世纪后期，也就是1976年到2000年这25年，美国股市是一轮超级大牛市，股票型基金的投资收益率实在太高了，基金投资者继续忽视基金管理费，因为几乎每个人都觉得，跟每年十几个点的基金收益率相比，每年1%的基金管理费一点儿也不重要。⊖

基金提供投资管理服务而收取的管理费，还有一个方面也是做得很巧妙的：其实根本没有人实际支付管理费。我们日常生活中付费，是用现金或者支票支付具体金额的费用，而基金管理费不是这样支付的，它是由基金公司无声无息地悄悄自动扣掉的，而且按照惯例，不是以具体金额来扣费的，而是按照基金资产净值的一个小小的百分比来扣费的。

现在，随着近年来基金投资的历史收益和预期收益的降低，原来被基金客户忽视的现实情况，现在受到越来越多的关注：基金公司以资产规模为基数收取的管理费，在过去50年里大幅增长，超过4倍，对于个人投资者和机构投资者来说都是如此，但是基金业绩超过市场指数而创造的超额收益水平并没有提升，甚至变得更差了。这是因为全球股票市场发生了很大变化，这些重大变化又叠加到一起，尤其是数量众多的高

⊖ 美国劳工部要求，基金公司作为投资管理人必须向401（k）企业员工养老金投资计划的发起人和参与人披露更多投资管理费的详细情况，这也许能有一些帮助。

素质、高技能专业人士持续不断地涌入投资管理行业,同行之间的竞争变得非常激烈,结果导致大多数主动管理型基金的基金经理难以战胜对手,不能够克服基金运作费用和基金管理费这两大增量成本,创造出明显超过市场平均收益水平的超额收益。

管理费肯定并不代表一切,但是同样可以肯定的是,管理费也并不是完全不值一提。运用增量成本对比增量收益的正确分析方式,主动基金收取的管理费超过指数基金管理费的部分是其增量成本,基金经理创造的基金收益超过指数基金收益,即超过市场平均收益水平的超额收益,才是其增量收益。二者相比,增量成本占增量收益的比例现在竟然超过了100%,实在是高得太离谱了。所以一点儿也不奇怪的是,越来越多的个人投资者和机构投资者正在转向指数基金和ETF,而且他们体验到指数投资的好处之后,就会更多地使用指数基金和ETF来替代过去的主动基金投资。

有一件事是很清楚的。买过指数基金的投资者,一般不会从指数基金转向主动基金,就是有,也为数极少。为什么还要多花10倍的基金管理费(还要加上更高的所得税),来获得长期投资业绩更加不确定的回报呢?而且还要承担这样一个严重风险,就是你选的基金经理业绩表现让你非常失望,让你比指数基金少赚了很多钱。这个错误的代价很大。

与此同时,在主动投资管理那个错综复杂又令人着迷的领域,那些勤奋又幸福的灵魂沉浸其中也许会纳闷:主动投资管理行业普遍收取高额的投资管理费,是不是这个行业自己创造了一个全球性大泡沫?是不是有一个降低基金管理费的幽灵,将来会经常游荡在基金行业?

| 第 24 章 |

计划好你的比赛

是的,我们每个人终究必有一死,但是作为一个投资者,你在考虑投资时,不用太在乎死亡这件事。比如,你打算把大部分资产作为遗产留给你的子孙,那么,对于你们整个家庭的投资基本方略来说,家庭财产投资合适的时间跨度很长很长,说是百年大计也不夸张,因为即使你现在已经八九十岁了,你还要为子孙后代考虑,这些投资要支撑后面一代又一代。既然投资期限如此之长,所以正确的做法就是忽略那些投资的传统观念。比如,"老年人应该投资债券,以获得更高的收益和更高的安全性",或者"决定你应该把多大比例的资产投资到股票上时,只要用100减去你的年龄就行了",或者"你的年龄有多大,投资组合里债券投资占的比例就多大"。

你和你的家庭更好也更明智的投资做法是,把所有资产投资到股票上。我现在都83岁了,还是这样全部投资股票,因为你投资持续的时间跨度,要远远超过你"个人生命持续的时间跨度"。你关爱的人,包括你的家人和你事业的继承人,甚至你热爱的组织,比如你的母校、你喜欢的慈善机构，几乎可以说都肯定比你活得长，所以你应该延长你的投资计划期限，不仅要覆盖你自己生命持续的时间跨度，而且要覆盖你关爱的子孙后代和慈善机构生命持续的时间跨度。比如，如果你现在40岁了，有个5岁大的孩子，你真正的投资期限并不只是再持续40年、50年，只是跟你自己未来的预期寿命一样长就行了，而是要持续80年甚至更多年，因为也要把你儿女的预期寿命年限加上去，特别是对于你计划要留给他们的那些钱，更应该做80多年这么长的投资规划。你现在已经活了75年，你的投资将来还会再活上75年，因为你还需要用这些投资创造的财富让你年轻的孙子孙女一生生活更幸福，让你热爱的慈善组织事业长期更成功。

我们这些个人投资者必有一死，但是我们的投资对象并不知道这一点，其实也根本不关心我们这个投资持有人是死是活。请记住那位化名"亚当·斯密"的作者在《金钱游戏》一书中给出的忠告："股票并不知道你拥有它。"这句名言适用于所有投资，包括股票、债券、房产等，不管是什么投资，这些投资都不知道你持有它。你的投资现在有价值，你去世之后依然有价值，投资本身的价值跟谁持有无关。因此你做投资应该就事论事，只是出于投资方面的原因，而不是出于你个人方面的原因，比如你年龄大不大，你身体好不好，这些都是和投资本身的内在价值无关的事。所以不要只是因为你到了哪个年龄阶段，或者说你退休了，就改变你原来的投资安排。举个例子，你有钱，买了几幅世界名画，你非常喜欢这些名画，视为珍宝，后来只是因为你到退休年龄了，或者要庆祝你的70岁或者80岁大寿了，就要换成别的画作吗？投资也是如此。为什么不保持一个以长期目标为中心的投资战略，长期坚持不动摇？

复利的威力巨大，特别是从长期来看，复利能创造神话般的增长奇迹。你要记住这个故事：很久很久以前，有个国王想要感谢一位大臣，因为这位大臣做了一件大好事，挽救了整个王国，也就挽救了国王的王位，所以国王想要重重感谢这位大臣。这位大臣却非常谦逊，只提出一个小小的要求，国王只需要赏他几粒小麦，并按照他要求的方式，依次摆放到国际象棋的棋盘上就够了，棋盘一共有64个方格，第1格放1粒，第2格放2粒，第3格放4粒，第4格放8粒，以此类推，这样每一格放的麦粒数量都比上一格增加一倍。这个大臣说，他并不需要什么特别重的奖赏，这足以让他那颗卑微的心灵感到非常高兴了。国王一听，哈哈大笑，马上同意了。因为国王心想，这还不简单，只需要用上几把麦粒，就能还上大臣这个人情。

但是国王并不知道，复利的威力大起来会是多么吓人。任何东西只要连续翻上64倍，就会不断膨胀，大到无比。第1格放的1粒麦粒，后来连续成倍增加，到第64格时，所有麦粒加起来的总价值超过了整个王国的财富总和。为了信守诺言，保住尊严，国王最后把整个王国都让给了这位大臣。

所有的投资者都需要了解，市场风险和通胀风险对他们本人生活的影响，以及对他们投资的影响。表24-1告诉我们，市场风险和通胀风险这两个完全无法避免的风险，在过去80年里如何此消彼长。前三栏是包括通胀因素在内的股票名义收益率，后三栏是通胀调整后的股票真实收益率。前面三栏表明，1926年～2006年这80年间，股票平均年化名义收益率是国库券的三倍，而且国库券从来没有一年亏损过。后面三栏却表明，实际情况有很大不同，这80年间，股票真实收益率是国库券的9倍，国库券实际上有一年最高亏损了15%。

表 24-1　市场风险和通胀风险的此消彼长

1926～2006 年 投资品种	名义收益率			真实收益率		
	平均年化 收益率	负收益年份 占比	年度亏损 最高值	平均年化 收益率	负收益年份 占比	年度亏损 最高值
国库券	3.8%	0%	0.0%	0.8%	35%	−15.0%
债券	5.2%	9%	−2.3%	2.1%	38%	−14.5%
股票	10.5%	30%	−43.1%	7.2%	35%	−37.3%

资料来源：根据先锋投资咨询研究公司的数据调整。

请注意那些负收益率年份占年份总数的百分比。在通胀调整之前，国库券从来没有亏损过，股票有 30% 的年份是亏损的。但是通胀调整之后，国库券和股票一样都有 35% 的年份是亏损的（债券实际上亏损的年份数量占比为 38%，略多一些）。

表 24-1 要传达的信息，并不只是复利的巨大威力做的好事，长期下来，投资收益率通过复利，让真实财富增长的幅度高得像奇迹。这张表要传达的信息其实有两面，一面是复利让财富增长，另一面是复利同时也让财富毁灭。一方面复利做起好事很厉害，另一方面复利做起坏事也很厉害，通胀通过复利的力量无情地毁灭了财富的大部分实际购买力。

一定要小心，银行和基金公司发放的广告和促销资料，就像女妖罗蕾莱夜晚坐在礁石上唱出的迷人歌声，让水手一听就迷了魂，只顾听歌，忘了驾船，结果船撞到礁石上变得粉碎。银行和基金公司发放的广告和促销资料，欺骗投资者相信，买这些产品将来就能大富大贵，因为长期的复利力量会让投资大幅增值。但是这些广告宣传材料，根本没有解释复利力量作恶的恐怖那一面，长期的复利力量也会让通货膨胀无情地摧毁资本的实际购买力：1960 年购买一个东西花 100 美元，60 年后的 2020 年，购买同样的一个东西你得花上 850 美元，物价 60 年上涨到 8.5 倍。

通货膨胀通过复利的力量使你的投资不断贬值，对你的投资造成巨大的伤害，你研究一下通胀调整后的道琼斯指数，就能看出来了。

请特别注意一下几个数据：

- 从 1977 年到 1982 年，通货膨胀调整后的道琼斯指数这 5 年里下跌了 63%。
- 理性的长期投资者应该知道并且牢牢记住，从 20 世纪 60 年代后期到 80 年代初期这 15 年，美国道琼斯指数，这个并不按照市值加权的股票市场指数，在通胀调整之后下跌幅度接近 80%。结果是 70 年代这 10 年里美国股票投资者实际上亏损的幅度，比 30 年代发生大萧条的那 10 年还要大。
- 1993 年美国道琼斯指数的最终收盘价，在通胀调整之后，其实相当于 1929 年的牛市最高点。经过 64 年这么漫长的时间跨度，结果股市从终点又回到了起点，投资者投资了 64 年，实际上只能拿回本金。

要建立一个健全的投资理财规划，投资者先要回答好至关重要的人生投资理财三问。

第一问："我的投资理财规划能不能确保：我退休之后每年有足够的收入，扣除通胀影响之后还能让我拥有足够的购买力，应付各项支出，让我晚年的生活水平达到合适的标准？"对大多数人来说，"足够的收入"就相当于退休前年消费支出水平的七成到八成，再加上每年 2%～3% 的年化复合增长率以抵消通胀。

第二问："万一我老年生活期间，发生完全出乎意料的紧急事件，需要健康医疗等重大支出，我的这些财务储备金能完全覆盖吗？"务必小心这一点！一般来说，一个人这辈子花在健康医疗上的钱，其中有 80% 都花在人生最后 6 个月的医疗救治上。女人通常活得比男人更久，而且妻子通常比丈夫更年轻，所以大多数夫妇都要特别注意的一点是，妻子人生最后几年很可能一个人独自生活，你们夫妇得提前为此准备好足够的生活费。

第三问："我要是人走了，身后留下的资本是不是足够实现遗产规划目标，给后代和喜欢的慈善机构留下的遗产金额，是不是符合原来的目标和打算？"

如果人生投资理财三问这三大核心问题，你不能完全回答"我都能"，也不能非常肯定地回答"我一定能"，那么你的养老投资计划就需要重新考虑，需要调整改变，也许需要大幅度调整。如果必须要改变计划，那么现在就去改变，这样能让你有更加宽裕的时间，能让你这个投资理财计划为你尽可能多创造收益。写下你的投资目标，写下你要实现目标的具体日期，这样你就能定期对照计划衡量你的实际进展情况。在所有影响投资的因素中，时间是个关键的因素。很多时候，因为发生了与投资本身无关的事件，这个时候投资者在情绪上受到驱动就做出了投资决策。就投资而言，这往往并非最合适的理性投资决策，比如，孩子收到大学录取通知书的时候，收到一笔遗产的时候，正式退休的时候，所以把你要把何时投资与如何投资分开。你的投资，并不知道你的愿望和打算。市场并不会跟着你走，为了你而改变。你是一个投资者，只能是你跟着市场走，只能是你为了市场而改变。

投资是一辈子的事，你这一辈子，人在变，投资也得变，对你来说最合适的投资也会变，而且会一变再变。一部分是因为你的环境和你的资源会变，另一部分是因为你的目标和优先事项会变。但是，你事先计划时，越是深入考虑，越是妥善安排，越是及早提前去做计划，随着时间推移，你越是不太需要改变计划。

做稳健的长期投资计划，通常最好是以 10 年为一个周期。这样做 10

年的长期投资计划很有用，因为一说10年，就提醒了我们，稳健的投资计划，本质上就是长期的投资计划，没有长期就没有稳健。当然，计划不能只是摆在那里，只有后面实际执行计划，才能让计划真正发挥作用。

任何投资理财计划，第一步都很清楚，就是摆脱债务。

无债一身轻，还清债务确实非常值得高兴，这是你投资理财长征路上第一场重大战役的胜利，比如，你还清了上大学时的助学贷款，还清了第一次买房时借的那一大笔钱。

要摆脱债务，关键点很清楚，就是一点：攒钱。

要多攒钱，关键是多省钱。一生要养成节俭的好习惯，就要做到两点：一是花的钱不能比赚的多；二是能暂时不花的钱就不花，用个流行的说法是延迟满足。有些人假设或者希望自己的收入会超过支出，也许是相信自己肯定会好运连连，但是这种人注定会失望，而且经常是非常痛苦的失望。有了钱，先付给自己，为自己的未来投资，为此你要定期把钱存到投资账户里。定期定额投资（简称定投），是个首先投资你自己的好办法。如果你工作的企业或者机构有一个有最高缴费上限的企业员工养老金计划，类似于缴社保，你给这个养老金账户缴费多少，你们公司也相应匹配缴相同的金额，所以你一定要能缴多高就缴多高。这可是公司的福利，免费的午餐。你要尽最大努力，全力参与你们公司匹配个人出资的员工养老金计划，你一定要缴到最高上限，这样的话你们公司匹配出资也就会达到最高上限。

主动审慎借钱的人与被动无奈欠债的人，有非常大的不同。明智的借款人，心理上是舒适的，因为知道自己有足够的能力来还钱，而且最重要的是，是由他自己来决定和控制还钱的时间。被动无奈欠债的人就不一样了，你能不能借到钱，只能由贷款人说了算，你什么时候还款，也是贷款人说了算。这正是为什么用抵押贷款来借钱与被动无奈陷入债务有很大的不同。（主动审慎借钱不同于被动无奈欠债，就像退休不同于衰老。你退休了，还有很多时间去旅游、去阅读、去运动、去做自己感兴趣的事。衰老就不一样了，你那衰老的身体不是这痛就是那痛，而且天天都痛。）

表 24-2 说明的是你在不同年龄阶段的养老储蓄计划，你要达到养老金积累目标，需要每年存多少钱。好好看看，里面的逻辑很重要。第二行的标题是"养老金储蓄目标"，就是你到 70 岁时需要攒够多少钱，才能在通货膨胀调整之后获得相当于现在每年 3.5 万美元实际购买力的支出水平（如果你想要能花每年 7 万美元来维持你的生活方式，退休支出加倍，养老金也就得加倍，你就要把第 2 行养老金储蓄目标的数字乘 2；如果你想要能花每年 10.5 万美元来维持你的生活方式，退休支出加到 3 倍，养老金也就得加到 3 倍，你就要把第 2 行养老金储蓄目标的数字乘 3。以此类推。）那么如何来用这张表找到适合自己的每年储蓄目标？

- 看第一行，年龄，找到你最接近的年龄那一列。
- 再看第二行，养老金储蓄目标，就是你到 70 岁时需要积累多少数量的资本，才能够让你从 65 岁开始每年能有 3.5 万美元的支出水平，这里是通货膨胀调整之后的购买力水平。
- 再看第三行下面最左边那一列，你现在的储蓄，分成了 6 档，从 0 到 25 万美元，这就是你每年能免税投资的资本，年化收益率上限是 10%，一直免税到你 70 岁。（请注意，年化收益率设定为 10%，只是为了方便计算，但是几乎可以肯定，这是过高的估计。）
- 再看第三行以下其余部分，为了实现你的养老金储蓄目标，每年你需要追加储蓄和投资的金额。

▶ 你 70 岁退休之后做的投资，假设平均年化收益率为 7%。进一步假设你活到 90 岁，正好把所有积蓄的养老金都花光（不过，请注意，其实我们有很多人都会活到 90 岁以上）。

表 24-2　实现你 70 岁的养老金储蓄目标现在需要每年储蓄多少钱

你现在的年龄	30	35	40	45	50	55	60
养老金储蓄目标（单位：美元）	300	250	210	170	140	110	94
你现在的储蓄（单位：美元）			你未来还需要每年储蓄多少				
0	6890	9248	12 524	17 217	24 300	36 004	58 995
10 000	5868	8211	11 463	16 116	23 125	34 689	57 367
25 000	4334	6656	9872	14 463	21 363	32 717	54 926
50 000	1777	4064	7220	11 709	18 427	29 430	50 857
100 000	0	0	1916	6201	12 554	22 856	42 720
250 000	0	0	0	0	0	3315	18 308

再看看表 24-2。要是你现在 35 岁，对应的数据就在第二列，你需要积蓄 250 万美元，才能让你活到 70 岁时为你产生每年 35 000 美元的实际购买力。再往下面看，就是对应于你现在已有储蓄的不同水平，你每年需要追加储蓄多少钱，才能达到你 70 岁后的养老金年收入目标。

你得注意，表中这些模拟计算，都是基于对你相当有利的假设：一是假设你积蓄的资金都是进入免税的投资账户，比如 401（k）企业员工养老金计划；二是假设你这些投资每年能够获得 10% 的收益率，按照美国现在的经济发展前景来看，这个预期肯定太高了，而且还假设，这么高的收益率能一直持续到你年满 70 岁。从现在的市场水平来看，这还是可能达到的，但是肯定会有很大挑战，就是你完全投资在股票上，也不容易达到每年 10% 的收益率。你要是投资债券，就根本不可能得到年化 10% 的收益率。

还记得你中学时候学的代数吗？有两个未知数的方程式，你知道如何来解吗？三个未知数的方程式呢，你学过吗？

作为投资者，我们面对的难题更加复杂，你要解的方程式，至少是要明智且理性地去求解的方程式，它有 5 个主要的未知数，每一个都不容易解出来。

这 5 个未知数分别是：

1. 未来投资收益率。

2. 未来通货膨胀率。

3. 未来支出。

4. 未来所得税税率。

5. 未来投资时间跨度。

我们用一个假设的案例来示范一下。假设有个投资者，要做个投资计划，时间跨度为 35 年，从 1964 年开始，他手上有 100 万美元的原始资本！[1] 我们来看看，采用三个不同的投资计划——股票、债券、国库券，最后投资增值的结果会有多么大的不同。这 35 年间名义上的年化复合收益率简直好得非同寻常：股票为 11.8%，债券为 7.9%，国库券为 6.8%。但是我们很快可以看到，这些数据非常容易欺骗你。从理论上讲，期初 100 万美元，三种投资方式 35 年的升值情况分别如下：

股票：5500 万美元

债券：1550 万美元

国库券：1070 万美元

乍一看，三种投资方式，投资者都是大赢家！

这只是看起来很美而已。别高兴太早了，现在你解的是只有一个未知数的一元方程，你只是知道未来投资收益率是多少了。

我们加入第二个未知数——所得税税率，来看看三种投资方式的税后投资升值情况分别如何：

股票：3020 万美元

债券：660 万美元

国库券：440 万美元

税率影响竟然这么大，特别是债券和国库券，税后收益减少一半以上。你要注意，这里假设投资者只缴美国联邦所得税，不用缴州所得税，相当于只缴国税，不用缴纳地方税，没有州税和地方税，也没有其他收入需要缴税，而且是夫妻两个共同纳税申报。对大多数能够投资 100 万美元的个人投资者来说，实际需要缴税的金额肯定比这更多。㊀

现在准备好，我们要加入第三个未知数——未来通货膨胀率，因为我们要的不是名义上的货币购买力，这是表面的购买力，我们需要根据通货膨胀率将其调整为实际货币购买力。我们来看看，100 万美元投资，三种投资方式根据通胀调整之后的 35 年实际投资增值情况分别如何：

股票：540 万美元

债券：120 万美元

国库券：80 万美元

数据表明，通货膨胀这个财富杀手的杀伤力远远大于税收。用扣除通胀后的真实货币购买力来计算，债券，过了 35 年，整整一代人的时间，其实际货币购买力才增值 20%。㊁ 国库券更惨，不但没有增值，实际

㊀ 股票的有效所得税税率，远远低于债券的有效所得税税率，因为股票投资的一部分所得是市场升值；和债券利息相比，美国税法对于股票投资升值形成的资本利得征收的所得税税率更低，而且常常可以递延到很多年之后，直到你决定卖出股票实现投资收益才需要实际缴税。股票投资收益，合理地估计实际缴纳的或者说有效的美国联邦税率，低于 15%，相比之下，只有债券、票据、国库券投资利息收入实际缴纳所得税税率的一半左右。

㊁ 请注意，从 1950 年到 2020 年这 70 年，如果你投资免税市政债券并长期持有，而且将利息再投资，这样持续投资 20 年，扣除通货膨胀之后，你实际上是亏钱的，年年亏损，只有一年例外。唯一实际上赚钱的年份，就是刚开始的第一年，扣除通货膨胀后实际上也只赚到万分之一，其实相当于不赔不赚，而且这还是没有扣除管理费和托管费的情况下，一扣除这些债券基金费率，你就是亏损的了。

货币购买力还缩水 20%。这也正是为什么有人说税收和通胀是"美国财政部养的两个大强盗",这话说得一点儿没有冤枉美国政府,税是美国政府收的,通货膨胀是美国政府多印货币才导致的。

如果我们纳入基金投资成本,包括基金向持有人收取的基金管理费这些公开披露的成本,还有基金进行投资交易肯定会发生的佣金等这些不公开披露的成本,情况会更糟。一般来说,投资国库券,类似于投资货币市场基金,每年的费率约为 0.5%,债券基金的费率能高到 1%,股票基金的费率会有 1.5%。按照这样的费率来推算这三种投资的成本,你投资 100 万美元,三种投资方式分别投资持有 35 年之后,能够升值到多少:

股票:到 180 万美元

债券:到 75.5 万美元

国库券:到 80 万美元

解投资收益方程的难度再次增加,我们要加入第四个未知数——未来投资时间跨度,你能坚定持有投资多么久?这个因素影响更是特别大,股票投资收益最高,但是你必须要能够坚定持有 35 年,才能拿到这么高的平均年化收益率。长期持有,长期投资,说起来容易做起来难,特别难。回忆 2008 年的全球金融危机,美国股市不到两年一度暴跌一半还要多,碰到像这样的大熊市,把你的投资组合净值拦腰斩断,把坚定持有的决心拦腰斩断,你需要有多么大的毅力才能够继续坚定满仓投资。

前面我们说了这么多,说的还只是如何赚钱,下面我们要说的是赚到钱后如何花钱。如何赚钱很重要,如何花钱也很重要。同样,时间跨度长短会有很大影响。退休的老人,有两个同样普遍使用的支出规则,我们来比较一下结果差别有多大。

第五个未知数是未来支出。退休后每年开支消费,有一个规则是:

"限制支出占的比例，比如说每年支出不超过你积蓄养老金资本的 5%。"如果你遵循这一规则，把 100 万美元的初始资本，全部投资债券，持有这些债券 35 年之后，按照实际货币购买力计算，升值只有 20%，平均每年升值不到 0.5%。如果你全部投资股票，收益率会好一些，但也没高多少，累计升值不过 30%，平均下来也就是每年实际升值 1% 左右。你算算，你每年把支出控制在你所有资本的 5%，可是你每年能赚到手的收益也才 1%，每年赚的钱根本不够你花。

另一条退休后的支出规则是："限制每年收到的股票现金分红和债券利息的支出。"真正遵循这条规则的投资者和遵循限制支出不超过 5% 的规则的投资者相比，最初那几年肯定花的钱会少得多，但是先苦后甜。因为随着上市公司盈利不断增长，股票现金分红也会随之不断越长，不久就花的一样多了，再到后来就能花的钱更多了。复利又在发挥长期的作用了。

但是请注意，有个隐蔽的危险容易让人低估。其实投资者有个办法，可以说是能百分之百保证你在退休后马上获得更多的年收入，很简单，只要重仓投资债券，或者说那种有很高现金分红的收入型股票，就行了。但是你是买家，那些交易对手是卖家，他们并不傻，其实他们是很理性的，只是和你的选择完全相反，他们让你现在得到的更多，只是因为他们预期自己将来得到的更多。⊖因此，现在你获得的年收入表面看起来很高，其实一部分是你牺牲未来长期高收益换来的，用长期高收益换来短期高消费。比如，你去买高收益公司债，年利率 8% 到 10%，表面看起来比银行存款利率高一倍还多，其实有一部分是资本创造的收益，用来抵消偶尔会违约的高风险。你时不时就会发现，这些高收益债里面就会

⊖ 市场就是这么一个公平交易的地方，一个愿打，一个愿挨，你的投资交易对手愿意让你得到更多你想要的东西，而唯一的条件是，你能让他们得到他们想要的东西。

出现一两个违约，让你这笔投资的高利息一下子就没了，本金也没了。

那么，该怎么做呢？每年从养老金投资组合里拿出来多少钱作为支出才好呢？基本原则是，退休后花钱支出要保守。小心无大错，宁可事先谨慎有余，不要事后追悔莫及。

理想的情况是，将你每年从养老金投资组合中拿出来花的钱，限制在你投资组合过去三年市值移动平均数的 4%，这样会保持住你的投资组合规模，让投资组合规模不会因为通货膨胀和过度消费支出而缩水太多。

如果你需要每年从中拿出来 5%，你就需要提高投资组合的稳定性。做个未来 5 年开支的滚动计划，一年一滚动，就是一年一更新，把这些要花的钱投资到中期债券上，其余的资金都投资到股票上，从你退休的那一年就开始这样做。此后每过一年就从股票投资上变现一部分钱，相当于一年的开支，转到债券投资上，一般情况下不能多转，除非是股票市场涨得很高了，所有的人都非常看好，在这种情况下股市大幅调整的风险很高，你账面上也赚得相当多了，不妨多变现一些，转出来相当于两年开支的钱，这样更明智。是的，这确实算是一种市场择时，但是在市场风险明显偏高的时候逆风而行，一般很少会是个坏主意。

如果你需要每年从你的退休基金里拿出 6% 的钱来花，让自己退休的日子过得更加舒服点，你需要知道，这样一年花的钱，加上通货膨胀，比你这一年能赚到的钱要多。赚得少，花得多，这就会不断消耗掉你的投资资本，最终你会花光所有的积蓄。人还在，钱没了。

如果每年从你的投资组合中提款 6%，还达不到你想要的生活水平，你就应该好好反思了。唯一可行的办法就是砍掉一些支出，把支出水平降到你每年的投资收入能够持续支撑的水平。谁都不想落到人还在钱花没了的悲惨境地。

钱是一座桥，联系着过去和现在，也联系着现在和未来。因为钱是一个储存价值的中转站，把过去创造的价值储存到现在，而现在储存下来的价值可以用于创造更好的未来。你可以估算出退休以后想要每年保持什么样的生活水平，这需要花多少钱，然后按照每年支出占积蓄4%到5%的水平，倒推出总共需要积累多少养老金资本，才能够产生这么高的年收入，来支撑你想要达到的消费支出水平。首先，确定你现在手里已经攒了多少钱，以后每年还能够追加多少钱；然后，看看你能不能通过一个明智的投资计划达到你的资本积累目标。如果你一实施计划，发现设计出来的第一个投资计划不行，达不到预期目标，你就需要重新设计投资理财计划，要么是每年再少花一些钱多存一些钱，要么是晚退休几年多攒一些钱，要么是钱少有钱少的活法，退休之后就省着点花钱过日子。小心为上，不要过度乐观，它不会帮助你找到正确的答案。以下每年资金进来和出去的三大比率非常重要：一是你的储蓄比例；二是你的投资收益率；三是你的支出比率。务必要谨慎估计，保守估计。

很多投资者，退休之后依赖于从投资资本里每年变现一小部分，来获得年收入，以维持退休后的生活开支。我告诉你一个好消息：尽管你投资国库券（或者货币市场基金）的利息每年都会波动，有的时候波动还相当大，但是你通过投资指数基金，可以建立一个非常分散的股票投资组合，它给你每年带来的现金分红几乎没有一年会下降，而且每年的涨幅通常会比通货膨胀高一点，让你的实际货币购买力实现真正的增长。

综合考虑你的养老投资理财三要素：一是你的储蓄和资本积累目标，就是你打算攒多少养老金；二是你现实的投资收益率预期，就是你用这些养老金来做投资预期每年收益率有多高；三是你可能做到的投资时间跨度，就是你能持有投资多少年。测量出三角形的三条边，就能知道整个三角形的面积。同样的道理，你知道这三个要素，就能设计出你的退休投资理财计划：你需要每年攒多少钱放到你的投资组合里，长期持有不动，这样坚持到你退休的那一年，就能够达成你的投资增值目标，积累起一大笔资本，它足够支撑你每年变现一小部分作为消费支出，维持你想要的退休生活水平。（别担心，你的投资管理人——基金公司或者投资顾问，可以帮助你来计算。）

不算不知道，一算吓一跳。你一算发现，你竟然需要每年攒这么多钱去投资，才能够满足你退休之后每年的消费支出目标。我告诉你，并不只是你一个人这样，很多人都没有好好算过这笔投资账，可能你一听心里就平衡多了。退休养老是很花钱的，特别是我们一般会比我们的父辈和祖辈多活上一二十年，活的年数多了，养老花的钱也就多了（而且我们人生最后几年会产生更多的医疗费用，因为我们现在比老一辈人更有机会得到更加先进的医疗救治，更先进，也更花钱）。

投资人得琢磨一下，死亡这件事其实是个双刃剑，死得太早不好，死得太晚也不好，这也挺讽刺的。如果死神来得比你预想的早了好多年，你辛辛苦苦攒了一辈子才攒了这么多养老金，钱还在，人没了，至少有一部分钱你没有用上，白攒了。如果死神来得比你预想的晚了好多年，你攒了一辈子攒的那么多养老金，还远远不够，人还在，钱没了，年纪这么大了，吃药看病花的钱非常多，手里的钱却都花没了。要谨慎小心，但是也不要过度谨慎小心。你的亲人并不想让你这一辈子过得太受罪，你可能会攒的钱太多，这辈子根本花不完，平时一分钱也舍不得多花，只是想着给亲人多留下一些钱，让他们的日子过得宽松点，结果自己过了一辈子苦日子。

你为了退休养老做好长期投资，最划算的一笔买卖，就是找个专业人士提供靠谱的投资咨询，帮助你设计一套合情合理的长期投资计划，专门为你量身定制，最适合你的具体情况，包括：你有多少财务收入来源，你有哪些义务责任必须花钱，你的风险容忍程度有多大，你的投资技能水平有多高，你想捐出多少钱做慈善。讽刺的是，大多数投资者根本不愿花钱去找个注册投资顾问，这些注册投资顾问真的很有用，能帮助我们构建一个最适合自己的长期投资规划。这种严重的疏忽会让你付出巨大的机会成本，当初有一份可靠的投资规划，你照着做，就可能拥有一大笔养老金，结果因为你不愿意花上小小一笔投资咨询费，就错过了这个机会。

大多数投资者本来可以得到非常好的一次性投资咨询服务，平均只需要5000美元（而且每过十年才需要支付一次，也许你更新遗嘱时才需要这样做）。大多数投资人每年都要定期支付投资操作相关费用，平均下来每100万美元的投资要支付1万美元的各项费用，比如说，买卖股票要付给券商的佣金，买基金要付给银行的手续费、基金管理费、基金托管费、投资顾问费等。讽刺的是，投资者其实很傻很天真，这些投资服务花的钱相当多，创造的投资增值却低得多。

给你提个建议：每年专门找一天，例如你的生日、元旦、感恩节（相当于中国的春节或者中秋节），作为你每年的"投资规划日"，保证自己会在那一天，专门花上好几个小时，别的什么事也不做，专门用来规划自己的养老投资，具体来说就是系统地回答以下问题，并且是书面回答，必须白纸黑字写下来。第一年做年度投资规划回顾，要花上好几个小时，不过后面就轻车熟路了，前面写好的投资规划大部分保持不变，只需要有些地方更新一下这一年的进展情况就行了，一般不会超过一个小时就能完成年度投资回顾。要让这一个小时变得更有效果，你可以提前一周左右重读一下你去年的投资计划，让投资计划先进入你的潜意识，这一个星期你的潜意识会自动思考你的投资计划，而且潜意识思考要比我们有意识的思考质量高得多。

以下几个问题可以帮你界定并清楚表达你的目标：

- "退休期间，除了领国家发的社保和以前工作单位发的退休金以外，我还想要每年得到多少收入？"⊖
- "我的退休生活会持续多少年？关键是估计你能活多少年。问问你的家庭医生或者你熟悉的医生，如何用你父母和祖父母的平均寿命期限来合理估计你自己的寿命期限。遗传基因决定寿命期限，它是个先天因素决定的基数，再根据后天因素进行适当调整，主要是看现代的医疗保健水平，还有你个人生活方式的健康程度。"
- "我这个人平常生活消费支出遵循什么规则，喜欢怎么花钱，必须怎么花钱？"
- "我需要积蓄多少资本，才足以保障我退休之后每年的生活支出？"
- "我需要有多少积蓄、买多少保险，才能在通胀调整之后完全覆盖我们夫妇两个的全部医疗保健费用支出？"
- "我想留下多少遗产给我的家人和我特别看重的朋友？"
- "我还希望留下来多少遗产做慈善，捐赠给我特别看重的慈善事业？"

下面有一个简单易用的方法，可以帮助大众投资者解决这个问题最困难的那一部分，就是估计你的养老投资未来二十年、三十年甚至更加

⊖ 确保你认识的每一个人都要搞明白这一点，你每年能领到的社保养老金（Social Security Benefit，相当于中国的企业员工退休后从社保领取的养老金），会一下子奇迹般地大幅增长，本来你最早年满 62 岁就可以申领社保，但是你可以晚几年才开始申领，最晚可以推迟到 70.5 岁。多等上 7 年半，你每年能领到的社保养老金就可以多 76%，一直领到你去世为止，而且受到通胀保护。

长期的投资年化收益率。这个方法是这样的：

第一步，看清三种主要投资类型的长期收益率。你一定要认识到，过去二十年、三十年甚至五十年、上百年，三种主要类型的投资经过通胀调整之后的年化收益率分别是：

股票：6.5%

债券：2.5%

国库券：1.25%㊀

第二步，牢牢记住三大投资类型的长期收益率差别多么大。你应该采取什么样的长期投资行动，看过上边的答案就很明显了。你要清楚这一点，并且坚决按照你的理解去做正确的长期投资行动。这里有两条最重要的长期投资铁律。第一条投资铁律是：时间跨度超过十年甚至更长的投资，都应该投资在股票上。放在债券上的长期投资，都是为了防备，不是防备市场出现大跌，而是防备市场行情持续下跌到最令人沮丧的时候，你可能会反应过激。由于这一部分债券投资肯定不会大跌，手里有粮，你就不会过于恐慌了。第二条投资铁律是：时间跨度少于两年或者三年的投资，都应该放在货币市场基金上。

第三步，盘点你所有的投资，列出一个完整投资清单，包括股票、债券、房屋产权、企业员工养老金计划里投资的资产（如果你还在工作，还要估计你未来靠工作收入还能积攒多少钱）。

第四步，评估一下你的退休金收入。你可以找你们公司的人力资源部，或者找你个人的会计师，请他们帮忙估算一下。很明显，你的退休金收入主要有三大来源：国家发的社保、企业发的退休金，还有你用自己攒的养老金做投资的投资收益。

㊀ 现在流行的货币市场基金收益率很接近于国库券。——译者注

第五步，也是最后一步，评估一下你期望能给家人（还有别的人）留多少遗产，包括你打算捐多少钱做慈善。

你这样为了退休养老来投资，做的三十年甚至四十年的长期投资，在这期间肯定会发生各种各样的事，只要不是什么特别大的事，你就忽略不理，这样善意地忽略，会很有好处。在谨慎而严谨地做出长期投资的基本方略后，就要一直坚持不动摇。"做投资太过敏感，从来不会赢。"那些玩扑克牌赌钱的人都懂的。他们也都应该懂得这一点，才能在这一行里活下去。有一次我到科罗拉多州的威尔小镇那个滑雪圣地去滑雪，滑雪场附近有个肯德莱姆托儿所，给滑雪的人提供托儿服务。服务很好，价格也很高，有个牌子这样标明托儿收费服务价格："孩子全托，家长不管，一天10美元。"接下来，我一看就知道，这个托儿所肯定是和那些过度焦虑的父母打过很多交道，很有经验，于是提供了两种替代选择："自己看孩子，一天15美元；家长协助看孩子，一天25美元。"

最后再给你一个忠告：在对占到你个人财富的很大一块比例的财产做出不可撤回、不可反悔的重大财产分配承诺之前，重读一遍莎士比亚的《李尔王》。

参考文献

1. Alliance Bernstein, 1964–2000.

| 第 25 章 |

天灾和人祸,一个接一个

2020年3月23日,美国股市标普500指数收盘跌到2237点,和2月19日收盘3386点相比,24个交易日,暴跌了三分之一。美国股票投资者看到他们的股票投资一个来月就亏了30%。公司大量裁员,特别是在服务行业。全球正在流行一种新的病毒,由于准备不足,新冠疫情的影响进一步扩大。美国政府对疫情和疫情造成的方方面面影响了解的信息不够充分,采取的应对措施不够周全,让事态变得更加糟糕。经济大幅下滑,失业率飙升。

∞ ∞ ∞

伯纳德·麦道夫开了一家证券公司,主要做证券做市商业务,后来又开展资产管理业务,搞了一个对冲基金,就是中国人经常说的私募基金,有8000多个投资者。2008年12月11日,快到年底了,这些基金投资者本来期望和往年一样收到基金的年报,开开心心地看到这只基金过去一年又有10%甚至更高的投资业绩。这么好的业绩,靠的是一种秘密的"市场内部"操作。这么好的基金并不是谁想买都能买到的,他们也是经过关系很好的朋友作为老客户引荐,才得以加入这只基金的。但是麦道夫这只私募基金的 8000 个投资者,突然看到一条重大新闻,麦道夫因为涉嫌投资诈骗被捕,这才发现他们实际上成了庞氏骗局的受害人,罪犯就是伯纳德·麦道夫。麦道夫初步估计,蒸发掉的资金至少得有 500 亿美元,算下来超过 3000 亿元人民币。对于麦道夫投资大骗局的这些受害人来说,这真是落到自己头上的一场巨大灾难。

麦道夫告诉他的客户,他特别擅长使用价差执行转换套利投资策略。听起来很高大上,其实不过是每一本期权交易教材都会介绍的入门级套利策略,用衍生产品来把风险最小化。不过麦道夫明确表示:我的操作手法有很多地方是个人独创的,所以不能具体讲太多细节,我怕别人都来抄我的作业,这就不再是我的独门绝技了,我就没法给大家赚大钱了。

麦道夫说,他先买入股票,再卖出这些股票的看跌期权和看涨期权。期权是指在协议规定的有效期内,协议持有人按规定的价格和数量购进股票的权利。卖出看涨期权,就意味着卖出方对股票价格并不看涨,认定股票不会涨到他设定的价格水平;相反,卖出看跌期权,就意味着卖出方对股票价格并不看跌,认定股票不会跌到他设定的价格水平。麦道夫可不是一般的人物,在投资圈可是大名鼎鼎,他担任过美国纳斯达克证券交易所的主席,也是美国证券交易委员会常任专家顾问,在好几家慈善基金会董事会里担任董事。为了保护自己投资操作过程的秘密,麦道夫把所有投资操作都放在一个严密的内部小圈子里:审计工作,由一家只有三个人的会计师事务所进行;所有的交易,都由他自己控制的证券公司里完全俯首听命的交易员来做。

麦道夫投资诈骗事件其实跟 20 世纪 20 年代的庞氏骗局一样,有些投资者要退出基金提现,麦道夫得把现金给人家,可是他不是用基金投

资盈利积累下来的资金,而是用新投资者所投入的新资金来付给那些要退出的老投资者,其实就是左手倒右手。⊖

麦道夫的这些基金投资者都很满意,每年能得到10%左右的投资收益。按照这么高的收益率,只需要过上7年,他们的投资本金就能翻一番,再过7年又翻一番,再过7年又翻一番,这样过上21年,投入的1美元就能升值到8美元。他们每个月一看基金报告的最新净值就知道,自己的财富在持续稳定地按照每年10%的复利指数级增长,当然很开心了。所以大多数人都愿意把钱放在麦道夫管理的基金里,因为他们相信肯定会继续稳定地增值。麦道夫这只私募基金产品的业绩持续稳定性非常突出:从1992年到2008年这16年,只有11个月是亏损的。

麦道夫500亿美元惊天投资诈骗案,给所有人上了一课,投资者得到了一个深刻的教训:要是遇到一个大好事,好得令人难以置信,而且你觉得"这次不一样",往往还是会和以前都一样。所以千万别上当,看见鱼饵不要咬,贪小便宜吃大亏。确实,麦道夫这个人非常好,风度翩翩、谦逊有礼、聪明过人、气度非凡;确实,麦道夫控制的这家证券公司是一个家族企业;确实,麦道夫管理的这只私募基金产品,不是公开销售的,也不是谁有钱想买就能买的,你得通过朋友的朋友介绍才能够进来;确实,你觉得麦道夫这个人百分之百值得信任。每个人看来确实都是这样想的。10%的年化收益率,这个水平确实非常好,既不算太低,但足以吸引投资者,也不算太高,没有高到不太可信而容易让人怀疑的

⊖ 麦道夫的"对冲基金"只不过是一个摩根大通银行的美元支票账户,他和他的副手弗兰克·迪·帕斯卡利(Frank Di Pascali)定期从这个账户汇款,但从来没有真正的"买入"和"卖出"。而在麦道夫假装运营的基金公司里,待遇丰厚的程序员和行政人员编造着纸质报表,有时还会使用旧信纸。正是因为麦道夫直接保管客户资金,而没有进行第三方审计,这种制度安排使他的欺诈行为长期存在。摘自"惊天庞氏骗局缔造者麦道夫被捕十一年:我们学到了什么?"
作者:艾琳·阿维德兰,《巴伦周刊》,2019-12-11。

程度。有好几次，美国证券交易委员会收到"小道消息"举报麦道夫，也派人去查了，但没有发现任何不当行为。麦道夫可不是一般人，他担任过美国纳斯达克证券交易所的主席，也是美国证券交易委员会常任专家顾问，在投资圈里，地位很高，名气很大，人脉很广，在各大慈善基金会里有好多朋友，他们都是各个方面的大人物，还有很多身居要职。

∽　∽　∽

冰岛，在北极圈边缘，地理位置非常偏远，而且在历史上长期和世界上其他地方隔绝，面积只有 10.3 万平方公里，人口只有 32 万，是个不起眼的小国。2008 年 10 月 6 号，冰岛却突然成了全球金融风暴的中心。冰岛人传统上都是很爱储蓄的，他们以坚忍不拔的精神闻名于世。经过不断努力，冰岛在全球率先建成了全国性的养老金体系，足以保证冰岛所有老年人安度晚年。但是这种全民高福利突然一下子全变了，冰岛总理盖尔·哈尔德在电视上宣布了震惊全国的两件大事：冰岛整个国家事实上已经破产，冰岛政府正在接管全国所有银行。

盖尔·哈尔德发布的这一番电视讲话，确实让冰岛人非常痛苦，但是冰冻三尺非一日之寒，祸根早在多年之前已经埋下。冰岛有些年轻的企业家胆大无畏、自鸣得意，自称维京海盗，大举借款收购银行。但是突然之间所有的贷款都停掉了，外汇根本不可能继续兑换了。冰岛整个国家都破产了，三家大银行都破产了，冰岛很多家庭和企业也都破产了。全世界的资本市场都冻结了冰岛这个国家的官方货币冰岛克朗。冰岛人原来很容易拿到贷款，而且可以拿到 100% 的住房抵押贷款，一分钱首付也不用付，还可以用外国货币支付，这让年轻人可以向银行贷款买房、买车、买家具。但是有个不好的预兆是，冰岛当地的通货膨胀率高到每年有 20%。本来冰岛人退休后能从国家社保领的养老金已经足够冰岛人安度晚年了，但是冰岛总理一宣布整个国家破产，突然之间所有冰岛人的退休养老金就砍掉了一半，然后又砍掉了更多。

国有银行私营化之后的7年里，冰岛的金融机构累计借了750亿美元的外债，是冰岛2007年近200亿美元国内生产总值的3倍还要多，分摊到32万冰岛人头上，每个冰岛人平均背负的外债就有25万美元。为此有些人谴责这些自称维京海盗的私人银行家，有些人谴责冰岛政府监管过于松懈。此前从来没有一个国家，也没有一个国家的所有国民，突然一下子要面对如此严酷的现实：整个国家所有国民都深深陷入了外债泥潭。

因此，作为冰岛政府的首脑，冰岛总理盖尔·哈尔德通过电视向全体国民发表了演讲："各位同胞，此时此刻，冰岛全国人民需要团结一心，站在一起，共同面对逆境，坚强不屈，顽强奋斗。我敦促各位都要坚守我们冰岛人最重要的价值观，过去这些价值观支撑我们熬过风暴，而现在这场巨大的风暴才刚刚开始，坚守价值观，方能渡过难关。我敦促冰岛全国每个家庭都要一起多交流，互相多沟通，不要让过度忧虑占了上风。尽管很多人认为前景黯然，但是我们不能轻易认输，放弃战斗。我们需要跟自己的孩子解释，世界并不是在悬崖的边缘，马上就要崩溃，我们都需要找到内在的勇气去展望未来……这样才能发挥我们冰岛人三大优点——乐观、坚毅、团结，这就是我们克服困难的三大武器，它们能让我们走出风暴，再创美好未来。愿上天保佑冰岛。"

总理盖尔·哈尔德这一番话传遍了整个冰岛，传到了10.3万平方公里国土的每一个角落，传到了32万冰岛国民中的每一个人。大家一片沉默，因为每一个人都不得不接受这些极其悲惨的现实。

冰岛那些贷款的个人和银行根本不值得同情，因为就在这个时候，英国本土还有欧洲大陆的50万银行储户，包括个人、慈善组织、当地政府，才认识到他们刚刚损失了 150 亿美元，这是他们存款的银行提供给冰岛个人和银行的贷款，冰岛贷款人平均一个人让欧洲人亏掉了 3 万美元。大多数人就是投资一辈子也弥补不了这些损失。

∞　∞　∞

麦道夫投资诈骗事件、冰岛政府破产危机这两件事，在本质上不同于 2008 年全球金融危机导致的全球股市大崩盘。麦道夫投资诈骗事件、冰岛政府破产危机，给相关投资人带来的亏损是永久性的，这些投资从此化为乌有，再也回不来了。而市场是会复苏的，所以对于个人投资者来说，最大的风险，像以前经常出现的那样，也像以后会一次又一次出现的那样，并不是市场会暴跌，也不是市场将要暴跌，最大的风险其实在投资者自己身上，一旦投资者被吓坏了，将所有投资全部清仓卖出，这个时候往往正好就在熊市底部或者接近于熊市底部，因此投资者会完全错失后面所有复苏的机会，使暂时账面浮亏变成了永久资本损失。在每一场熊市中，很多投资者都会做出这样的事。

我们都知道，驱动市场价格上涨和下跌的力量，就是买入和卖出。唯一能够把股价推到最高水平的力量，就是让尽可能多的拥有最多的资金（不仅是用自己的资金，还包括用借来的资金）的投资者，心理达到最高的信心水平，觉得股票非买不可，不买不行。相反，唯一让股票价格跌到最低水平的方式，就是让尽可能多的投资者持续集中地大量卖出股票。这也正是在 2008 年秋天全球金融危机期间和 2020 年春季发生在全球股市上的事。

2008 年秋天全球股市暴跌，这一波大熊市起因于上一波大牛市疯狂到了顶点，市场普遍信心水平很高，展望未来经济发展前景非常好，预期企业盈利增长非常高，与此同时也信心水平很高地认为风险很低。全球各国股票市场的价格都在"完全定价"和"过于高估"之间。几乎没有一个国家的股市定价水平是偏低的。这些高的价格水平也许还可以说得过去，只要支撑市场的基本面，包括宏观经济面和企业盈利面，能够持续保持高增长就行。但是市场预期突然来了一个有史以来最急转直下的大反转，投资者、银行、个人、政府本来一直是通过大量融资来大幅扩张规模，猛地一掉头，情况完全反转过来了。

信任消失了，信用和信贷也随之消失了。罪魁祸首就是使用数量持续增加的杠杆融资。特别是在美国，宽松的信贷条件、高企的不动产价值评估、低利率、衍生品、杠杆对冲基金成群兴起，美国证监会批准华尔街券商提高运用债务的比例，所有这些主要成分勾兑到一起，就成了这款普遍流行的便宜信贷鸡尾酒。共和党决定减少政府对经济的管制，就和民主党合作联手，帮助更多的家庭得到住房抵押贷款，同意改变房屋贷款的法规限制，让房地美和房利美两大国有住房抵押贷款机构扩大贷款发放规模。以上这些因素合在一起，最终导致出现大量"忍者"贷款。这些借款人一没有收入，二没有工作，三没有财产，他们赌房价会继续上涨，想要投机赚上一笔，其实相当于借银行的钱去炒房。本来这些人是不适当的借款人，却拿到了住房抵押贷款，银行再把这些不适当的住房抵押贷款进行资产证券化，分层打包，卖给全世界各个投资机构。卖得很好是因为那些评级机构给的信用评级太高，而这些过高的信用评级有两大依据，一是资产评估价值特别高，二是拿到了信贷违约保险。事后证明，保险公司这样承保简直是荒谬透顶。后来住房抵押支持证券的价值暴跌，痛苦迅速扩散，每一个相关的环节、每一个相关的市场、每一个相关的机构和个人，无一幸免。

经济面、市场面、心理面，这三个方面的多米诺骨牌一个接一个倒下了。先是发现信用评级虚高，根本靠不住，住房贷款抵押的估值一下子砍掉一大截。市场信心一下子就没了。信贷市场冻结了。对冲基金很高的融资杠杆一下子被银行抽掉了，结果爆仓了，保证金不够了，也没钱加保证金了，券商只好强制平仓，被迫大量卖出账户里的证券。投资者一看也要撤资跑路，大量赎回基金，基金没有办法只能大幅减仓，这进一步加大了市场上卖出的压力。由于对冲基金和其他投资机构不计成本地大规模抛售股票，以筹集现金来应对客户持续不断要求赎回基金的压力。抛售的证券数量越多，市场越是下跌，于是投资者就预期还会继续下跌，这又引发更多人想要卖出，结果导致市场上所有人都急着要大量卖出。信贷市场持续冰冻，而信贷市场就是国民经济的心脏，这就像心脏一直不跳动。有些著名的大型金融机构，都申请破产了。政府要出手救助，又和现行政策冲突，一时无法出手。强制平仓而被迫卖出，加上预期后面会有更加猛烈的卖出风潮，导致卖方的强大力量完全主宰了整个市场，而市场已经在"跌跌不休"了，因为大家都害怕后面会发生经济大萧条。就这样短短14个月，美国股市市值就蒸发掉了一半，超过7万亿美元，相当于美国当年GDP的一半化为乌有，折合人民币40多万亿元。㊀

信用评级机构受到严厉批评，它们根本没有完全理解次级抵押贷款打包进行资产证券化的真实信用等级，就给了最高的3A评级。大型企业，像通用电气这么鼎鼎大名的大企业，甚至都无法靠连续发行短期商业票据来再融资了。雷曼兄弟这家百年投资银行都破产了。美联银行和华盛顿互惠银行濒临破产，在政府逼迫之下只能分别让花旗银行和摩根大通收购。AIG（美国国际集团），这家美国最大的保险公司陷入困境，

㊀ 2008年金融危机导致美国股市暴跌一半，确实非常痛苦，但是按照通货膨胀调整之后，实际跌幅比不上20世纪70年代那一次美股暴跌，那是美国股市历史上最惨烈的暴跌。

美国政府只好出手接管。类似的困境，困扰着一个又一个国家的商业银行、中央银行和政府。

"现在怎么办？"这个问题每个投资者都在问，每次金融危机都会如此，吃一堑长一智，也让大家更加清楚地认识到风险的真正含义。按照风险最经典也是最强有力的定义，风险是不可接受的永久损失的函数。麦道夫投资诈骗事件和冰岛政府破产危机就是这种永久风险的典型案例，雷曼兄弟和其他金融机构在金融危机中彻底毁灭也是这种永久风险的典型案例。个人投资者在股市暴跌时恐惧不安，大量卖出手上持有的股票，"飞一般奔向安全出口"。本来只是市场一时灾难性暴跌造成的账面浮亏，但是投资人此时恐慌性低价抛售，从此就变成了永久性的再也无法挽回的实际亏损。对于长期投资者来说，后果最严重的错误，就是熊市大跌之后在市场底部卖出股票，这就像是你们农场养的牛羊都跑出去了，这时你才锁上大门，这等于是自己永远断了牛羊跑回来的后路。用华尔街的术语来说，这是一个重大的"黑天鹅事件"。黑天鹅事件，确实极其罕见，但偶尔也会出现，只是我们永远不会知道何时出现。

| 第 26 章 |

搞好你的企业员工养老金计划

很多观察分析人士都认识到,现在有个警报,声音越来越响,警告我们关注这个重大问题:现在越来越多的美国企业员工,没有积累足够多的养老金,没钱安度晚年。这个问题将会大大影响整个国家的发展前景,我们必须要迅速采取正确的措施来解决。财富水平排名在前三分之一的富裕人士,可以说掌握着美国大部分财富,养老金足够多,肯定没问题。但是其余财富排名较低的三分之二美国人,特别是财富排名垫底的那三分之一美国人,没有足够的钱安度晚年,这个问题很严重,很危险。他们会遭受三重打击:又老,又穷,又无依无靠。这可能会让美国重新回到 20 世纪 50 年代初社会不公正的那种状况。社会不公正这个大问题,美国人好不容易才将其远远抛在身后,绝对不能让其卷土重来。这很容易导致社会问题和政治问题,这不是一般的问题,而是后果很严重、结果很痛苦的严重问题。这种严重的社会不公正问题可不要再次发生了。我们要阻止这种痛苦的问题发生,前提是我们要采取合理的行动,而且要尽快采取行动。

美国401（k）企业员工养老金计划的第一个主要问题，不是在方案设计上，也不是在计划发起人（即用人企业）的意图上，而是在计划实施上。在大多数情况下，所有重要的决策都不是由企业的投资专业人士做的，而是由每一个企业员工自己做的。但是我们大多数人既没有受过专业的投资培训，也没有做好充分的投资准备，也不具备必需的投资专业技能，无法合理地做出这些关键的投资决策。所以正如事实证据已经表明的那样，我们一般人做投资太外行了，经常跟着感觉走，容易犯那些太傻太天真的错误，而且在投资过程中的每个阶段，都不断做出错误的投资决策。

企业员工养老金计划的个人参与者，在8个不同的阶段，可以说步步出错：（1）没有参与企业员工养老金计划；（2）没有充分利用"匹配缴费"，如果员工个人缴费到最高水平，企业的匹配缴费也会达到最高水平，就能实现福利最大化；（3）工资提高之后养老金计划账户缴费没有相应提高（理想情况下缴费比例应该占每月工资收入的12%甚至更高）；（4）在换工作还没有找到新工作的过渡阶段，为了应付生活开支，从企业员工养老金计划账户里借钱或者取钱；（5）不断换基金，高位买入，低位卖出，其实就是跟着市场波动瞎折腾；（6）退休太早，少攒了好多年养老金，因为自己觉得"我的钱够退休养老了"；（7）退休之后每年从账户里提现的钱太多；（8）没有预料到人生最后几年医疗费用和找人照料护理的费用会猛增。

结果会怎样？如果放任不管，美国就会有好几百万企业员工攒的养老金根本不够他们退休之后舒舒服服地安度晚年。这几百万人可能"人还在，钱早没了"，原来攒的养老金太少了，没过多少年就都花光了。本来美国人追求的是美国梦，没想到完全相反，成了美国噩梦，老无所依，只能靠自己，可是人又年纪太大了，没法再回去工作，手头的钱非常少，可是晚年的医疗费用会特别高，年老体衰，不得不请人照顾，费用也很高，但是自己哪里有那么多钱，想想就害怕。那些愤怒的老年人会强烈指责政府、指责社会、指责企业："你们本来应该考虑到我们晚年会有这些问题的，为什么没有提前告诉我？"

运用从行为经济学那里学来的知识，有些企业率先尝试新的做法，不断摸索，发现并采用了一套有效的最佳实践（best practice）。企业不再让员工这些投资外行自己去分析那些复杂的投资问题，做出重要的投资决策，包括是不是选择加入（在表格上要打钩选择之后才能加入），而是指导员工采取最佳实践，每个员工要么接受公司建议的最好方案，要么决定选择不加入（在表格上要打钩选择之后才能不加入），自己再想别的办法。经验表明，就是填表时这么一个简单的转变，从"选择打钩才是确认加入"，变成"选择打钩才是确认不加入"，就可以让更多员工选择加入，因而采用企业推荐的最佳实践，参加企业员工养老金计划，工资储蓄下来的比例足够多，投资更加理性。如果我们制定了经过实践证明的最佳实践标准，就能让全美国好几百万员工自动选择采用这些最佳实践方案，从此走上养老金投资的阳光大道，这比自己随意选基金选股票赚的多得多，能积蓄更多养老金支撑自己安度晚年。

请看表26-1，表中数据来自那些改变填表选项的公司，它们只是简单把需要员工明显决策的事项改变了一下，从我们平时填表经常见到的选择打钩才是确认加入，变成选择打钩才是确认不加入，结果表明，这个简单的改变，就会大大提高员工参与养老金计划的比例。

表 26-1　选择加入和选择不加入时参与人数的变化

	打钩确认才是选择加入	打钩确认才是选择不加入	参加人数变化百分比
加入投资计划	75%	95%	+20
匹配缴费	70%	95%	+25
提高工资缴费比例	30%	80%	+50
理智投资	30%	90%	+60

资料来源：先锋集团。

第二个主要问题是，许多员工都假定 65 岁甚至更年轻是"合适"的退休年龄。简单回顾一下历史，再看看未来，你就会看明白了，为什么 65 岁退休这个假定已经过时了，你再这样 65 岁退休还想安度晚年就很危险了。

退休年龄定在 65 岁，是在 19 世纪 80 年代俾斯麦担任首相时德国政府首先这么做的，那是 140 年前了，那个年代的德国人，还是人人出门要骑马的，当时新出生的婴儿，预期寿命只有 45 岁，而当时已经年满 65 岁的人，平均预期只能再活一年半。学习以前德国和英国的历史经验，美国在 1935 年建立全国社保体系的时候，也把退休年龄设定在 65 岁，当时年满 65 岁的美国人预期剩余寿命平均只有 6 年。美国社保体系设立 85 年之后，2020 年活到 65 岁的美国人，一般来说，男的预期还能再活 20 年，女的还能再活 22 年（四分之一的夫妇其中一个或者两个，能活到 90 岁，就是说至少有一个人还能再活 25 年）。

美国企业养老保险计划，原来是固定收益计划，企业员工退休之后能够领取的退休金是固定金额，可以说是最有利于消费者的个人金融服务产品。后来转变为美国 401（k）企业员工养老金计划㊀这种固定缴费计

㊀ 这里要特别解释说明一下 401（k）企业员工养老金计划，因为这一章是专门介绍它的。401（k）在美国是个很通用的名词，是美国私人企业员工参加的养老金计划，由企业作为发起人，员工缴费，企业也会匹配缴费。中国国内养老保险制度中最接近美国 401（k）的应该是企业年金，但又不是完全相同。直接说 401（k），很多中国读者未必了解美国的企业员工养老金计划。最后，我决定利用第一性原理，回到养老金的本源。国务院于 1991 年首次提出了养老体系"三大支柱"的概念，指出要逐步建立基本养老保险、企业补充养老保险和个人商业养老保险相结合的养老保险制度。三大支柱，简单地讲就是分成三个层次，即社会养老金、企业养老金、个人养老金。这里就把 401（k）统一翻译成 401（k）企业员工养老金计划，401（k）是直译，企业员工养老金计划是意译，之所以又说企业又说员工，是因为这是企业和员工共同缴费的，资金来源是员工工资和企业匹配缴费，属于第二支柱。401（k）和中国的社保缴费模式相似，都是员工与企业共同缴费。中国读者大致可以理解为，美国 401（k）从制度意义上看类似于中国社保的养老保险。不同的是，美国 401（k）是员工自愿参加的，而且账户里的钱可以买基金，由员工个人进行决策。目前中国推出的个人养老金完全由个人出资，更像美国的个人养老金（IRA），属第三支柱。——译者注

划，企业员工工作期间参加养老保险每年的缴费上限是固定金额。这种转变是不可阻挡的。

现在只有非常非常少的人，还是一辈子只在一家企业工作，所以说他们希望养老金计划能跟着人走。而用人企业作为企业员工养老金计划的发起人，可以理解，会很关心这样一来成本会增加多少。尽管接受现实是重要的，但是这并不意味着企业必须完全接受401（k）企业员工养老金计划目前所有不完美的地方，因为我们知道如何改进一下能让效果更好。把一部分工资收入放到养老金投资计划账户积蓄起来，不容易做到，特别是那些低于中等收入水平的员工，更是特别难做到。把工资收入多大部分积蓄起来放到养老金计划账户里，非常难以决定，可以说我们所有人都难以决定。聪明智慧地做出长期投资决策，不是一般的长期，而是三四十年那么遥远的未来，对我们所有人来说都非常困难。但是，现在很多401（k）企业员工养老金计划，都是谁参与谁自己决策，从工资收入中拿出来多大比例作为积蓄去参加养老金计划，投资什么基金，投资多少，所有这些重要决策，都得企业员工这些投资外行自己想自己定。既然我们知道了，很多个人投资者自己做投资决策时会犯哪些错误，我们就应该预料到，企业员工参加企业养老金计划时会遇到麻烦，他们要自己做出一个又一个重大决策，麻烦就会像滚雪球般逼近企业员工。

很多企业都想要把员工养老金计划这个事做好，因为这些企业关心员工的福利。企业知道，员工养老金计划搞得好，员工退休后收入就高得多，就能为企业吸引来更多好员工，就能在企业内部形成好的精神面貌。企业制定员工养老金计划的投资基本方略，需要平衡在职员工、退休员工、股东三方利益，对此每个企业都有自己的优先考虑。这样下来，不同企业实施员工养老金计划的做法各有不同，多种多样，且都有很好的理由。不过经验表明，很多企业有一系列的机会去改进它们的员工养老金计划，办法就是采用那些走在前列的企业总结出来的最佳实践经验。

我先做一个明确的声明：以下所有推荐做法，都基于企业的实践经验，有些企业在员工养老金计划这件事上率先探索，又做得很好，根据这些企业的实践经验总结出来一些最佳实践做法，我们在此只是推荐，不需要强制员工这样做。但是在每个员工参与的养老金计划中，所有这些最佳做法都是自动默认加入，同时给员工一个选项，让员工可以选择打钩确认不加入，这是为了保证每个员工都有自主选择的自由。

退休之后我们一般还要再活 20 来年，要花很多钱，只靠国家发的社保远远不够，主要是靠企业搞的员工养老金计划投资的那些基金攒的钱，要是你这个投资计划做得不好，钱也会远远不够。一个 65 岁正常年龄退休的美国人，企业退休计划账户里的基金投资净值余额，全国平均取个中位数，现在只有 12 万美元。每年从这个投资账户里提现 4%，就是美国股市长期平均收益率 6% 再扣除 2% 的通货膨胀率，这样一算，每年能从企业员工养老金计划账户里提现的金额只有 4800 美元。

从企业员工养老金计划账户里提现的这 4800 美元，再加上从国家那里领的社保，就是你每年的退休收入，而退休前一年 65 岁时，美国企业员工一年工资收入平均能有 63 000 美元，相比之下，退休之后的收入，只有原来工作收入的一小块。

要是你不选择 65 岁退休，而是延迟退休，再工作 5 年到 70 岁退休，甚至工作更多年，好处相当大。先从社保基本养老金开始说。仔细看看美国社保的规定，你会发现一个重要的现实情况。由于美国社会过去很多方面的重大变化，从财务上看现在退休的最佳年龄从传统的 65 岁推后到了 70 岁。尽管美国社保管理局仍然规定，65 岁才是"年满退休年龄"，而且员工只要愿意也能更早领取社保，最早可以从 62 岁开始退休。但是，如果延迟退休继续工作到 70 岁才开始领社保，你能从社保领取的基本养老金（Social Security Benefit，相当于中国的企业员工退休后从社保领取的退休金）会大幅增加，多得能让你目瞪口呆。同样是社保发的基本养老金，延迟退休工作到 70 岁开始领，相比提前退休 62 岁就开始领，能多 76%。（参见 24 章）和往常一样，你能多领的这些社保基本养老金，是不受通货膨胀影响的，物价上涨，社保随之上涨，而且你能够活多久就能领多久。

相比 62 岁就提前退休，延迟退休工作到 70 岁才开始领社保，不仅每年能够多领 76% 社保基本养老金，还能多拿上 8 年的工资收入，你也能给自己的企业养老金计划账户缴费多缴上 8 年，而且这 8 年你还不用从账户里提款。多缴的加上少提的，里外一算，这两个方面能让你的企业养老金计划账户余额多上一倍，从 12 万美元变成 24 万美元。这还没有算这 8 年的投资收益。要加上投资收益，多出一倍还不止。当然具体要看投资收益有多高，投资好的话又赚了一倍，加到一起就能让你的养老金账户余额增加到三倍，就是 36 万美元。这样一来，你这个 70 岁退休的老人，按照每年提现 4%，每年收入又多了 1.2 万到 1.5 万美元。

工作到 70 岁再退休，从国家基本养老金账户领的社保能多上 76%，从企业养老金计划账户提现的钱多两倍甚至三倍，足够保证很多企业员工在财务上可以安度晚年了。要是企业员工都能算清楚上面这三笔账，年满 65 岁法定退休年龄也不退休，再多干上 5 年，也就是工作年限延长 1/5，这样多赚几年工资收入，企业养老金多缴费几年，少提现几年，投资收益又多上几年，就能让自己退休之后每一年的收入增加到三倍，在财务上保证能够安度晚年，谁会不愿意呢？

当然，我上面算的是平均数，美国有好几百万员工，养老金积蓄得不够多，不够保证自己安度晚年，每个人具体估算起来会有所不同。因为专家讨论到"退休金收入替代"，就是退休后领的退休金占退休前工资收入的"比例"有多高，60%、70%还是80%，才足够让员工退休后舒舒服服地安度晚年，专家的意见各有不同。但是所有专家都认同的一点是，我们必须尽快做出改变，不能再沿用原来习惯的企业养老金计划实践做法了，要不然，大量的美国企业员工积蓄的养老金就会远远低于预期，不足以让自己舒服地过上自己现在预期的退休后的幸福生活。在现实中，现在美国企业员工养老金计划，绝大部分企业搞的都是401（k），理论上很美，早期承诺的收益也很高，现在实际操作起来效果却差很多。

美国可以改变退休养老这件事的历史进程，就是确保每个企业员工都算清大账，确保做好两件事。确保要做好的第一件事是，要搞明白，多工作几年，多攒几年钱，好处很大，能让你赚更多工资收入，积攒更多养老金；而且晚退休几年，晚几年领社保，能让你多领很多社保基本养老金。确保要做好的第二件事是，那些能够参加401（k）企业员工养老金计划的员工，一定要参加，这样才能充分利用美国政府提供的企业养老金投资收益免税政策，现在美国政府为此每年要"花费"1600亿美元（折合人民币超过1万亿元）。而且参加企业养老金计划，不能只是跟着感觉走，随意做出决策，而是要做出改变，承诺采取以下这些经过好多企业实践证明的最佳实践操作方式：（1）自动加入；（2）自动匹配企业匹配缴费；（3）自动增加投资账户扣款缴费，比如每次涨的工资就自动扣掉四分之一进入养老金计划账户；（4）基金投资组合，主要选择指数基金，采取适合你年龄段的平衡投资配置方案。做出以上这些改变，就能取得良好的实际效果，就能改变好几百万美国员工退休后的晚年生活，从养老金太少没法安度晚年，变成养老金足够安度晚年，有钱吃喝，有钱看病，有钱找人看护，过上相当体面的退休生活。

你想要搞清楚，为什么每个能参与这种企业员工养老金计划的人都应该这样做，而且缴费要达到这个计划所能允许的最高缴费标准，只要看看图 26-1 就明白了。你要注意到，开始缴费并投资的时间越早，复利增长的时间越长，最后投资增值的差别越大，这就是复利的巨大威力！

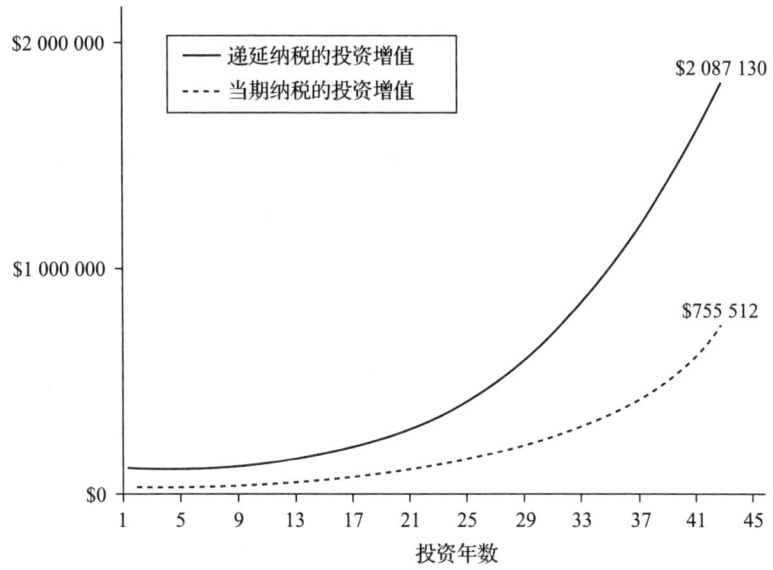

图 26-1　递延纳税的投资增值幅度与当期纳税的投资增值幅度（假设每年投资金额都是 5000 美元，每年投资收益率都是 8%）

以下是我对各位参加企业员工养老金计划的一系列建议，每一条建议都值得你好好读一读，好好考虑一下，认真照着做。

第一，有一点不要搞混了，你对企业很忠诚是一回事，做出明智的投资决策是另一回事。很多美国企业的员工参加了 401（k）企业员工养老金计划，会用自己这个账户里的资金投资自己工作的这家企业的股票，因为这些员工认为自己非常了解自己工作的这家企业，自己非常信任这家企业。你可千万不要这样做！你在经济上已经有很大一部分完全依赖这家企业了，集中投资这一家企业的比例已经相当高了，再投资这家企业的股票，你和你工作的企业之间的经济联系就太过紧密了，几乎可以说是把你的身家性命都押到这一个赌注上了，这可不是什么聪明的投资做法。业余投资者最聪明的投资做法是分散投资，非常分散，最好的投资品种是覆盖全市场的指数基金。

第二，你的养老金投资安排，应该是安全第一，而安全意味着防守，安全第一，就是防守第一。如果你对此有丝毫疑问，好好看看宝丽来公司和安然公司，这两家著名的巨无霸上市公司突然衰败，和很多美国上市公司一样，后来所有股票市场价值全部化为乌有。这两家大公司的很多员工用自己企业养老金计划账户里的资金来投资这家企业的股票，结果攒了一辈子的企业养老金化为乌有，而且这两家公司被迫解雇了大量忠诚的员工。你看看这两家公司大量员工的结果有多惨：多年积蓄的企业养老金退休全没了，多年的工作也没了，退休后安度晚年的梦想也没了。

第三，不要换基金经理。不换基金经理，最好的投资方式就是买指数基金，它类似于自动驾驶，根本不用基金经理。

第四，不要和市场"逢场作戏"，就是说不要频繁交易，经常买进卖出。要是每过10年你的投资组合就有重大变化，那肯定是交易太多了，这会大大增加你的投资成本。

第五，签字同意工资账户按照一定比例自动扣款，缴费进入你的企业养老金计划账户。你还没有看到这一部分钱，钱就已经转到投资账户里了，这样一来积蓄养老金就容易多了，你要在扣款协议里提前安排好，每一次涨工资时就会自动提高扣款比例，让你的养老金计划账户里的积蓄自动随之增加。

第六，让你的孩子或者孙子工作之后早早开始参加企业员工养老金计划。有个非常值得关注的大问题是，这些刚上班不久的年轻人把他们养老金计划账户上最初投资的很大一部分，都放在货币市场基金或者其他"固定收益"基金上了，他们还要过好几十年才会退休，完全没有必要这么求稳。这么做只是存钱储蓄，根本不是投资。这些刚上班不久的年轻人，必须确保他们的退休生活有足够高的收入保障才行，为此他们必须大量投资股票指数基金，才能获得足够高的投资收益率，才能赚到足够多的养老金，才能在财务上保证自己安享晚年。

第七，如果你工作的企业提供"生命周期基金"或者"目标日期基金"，其中混合配置股票指数基金和债券指数基金，随着你越来越近退休年龄，相应不断调低股票基金配置，而调高债券基金配置，你就可以考虑这种无忧的选择，根本不用考虑调整基金组合资产配置比例这件大事。但是这些基金调整股债配置，根据的是大多数人的平均情况，而你可能会在很大程度上并不完全符合"平均情况"，那么你就要花钱去找一个注册投资顾问，充分结合你个人的具体情况，帮助你设计一个量身定制的基金投资组合方案。

第八，要确保你每年企业养老金计划账户缴费的金额足够多，这样才可以充分利用企业的匹配缴费（大多数企业都会匹配缴费，而且也希望员工用足企业匹配缴费。你给你的企业养老金账户缴费多少，企业就匹配缴费多少，直到达到最高上限，这样每次缴费后进入你企业养老金账户的钱立马就翻倍了。这是一个开始多攒养老金的好方法）。

第九，要注意你的企业员工养老金账户里所投资的那些基金收取的费用比率高不高。基金费用比率很重要，对你的投资长期增值影响很大，而基金的管理费率差别很大。贝莱德、北方信托、道富银行、先锋集团，这四大指数基金公司的指数基金，每年收取的管理费率还不到 0.1%。而其他指数基金收取的管理费率能高出 10 倍，首先是基金管理费率高出 50%，有 0.15%，还要加上 0.35% 的 12b-1 市场营销费用，再加上其他杂项费用，总体上达到 1%，可不就是高出 10 倍了。其他企业员工养老金计划账户投资管理服务的提供商，通常是保险公司，为小型企业员工养老金计划提供服务，收取的费用比率还要高得多！随着时间推移，这些费用比率上的"小小"差异，比如 1%、2%、3%，每年看很小，但是经过 10 年、20 年、30 年的长期复利之后，就会累计成巨大的增值差异。你看看图 26-2，就明白了。

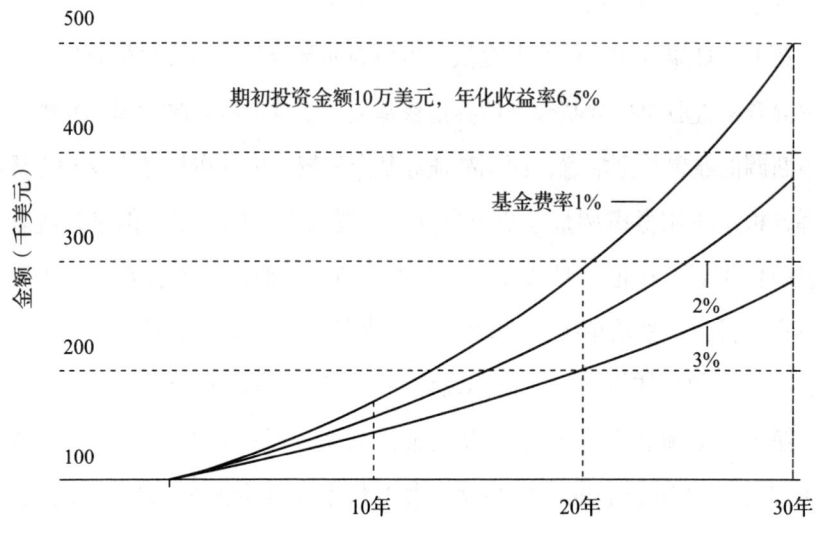

图 26-2　每年基金费用比率的小小差异，随着时间推移，
长期复利会导致投资累计增值出现巨大差异

第十，根据你的年龄，考虑设立一个罗斯个人养老金账户（Roth IRA）。罗斯个人养老金账户特别适合年轻人。很多公募基金公司提供投资小白也能看懂的投资指南，你可以上网找来看看，罗斯个人养老金账户是不是适合你。

有些企业员工养老金计划的发起人——员工工作的企业会担心，企业采取自动默认加入模式，有意引导员工采用最佳实践做法，从道理上讲是不是有些"家长式作风"，过于专制了。有些企业还担心，将来是不是可能会引发集体诉讼，因为政府监管政策还不确定。要让企业所有这些担心都烟消云散，就要由美国国会出台相关法案，提供一个"安全的港湾"，这样一来所有企业都可以放心采用最佳实践标准做法，这些企业员工养老金计划的最佳实践做法已经得到证明，确实行之有效。

| 第27章 |

如何下好人生残局

所有下象棋的人都知道，残局非常重要，很多时候残局定结局。所有投资者也要知道，人到晚年，下好人生投资残局也非常重要，这样能让你积累的财富大幅增加，也能让你在情感上的满足感大幅增加，这一生为人处世也更加成功。既然如此，你当然应该下好你的人生投资残局，你也能够下好你的人生投资残局。

要是你很幸运，这一辈子挣到了一大笔钱或者继承了一大笔钱，能让你过上符合你自己定义的美好生活，还有好多钱用不完，你就有机会也有责任决定，你身后这些遗留下来的资产分配给谁，如何分配。大多数富有的人，都重点分配给差异很大的两类受益者，二者都很有意义：一个是人，通常是家人；另一个就是价值观，通常是那些公益慈善组织，比如大学、中小学、医院等。

用你一生积累的这些资本去做什么事，使其发挥出的实际价值最大化，这样决定如何花钱，和你当初决定如何省钱、如何攒钱、如何投资一样重要。如何用好你一生积累的财富，有三大用处，也是三大重要挑战。第一大用处是，用到你的退休生活开支上，让你享受幸福的晚年生活；第二大用处是，作为遗产和赠予送给你至爱的家人；第三大用处是，"回馈社会"，这样做会让你内心很激动，做人很有成就感。因为钱是一种储存价值和转移价值的有效方式，一个投资者赚的钱，自己一生想花的钱、需要花的钱都花了，还有大量剩余，那么就有机会用这些盈余来改变别人的人生。

财富就是力量，既能行善，也能作恶。愿上天保佑那些用自己的财产多行善事的投资者，也愿上天诅咒那些用自己的财产多行恶事的投资者，即使他们出于好心好意但却伤害了他人。能力越强，责任越大；财富越多，责任越大。有些投资者投资成功，积累了一大笔财富，不管他们本来分配财产的意图是什么样的，都应该慎重考虑，他们能转给自己子女的财产数量是不是反而会害了他们。因为拥有这么多财富，会扭曲这些年轻人的人生观和价值观，本来人生应该优先考虑的事情却扔到一边，或者继承这么一大笔财富，一下子剥夺了这些年轻人自我奋斗的那种快乐，得到了财富，失去了自我，也不值得。梅·韦斯特这位美国著名女歌星说过，"得到太多好东西，乐上加乐喜上喜"，其实只是说她自己自力更生艰苦奋斗创造出来的成果而已。一下子得到一笔巨大的遗产，对你的孩子来说，往往并不是大好事。结果他们往往成了"可怜的富家子弟"，一生过得并不幸福。

"有些人士，事业成功，积累大量财富，会做出深思熟虑的选择，处理好他们家族的财产分配，也会好好考虑，他们的财产分配决定会对他们配偶、孩子以及孩子的子女的人生产生什么样的影响，"哈佛大学长期提供咨询服务的慈善捐赠顾问查尔斯·W.科利尔（Charles W. Collier）说，"最重要的是，到了孩子年龄合适的时候，这些成功人士会和孩子敞开来讨论与他们家族真正的财富所有相关的问题，也让年轻的家族成员承担起来自己应该承担的责任，尽可能早、尽可能多地承担责任。"

查尔斯·W.科利尔写了一本很有见地的财产分配指南《家族财富》。他在书中说道："按照亚里士多德和他后来的学生托马斯·杰斐逊的主张，'追求幸福'必须和两个旅程关联起来：一个是内在旅程，就是不断学习深入了解自己，知己才能知人；另一个是外在旅程，就是不断付出以服务他人，度人方能度己。"

你至爱的亲人和你觉得有责任去照顾的人，形成了一个小圈子，你要勾画如何给这些人分配财产才好。不过在此之前，你一定记住，钱不只有经济意义，还有强烈的象征意义，能激发出强烈的情绪反应。有个事实情况让心理学家感到非常惊讶，尽管有心理疾病的患者在接受心理治疗初期，经常大谈特谈个人的心事，包括自己和父母的关系、儿时的经历、主要的愿望和恐惧，甚至是非常私密的事情，比如自己的梦想和性爱经历，但是有一个话题却从来不谈，就是钱。在所有具有象征意义的东西中，钱有很多象征意义，而且对于不同的人有不同的象征意义，你往往根本想不到。

大多数人觉得很难开口谈钱这个事，更是特别难以做到公开谈钱、全面谈钱、深入谈钱、理性谈钱、明智谈钱。因此，要制订你的遗产和赠予计划，就涉及如何把你的钱转到别人手里，你最好要深思熟虑。小心谨慎。是的，现在这些都是你的钱，只要你活着，完全由你说了算，这当然是开心的事。但是你不会一直活到永远，这些钱也就不会一直属于你到永远，你走了之后，这些钱给了谁，以后就由谁说了算，所以你一定要好好考虑。

你可能需要找优秀的法律顾问提供专业的法律建议，来帮助构想一个健全的遗产规划。但是，这里有些事项还需要你自己好好考虑一下，因为我们要认识到，每个人都有与众不同的目标和资源，想要自己做出与众不同的决定。我认为，你做遗产规划时需要自己好好考虑以下七个重要事项。

第一，你每年能赠予别人一些钱而不用交税，最高上限为每人每年 1.5 万美元。结了婚的夫妇两个人合起来，每年可以赠予一个人 3 万美元而不用缴税。对于大多数投资者来说，随着时间推移，这样一年一度的赠予，会成为你一生遗产规划和家庭投资管理计划的最重要部分，甚至是主要部分（赠予年纪尚小的孩子，这些财产必须由其父母中的一个人作为监护人来监督，这是美国向未成年人转移财产统一法案的规定）。这种赠予财产的主要好处是，等你去世的时候完全可以避开遗产税。

你也许主要是将财产赠予自己的孩子。这些赠予多年积累下来，总额会相当大，一部分原因是你赠予孩子的这些钱汇总到一起进行投资，将来赚到的投资收益，缴纳所得税时是按照你孩子适用的税率来计算的，这肯定会低于现在适用你们夫妇的税率。

20 年里，你每年能免税赠予孩子 1.5 万美元，加上你用这些资金帮孩子进行合理的投资，本金加上投资收益会累积到 50 万美元左右；20 年里，你们夫妇二人每年合在一起能够免税赠予孩子 3 万美元，用这些资金帮孩子进行合理的投资，能累积到 100 万美元，可能还会更多。还是那个道理，投资成功的关键是时间和复利，所以你要好好计划，尽早开始，而且要长期坚持按照计划执行不动摇。

第二，截止到 2021 年，美国税法规定个人赠予免交联邦所得税的上限是 117 万美元。所以，那些有巨量财富的人也许想大量赠予出去一些财产，以充分利用赠予免税上限提高这一新的税法规定，这个优惠政策将于 2025 年终止。

第三，有个很有意思的转移财产做法，叫作"合格个人住宅信托"，让你能够把自己名下房产的产权转移给你的孩子，而你本人可以继续住在这套房子里，在约定的年限之内（比如 15 年）不用交租金。这样你就把房产的产权转移到孩子手上了，又可以省下来一大笔遗产税，当然了，如果你在信托到期之前就去世了，那就还得交遗产税。房子也可以用赠予的方式把产权转移给孩子，这样赠予要缴赠予税。美国国税总局认为，赠予物品应该计税的价值，应该按照孩子有权占用该物品当时的价值计算，比方说，15年信托期限结束的那一年。

第四，如果你想要转移很大一笔资产给你的后代，但是你担心，这样一来会扭曲他们的人生观和价值观，因为很小就继承一大笔财产，有钱了，人生的一大目标实现了，自我奋斗的雄心斗志就没有了。对此你可以用这个办法，就是创设一个信托，具体规定在什么样的情况下发放给他们多少钱，不是一次性全部发放，而是分期按照条件来发放，这样就能控制他们如何使用你留下的钱了。

第五，如果你想推迟财产转移，以后再把财产传给你的子孙后代，而且还想做一笔很大的慈善捐赠，那么你可以考虑一下杰奎琳·奥纳西斯的做法。奥纳西斯曾是美国肯尼迪总统夫人，后来又嫁给了希腊船王。大体是这样来安排：建立一个信托，持续上20年到30年，在此期间，每年拿出来一些钱分配给你喜欢的学校或者慈善机构，具体每年拿出来多少钱，可以是固定的金额，也可以是信托资产的一定比例，这些钱都来自你的信托财产^㊀，这样按照你选择的年限，比如过上20年到30年，再把你的这些钱逐步转移给你选择的那些受益人，比如说你的孩子。

第六，这样用信托逐步转移财产，不用交遗产税，不过要交赠予税的话，计算应该纳税的财产金额，是按照估算的信托财产净现值，折现率是按照美国国税局规定的利率水平，算下来的金额，和你原来转到信托里的财产经过20年到30年后的市场价值相比，只是一小部分。

用这种信托可以高效地转移财产，转移出去的财产数量大，交的税

㊀ 英文原文为 the trust corpus，是指设立信托时委托人转移至信托的财产，也叫信托原物。——译者注

又很少。请注意，这里的关键数据都是基于多年来这些财产市场价值的估计。再过二三十年，明智的投资者会想法搞出具体的信托条款和投资基本方略，以适合不同的情境。用这个信托工具，能让你得到双重好处，既能帮助你支持的慈善组织，也能帮助你的孩子。

第七，有个很明智的做法，就是找一个遗产律师，作为你的长期顾问（我们家族的遗产律师是 Day Pitney 律师事务所的雷纽曼，他提醒我们，遗产法律和法规一直在持续不断变化）。

投资者一直认真努力地工作，让自己积蓄的资本最大化，让自己的投资增值最大化，也想付出同样多的努力，让自己积累的财富因为交税而发生的缩水最小化，特别是遗产税。尽量努力用合法手段少交税，就能帮助你实现自己的财务支出目标，留下更多的财产给你的后代，给你支持的慈善事业，实现你最看重的人生价值。

反向思考，或者说倒过来思考，会是一个有效的思想方式，能帮助你探索非常复杂的问题。投资者可以这样来想，国家遗产税并不是对你的财富来征税，而是对你的谨慎小心程度来征税，生前不分配，死后多交税，生前早分配，死后少交税，在你活着的时候，特别是距你去世很久的时候，你不愿意小心谨慎地做出不可撤回的决定来分配你的财产，那么你去世的时候，很多财产还没分配出去，就要交一大笔遗产税。相反，如果你愿意而且能够小心谨慎地做出不可撤回的决定，在遥远的将来按此决定分配你的财产，那么你去世的时候，很多财产都已经分配出去了，就没有留下多少遗产了，就能节省一大笔遗产税。和往常一样，省钱就是赚钱。

很多投资者有些忌讳，并不愿意生前做出这些财产分配的决定，总是觉得遗产分配这个事还是等到自己快要死去的时候再说。但是你要记住：只有你愿意现在就做出关于未来的决定，才能够让复利的神奇威力发挥作用的时间最长，复利产生的效应最大，长期投资实现的增值最多，

实现你认真仔细考虑后制定的中期阶段目标和长期大目标。[⊖]

让你一生实现的财务成功最大化，可以分成 5 个阶段：

- 赚钱；
- 攒钱；
- 投资；
- 捐献；
- 遗产规划。

理想的情况是，你应该在每一个阶段都追求实现最大的成就，既符合你个人的核心价值观，也在你能够遇到也有能力把握的机会范围之内，让你能够享受充实又平衡的人生。在不同领域做投资，其实都一样，聪明睿智的做法是，提前做好计划，务必小心谨慎，为了有效利用时间从而提高你的时间产出效率，你要及早开始，信守承诺，尽可能长期坚持不动摇，持续时间越长越好。

教育通常是你最好的投资，你可以投资自己的教育，可以投资自己孩子的教育，也可以投资别人家孩子的教育，因为你发现这个孩子确实是个好苗子，可惜由于他们家财力不足，孩子上不起想上的学校，你愿意帮孩子一把。孩子接受教育，能够提高他们未来很多年的收入水平，让孩子有更多选择的自由，从而一生过得更加幸福快乐。

另一个"最好的投资"，就是投资你的健康。保持良好的身心健康，这需要你平时多锻炼、注意饮食、控制体重、不要抽烟等。这样能让你活得更久、活得更好，而且生活成本总体反而更低，因为你身体健康了，

⊖ 我的朋友克劳德·N. 罗森伯格（Claude N. Rosenberg）写了几本书，教你如何做好投资多赚钱，此外他还写了《财富和智慧》（*Wealthy and Wise*），讲的是你如何拓宽思路给予他人更多。罗森伯格的分析表明，大多数人觉得自己已经足够慷慨奉献社会了，其实只要拓宽思路，他们完全可以更加慷慨，奉献社会更多。

去医院看病的次数就少多了，花的医疗费也就少多了。

考虑给子孙后代留多少遗产时，聪明睿智的人会聚焦在这个核心问题上：决定给孩子留多少财产才是最好的，并不是给孩子留的财产最多才是最好的。你的智慧体现在于你知道留多少就够了。

沃伦·巴菲特和比尔·盖茨这两个人是美国最富有的人，他们已经决定只把自己很小一部分财富留给孩子。沃伦·巴菲特说，留给孩子的财富，合适的数额衡量标准是："这些钱足够让他们相信，自己想做什么事，就能够做什么事，但是也不能太多，多到让他们觉得自己从此什么事情也不用做，只管花钱享乐就行了。"巴菲特的好朋友比尔·盖茨赞同这个观点。盖茨说："我认为，我一生积累的这些财富应该回馈社会，而不是大部分都留给我的孩子。我之所以这样认为，一部分原因是我并不认为继承那么一大笔财产对我的孩子是好事。他们应该走出去，自己奋斗，努力工作，奉献社会。我认为，这样自我奋斗实现梦想，才是充实人生的一个重要组成部分。"[1]

考虑给孩子赠予和遗产时，做父母的都知道，一个孩子一个样，兄弟姐妹之间差别很大，他们财富多少不同，收入高低不同，财务上的需要也不同。这样一来，就会让父母给孩子分配财产时很难做决定，要"公平"还是要"平等"，二者很难兼顾。其实每个人既是一个独立的个体，又是一个大家庭大集体的成员，个体和集体之间天然存在既对立又合作的关系，最好的财务计划要能够解决个体和集体之间的紧张对立关系，促进双方的动态合作。父母给孩子分配财产，做得不好就会断开家人之间的亲情关系，做得好也能加强家人之间的亲情关系。从税收方面来看，最合适的财产分配方案对于你的家庭成员个体的感情来说未必是最好的做法，所以既要算好金钱的账，也要算好亲情的账。

很多家庭都有自己的核心价值观，比如认为做公益和创业很重要，这两方面都需要用钱来实现。分享和发展这些核心价值观，这可能是下一代成长过程中至关重要的一部分。你做的比你说的更有意义，你赋予金钱的意义能够说明白很多东西，你是一个什么样的人，你想让别人怎么看待你这个人、怎么记住你这个人。因此，发展形成你们家庭共同的核心价值观，清楚表达指引你们家庭做出选择的基本指导原则，非常重要。我的建议是：花时间跟你的家人好好谈谈，你的价值观是什么，你对他们未来的希望是什么。而且你立好遗嘱之后，还要另外准备一封信，和孩子分享你的价值观，你对你至爱的这些家人的感觉。这可能是你最后一次对家人发表意见的机会了。⊖

如果你留给家人的钱够了，留给你关心的人的钱也够了，此外还余下来一些钱，建议你考虑做一些公益捐赠，这样你就给自己创造了一个回报社会的好机会，通过捐助一些公益事业，让你期待的好事能够发生，这会让你这一生很有成就感。

"把钱给出去做公益"，你要是这样说这样想，就大错特错了。别把做公益想得这么简单，相反，你要发挥你的想象力，生动地想象，你挣的这些钱是你用你的技能通过很多年努力积累下来的资本，如何投资使用这些资本，让那些你关心也信任的人和机构来做一些好事，让那些你关心的人群中更多的人生活得更幸福一些。这样在帮助别人生活得更好

⊖ 有一次，我突然灵光一闪，那时我正在洛克菲勒中心的 Charley O's 餐厅享用美味。餐厅墙上装饰着很多电影明星的黑白老照片，一个明星一大张照片，照片下方都有一行字，是这位明星的一句名言。我坐的那张桌子旁边墙上也有一幅照片，这位明星是阿罗尔·福林，此人放荡不羁，是个喜欢自吹自擂的冒险者。福林的照片下面是他的那句名言：哪个家伙死的时候手里的钱还多于 10 美元，就是犯了大错。福林说这句话时，脑子里想的肯定不是把自己的钱都在生前奉献给社会这个事。但是我当时就下了决心，我这一辈子要多给予别人，我死的时候手里的钱仅够交遗产税就行了，要是比这还多，我就是犯了大错。我宁愿犯做错的错误，也不愿意犯错过的错误：做错了，最多不过是我给的太多，不该给钱的却给了，效果不好，让我失望；错过的错误，就是我给的太少或者太晚，结果能干成的好事没干成，让我后来很后悔。宁可多给、乱给而做错，不可少给、不给而错过。这样去做好事，更放得开、更有乐趣，也更有收获。

一些的过程中，你会得到很多的快乐，获得很大的个人成就感。

很多人总是倾向于认为，自己赚到这么多钱完全是靠自己，这样想并不完全正确。确实积累这么多财富，个人是最大功臣，你努力工作，勇于承受风险，想方设法克服了主要困难，付出的心血最多。但是你也应该扪心自问，如果你是生在非洲大陆中部非常贫困的地区或者世界上其他非常贫困的地区，即使再努力、再拼命，又能够有多大的成就？大多数美国人都懂的，他们之所以能够取得这么大的成功，很大一部分原因是美国经济充满活力，美国市场经济体制创造出无数的机会，美国有全面又深入的教育体系，美国的税法允许投资价值复利增长，在此期间投资利得不用交税，可以递延到卖出实现盈利时才交税，而且只交资本利得税。

没有一个人是一座孤岛，正如英国诗人约翰·邓恩（John Donne）说的那样，我们都是同一块大陆的一小小块。财富在很大程度上代表能力，财富越多，能力越强，而能力越强，责任越大。财富不太多的人，可以主要关心自己的家人，主要关心家乡附近地区的公益事业。但是，财富很多的人，就应该关心全世界，关心全人类，充分利用自己巨大的财富，充分发挥自己过人的能力，用更有创造性的手段为全世界和全人类服务，减少人类的痛苦，增加人类的幸福，减少人类发展的问题，增加人类发展的机会。

按照马斯洛著名的需求层次理论，排在"自我实现"之后，也就是比"自我实现"更高一层的需求是超越自我，追求卓越。你要实现这种人生需求，就必须从自私自利的束缚中跳出来，看到更大的场景，看到整个世界、整个人类，把你要达到更高一层的成就和自我实现的人生需求，直接和服务大众联系起来，从满足自我的需要变成满足大众的需要，从实现自我的希望变成实现大众的希望，服务大众，成就自己。

给予的越多，得到的越多，舍得舍得，多舍多得。有些人用自己的财富帮助别人，在这个过程中自己内心也体会到了极大的喜悦和满足，因为利用自己一生的努力工作、大胆想象、抓住良机创造出来的巨大财富，发挥这些财富所蕴藏的价值，创造出更大的社会价值，减少社会对个体的束缚，让好事发生。在自己有生之年就能够看到这些好事，而且是用自己很在乎的方式不断发生的，你的内心多么喜悦、多有成就感啊。那句老话说得好："生不带来，死不带去。"那些能够回馈别人的人，无一例外都会谈到，回馈别人让自己的人生多出一种重要的体验——从服务他人中得到了非常纯粹的内心满足。那些不计回报捐献更多的人会发现自己甚至享受到了更多的回报，得到了更多非常纯粹的内心满足。

选择一些行动，选择推动一些变化，看到你播下的种子开花结果，会给你深深的精神满足和精神愉悦。运用你的资本，促成一些好事发生，让你帮助更多人的愿望成真。和很多人帮助他人成就自己圆满人生一样，你会发现，看到你自己创造的财富作为资源，使你特别在乎的好事逐步发生，使你特别在乎的价值观逐步形成，会让你享受极大的心理成就感和精神满足感。

以下这些方面的机会，可以让你运用自己的财富，发挥影响，助成好事：

- 设立奖学金，以支持和鼓励那些有才华、有抱负的年轻人在重要领域做出重大贡献，其中包括艺术、科学、商业等领域。
- 提供资金，以支持研究和发展先进科学技术、研发新药、改善社会公平。
- 支持医院、避难所和其他机构去帮助那些有紧急需要的人，帮助那些在军队服役的军人。

- 提供资金支持艺术创作，包括音乐、舞蹈、戏剧、电影、绘画、雕塑，以丰富我们的人生。
- 帮助你的社区成为更适合居住生活的地方，愿意出力出钱，成为社区的领导者，大家有事都会找你。

要得到最大的满足，你可以去做一个志愿者，服务一家公共机构，比方一个服务全体国民的大型公共机构、一个服务全球大众的公共组织，或者在你居住的地方参加一个服务社区的小团队。经常积极参加公益活动，经验丰富的人都懂的，出钱很重要，出力更快乐，你出钱之后，又亲自参加活动，付出时间、发挥技能、注入能量，能让你得到更大的快乐和满足。不要浪费了你一生积累的丰富经验中那些最重要的宝贵东西，与其"贮存"起来到最后化为乌有，不如现在充分发挥、广为运用、大放光彩，不然的话，你走了之后，别的人来做，就是别的人用你的钱把事做成，享受那份成就感和满足感。

奉献你的时间、才华、财富，会让你感到深深的满足。这体现在两个方面：一方面，从你个人来说，看到你关心的那些人和组织从你的奉献中受益，不只是听说效果，而是亲眼看见效果，实实在在、真真切切，会让你产生巨大的个人满足感；另一方面，和那些有趣的人长期合作，和那些能够激发出你更大潜力的人高效合作，认识新的朋友，结交宝贵的友谊，也会给你带来深深满足的个人体验。做好事会吸引到相当好的人，做重要的大好事能吸引到最好的人。

参考文献

1. Richard I. Kirkland Jr., "Should You Leave It All to the Children?," *Fortune*, September 29, 1986.

| 第 28 章 |

亿万富豪如何投资

如果你很幸运，积累的财富超过 2500 万美元（折合人民币超过 1.5 亿元），你知道你确实取得了巨大的成功。恭喜你成为美国万分之一最有钱的人。财富超过 2500 万美元的美国人不到 25 万，占比不到万分之一，完全可以说是万里挑一。凡事有利也有弊，财富很多，麻烦也多。很有可能你会发现，处理这么一大笔财富，给你带来很多全新类型的问题。你如何找到适合自己的投资顾问和投资基金经理？你应该把多少钱传给你的儿孙，什么时候传给他们？你承诺拿出多少钱去做公益，什么时候捐出？

如果你拥有的财富更多，超过 1 亿美元（折合人民币超过 6 亿元），你也许会考虑组建一个投资委员会，给你提供有关投资方面的建议。如果是聘请投资顾问，每年要按照你财富规模的 1% 到 2% 支付投资顾问费。你会觉得这也太高了，换成我肯定觉得太高了，一个替代的选择就是，每过 5 年就花钱去找一个投资顾问做投资咨询，这个顾问按照时间收费，请这位投资顾问全面深入评估你所有的理财和投资规划，以确认对你来说这些理财和投资规划是否合理。你请这位投资专业人士做的投资咨询，哪怕只是让你避免了一个重大错误，哪怕只是帮助你做出了一个明智的投资操作，你就会发现自己赚大了，相比自己少亏的钱、多赚的钱，按照小时付的那点儿咨询费，实在是太值了。（我来告诉你一个能请到顶级专业人士做投资咨询的好办法：有些投资专业人士博学多才、见多识广、专精特长、见识过人，多受聘于大型基金会和大型教育机构捐赠基金，或者受聘于大型企业养老金基金，他们也许很愿意在周末来帮你一把，你只要按日计费每天给的报酬高一些就行了。）

你要是非常聪明的话，就会聘请一位最好的信托和遗产律师，一直为你提供法律服务。（给你一个小小的忠告：最好是年轻的律师，因为他们正在开始建立自己的执业生涯，从现在开始还会继续执业很多年，这样一来，同一个非常值得信任的律师就能一直为你和你的财富提供法律服务很多年。）最后，再聘请一家大型会计师事务所一个最好的年轻合伙人，作为财务顾问和监管人，然后和别人共同雇用一个超一流的会计，兼职就行。你个人喜欢就可以雇用，帮助你记录所有收支，每个月向你总结报告一次，通过监管投资来帮你监管"监管者"（那些退休的优秀会计师通常愿意兼职工作）。

你成为亿万富豪，这证明你已经赢得了"赚钱的比赛"，所以问问你自己："今后对我来说，是继续专注于做好进攻去赢得更多的财富更重要，还是专注于做好防守以减少财富损失更重要？"你积累了大量财富，就会天天都有很多投资管理机构前来拜访，让你应接不暇。这些人个个能说会道，很会讨人喜欢，在投资界被称为"资产收集者"，因为他们很有能力去赢得富有人士的信任，把资产委托给他们管理。你也许很高兴看到他们个人都富有魅力，但是一定要谨慎小心，洞察别人对他们的推荐是否属实，不能一听就信。

"另类"投资一直在聚光灯下,是投资圈众人瞩目的焦点。能得到众人瞩目,一部分原因是有些做另类投资的基金经理拿到了天价报酬,给媒体报道提供了猛料;一部分原因是有些做另类投资的基金经理确实取得了特别优秀的投资业绩;还有一部分原因是有太多投资者希望找到一个好办法,既能得到高收益,又能只冒一点小风险。

另类投资吸引到这么多的注意力,还有一个原因,就是有四大机构大规模另类投资的效果太好了,它们做得最早,规模最大,技能最高,这就是四大名校——耶鲁大学、哈佛大学、麻省理工学院、普林斯顿大学的捐赠基金。(充分披露:我担任耶鲁大学投资委员会的主席很多年了。)这四大机构的投资业绩好得出奇,同样重要的是,并不是因为偶然运气好,业绩是持续系统地获得的,它们运用的是一个严格的、有条有理的操作过程。但是如此出色的业绩很难复制,你想都不要想!

我8岁的时候,妈妈带着我和姐姐、哥哥一起去大马戏团看表演,是著名的林林兄弟和巴纳姆·贝利马戏团。那些年轻胆大的杂技演员表演空中飞人,在高空秋千上飞来飞去,如同天外飞仙,我太羡慕了。当时8岁的我一想,他们行,我也行,我要在家里试一试。结果不用我说,你一想就知道了。我是飞起来了,但飞得不高,摔得挺狠,膝盖、胳膊肘、下巴都摔破了皮。不过也有一个小收获,我得到一个刻骨铭心的教训,模仿专业高手真不容易。(美国股市有这么一个段子。股市新手问:"有什么方式能最快赚到一笔小财?"股市老手答:"先去赚一笔大财,然后模仿专业高手做股票。")所以,我在这里给出一些善意的警告,提醒各位富豪要小心,最近有一些另类投资方式很流行,但是并不符合传统投资方式,这些另类投资能赚到的收益没有你想象的那么高,但是你为

此承受的风险相当高。㊀

对冲基金

对冲基金大放异彩，迅猛发展，一部分原因是 2000 年美国股市网络股大崩盘的时候，对冲基金表现良好，但是最主要的原因是搞对冲基金能让基金经理快速发大财，赚钱多得出奇，发财快得出奇。收 2% 的基金管理费，就可以覆盖基金所有的运作成本，此外基金经理还能再拿到 20% 的业绩提成。要是你知道，有些聪明的朋友搞了一个对冲基金，一年就能赚 1000 万美元（有几个对冲基金的基金经理一年就赚到了 10 亿美元），一年就成了千万富翁，你很难忽略这样的事，因为你觉得自己也不比那个家伙差，同样有才华，很年轻，也有能力，想靠自己独立奋斗发大财，同样想要加入一家小公司，跟几个同样聪明能干的朋友一起合作，搞出来一番事业。你一看，对冲基金很有创意，很有意思，令人着迷。要是一切顺利如愿的话，你就可以赚到大钱。这样的大好事，谁会不感兴趣呢？

对冲基金采取的投资策略，可以说五花八门、多种多样、数不胜数。搞对冲基金的这些基金经理都才华横溢，非常聪明，非常积极，非常努力，超级自信，非常时尚，简历非常耀眼，顶级名校毕业，著名大型企业工作过好几年。不过大多数对冲基金面临着一个最大的问题，那就是同行竞争对手太多，其他对冲基金，不是只有一个两个，不是只有一百个两百个，而是有好几千个。一家对冲基金开发出一个投资"奇招"，用

㊀ 要取得巨大的成功，通常需要专精于某一类工作，或者专精于某一类投资。不过大多数已经赚了好多钱的富有人士，聪明睿智的做法是做好防守，就是分散投资，充分分散，保证不出大错。你是个富有人士了，已经很有钱了，已经赢得了赚钱这场比赛，还在投资上过于激进，冒的风险太大，就会让你从胜利变成失败，从大赢家变成大输家，这样未免也太傻了吧。

一种新的投资制胜方法出奇制胜，非常赚钱，其他几千个对冲基金马上就会设法破解，马上模仿投入使用。非常短的时间之内，原来很赚钱的奇招，就成了人人都用的老招，独家优势消失了，丰厚盈利也没了，只能回到正常业绩水平，没办法，只能再去琢磨新的投资奇招。创新出来一个奇招，已经够难的了，创新出来一个又一个奇招，那是难上加难，难于上青天。这个原因，再加上其他原因，导致每年都有超过10%的对冲基金消失不见了。与此同时，大多数对冲基金的业绩记录一直不理想，让人很失望，主要是因为对冲基金太多，竞争太激烈。

对冲基金最根本的挑战，也是那些投资对冲基金的客户面临的根本挑战，就是有一个最低盈利指标。美国股市股票投资收益率平均水平按照每年7%来算，那么一个对冲基金的业绩要达到每年11.25%才能够覆盖所有的费用，包括2%的管理费，还有20%的业绩提成（11.25%×20%=2.25%），这样扣费之后的净业绩才能达到7%的市场平均水平。这就要求对冲基金至少能够获得4.25%的"阿尔法"（alpha，就是我们经常说的超过市场平均水平的超额收益），只有超一流的投资管理才能创造出来这么大幅领先市场的超额收益。你算算，市场平均业绩水平是7%，你要比市场多赚4.25%，领先幅度超过60%，这可是非常大的领先幅度。你想想看，你比同行奖金多拿60%，多么不容易。有些对冲基金业绩确实有这么高，有些对冲基金业绩甚至更高，但这并不是真正的问题所在。真正的问题，不是你投资的对冲基金一两年的业绩有多高，而是能不能年复一年地业绩都有这么高，平均下来年年领先市场的幅度都在60%以上，特别是越来越多的资金进入对冲基金，对冲基金之间互相激烈竞争，看谁能找到奇招捕获超额收益。

风险投资基金

　　风险投资基金吸引了投资大众注意力。多年以来，在很长一段时间里涌入风险投资基金的投资资本大幅猛增，令人震惊。毫无疑问，确实有些风险投资者发掘到了那些大爆炸一样快速大获成功的高成长公司，比如苹果、eBay、谷歌、优步，这种股权投资赚到了100倍甚至1000倍，简直比神话还要神奇。你肯定也想复制这样神话一般的投资，但是在你投资风险投资基金之前，考虑下面这些真实情况：在过去30多年里，盈利排名前四分之一的风险投资基金年化投资收益率为28%，确实相当高，但这只是少数，所有风险投资基金合在一起进行排名，其收益率中位数其实还不到5%。盈利排名前12位的最成功风险投资机构的合计盈利，超过了整个风险投资行业的"超额收益"（就是基金收益超过标普500指数的那部分收益）之和。换句话说，相对于整个市场来说，只有这12家风险投资机构是赚钱的，占比不到1%，整体来看超过99%的风险投资基金是亏钱的。你做风险投资，放弃了流动性，冒了高风险，换来的不是高收益，竟然是亏损。那些持续领先整个行业的风险投资机构，由于强有力的原因，有很高的概率将会持续成为业内最成功的风险投资机构。

　　风险投资的成功秘诀已不是什么秘密。成功的关键因素不是钱。要做风投，钱是必须的，但是光有钱还远远不够。做个最优秀的风险投资基金经理可不简单，并不是精明地支持企业研发令人激动的新产品就够了。他们擅长做好这件事，那是当然的了，但是他们最强大的优势在于另外两个方面：一是会找带头人；二是会找人组建团队。最优秀的风险投资基金经理知道如何选择创业者，也知道如何给这个创业者找帮手，找来一批各有专长又才华过人的专业人才，组建一个高效执行的团队，帮助这个创业者打造出来一个非同寻常的成功企业，把理想变成现实。最优秀的风险投资基金经理，肯定不是只管出钱其他什么都不管的被动投资者，而是积极参与的主动投资者，充满活力，非常积极，很有创意。那些刚刚起步的创业者非常精明，经常向那些已经非常成功的企业家老手学习请教，他们很快就明白了，那些最优秀的风险投资人非常重要，他们有更多好经验，有更多好人脉，可以帮助他们创办的新企业更加顺利地获得成功。所以，最好的创业者，有了最好的创意后，都想找最好的风险投资人合作。

最好的风险投资人总是四处撒网，大小通吃，在他们想要投资的行业里面和大中小各类企业保持紧密接触。他们要保证做到，最激动人心的年轻明星创业者，如果决定要创办新的企业，一定知道有自己这样的风险投资高手协助，会起到多么重大的作用。这不是随口说空话，有案例为证，他们以前投资过一些刚刚创立的小企业，他们这些风险投资高手加入之后，在关键的地方、关键的时候起到了关键的作用，让企业发展大为不同。这些风险投资顶级高手各有专长，专精于高科技行业的某些具体细分领域，他们对这个圈子的人非常了解，认识所有工作最有成效的工程师、销售人员、产品经理、会计师，他们是每一块业务的业内高手。这些风险投资顶级高手知道，为什么这些人工作如此有成效，他们能鉴别出来，具体什么样的人才适合一起合作，他们能够打造一个成功的团队。这些风险投资顶级高手用这种会看人、会找人、会聚人的专长，来帮助他们投资的企业核心团队变得更加聪明、更加强大，变得更有可能获得成功。这些风险投资顶级高手知道那些能成事的创业者总是因时而变、与时俱进，不断改变企业的产品，不断改变商业计划，不断改变目标市场。那些能成事的创业者不会固执己见，不管原来的产品、市场、商业计划过去多么令人激动，都不会死死抱着不肯改变，因为他们知道，创业成功的关键是人，创业者要有强烈的愿望追求成功，而且还要技能熟练地管理风险，而不是成为冒险者。

那些风险投资的大赢家能够持续获胜，并非偶然。不过有一个问题，你和我看明白这一点也没有用。就像最好的对冲基金一样，最好的风险投资基金对新的投资者是关闭的。事实上那些最优秀的对冲基金和风险投资基金，想要进来投资的客户很多，早已经是远远超额预订了，甚至那些过去长期投资的老客户想要追加投入更多资金，它们都无法满足。除此之外，这些最好的风险投资基金投资过的企业家，有些现在已经非常成功、非常有钱了，他们也有大量资金想要加入这些风险投资基金。长话短说：你想投资的风险投资基金，你根本进不来。其他的风险投资基金敞开大门，只要是资金都欢迎，可是你又觉得它们不够好，不想加入。这让我们想起了那位智慧过人的投资大师格鲁乔·马克斯充满嘲讽的那句话："那些愿意让我加入的俱乐部，我才不愿意加入呢。"

房地产投资基金

房地产投资有很多吸引人的地方。美国最富的那些人和家庭之中，有相当大一部分都是靠着搞房地产投资发的大财。房地产投资要成功，关键有以下几大因素。一是税收优惠，这是一个主要因素。二是精明地利用杠杆，能拿到贷款。贷款非常重要，一般人买房，大部分购房款都是用的贷款，首付只占一小部分；房地产开发，自有资金占的比例更小，绝大部分资金都是靠贷款。三是有非同寻常的谈判能力。能够搞好对自己非常不利的商业谈判至关重要。四是既能耐心等待机会又能果断采取行动，这二者都是必需的。此外，要想房地产投资做得很成功，你必须非常了解每个地区当地房地产市场的情况，既要全面了解大局，又要深入了解细节；在你选择的那个细分市场，要全面深入了解每个楼盘的情况、每个楼盘租户的情况、这些租户租约的主要条款；还要聪明地洞察出来如何具体地改建装修能大幅提高未来的租金；还要有特别的能力能够吸引人人渴望的好租户。全心全意，完全投入，做好业务，也是必需的。

以上是房地产投资成功必须具备的关键因素，只有少数人有能力满足，且愿意付出努力去满足。谁要是想只用一部分时间兼职做房地产投资，极少能做成功。这也正是为什么那些全心全意、全力以赴做房地产投资的人，能做得非常好，赚得特别多。这相当于少数全职高手对多数业余兼职选手。

如果你想要投资房地产，却不愿意花上大把时间，那么你可以投资房地产投资信托基金（real estate investment trusts，REITs），这种基金在各大主要股票交易所都有挂牌上市。这些房地产投资信托基金的市场价格，既反映了整个房地产市场的情况，也反映了整个股票市场的情况，其长期收益率水平类似于整个股市收益率水平。

私募股权投资基金

跟其他专业的另类投资一样，最好的私募股权投资基金（Private Equity，PE）通常是关闭的，新的投资者根本进不来。对个人投资者来说，买不成私募股权投资基金也没什么关系，因为私募股权投资基金总体和平均而言，还跑不赢股票市场指数，这是扣除它们使用的很高的融资杠杆放大投资收益率这个因素之后计算出来的业绩水平。换句话说，投资者买公开上市交易的流通股，适当用一些保证金融资作为杠杆，能赚得更多，而且流动性更好。

大宗商品投资

大宗商品㊀也很受关注。从经济上讲，那是一动不动，惰性十足，所以大宗商品本身的经济价值不会增长，你无论放多久，黄金还是那块黄金，玉米还是那粒玉米，石油还是那滴石油，铁矿石还是那块铁矿石。所以驱动大宗商品价格变动的因素不会是价值的变动，只会是市场需求和供给的变动。你买卖大宗商品，并不是投资，只是投机，赌的是你比市场知道得更多，或者说你比市场看得更准。有时你赌对了，买卖交易做对了，但是市场上每一笔交易有买必有卖、有对必有错、有赚必有赔，每一笔交易，一方赌对的人必须对应着另外一方赌错的人。本来所有交易合在一起应该输赢相当、盈亏相等，整体来看是零和交易，但是商品期货交易所不是免费的，买卖双方都得付交易佣金，这样一来，零和交易一扣除掉交易佣金，就成了负和交易，因此商品交易所所有交易者整体来说肯定是赔钱的。黄金最近几年很受关注，特别是从创设出黄金ETF之后，更受关注。黄金的价格一直在变化，有过一波大牛市，有人预测黄金价格还会涨得更高。但是投资者展望未来时，不要忘记回忆历史，你别忘了，通胀调整后的黄金价格，在20世纪80年代早期是每盎司2200美元，过了40年，2021年底黄金价格只有每盎司1870美元。

㊀ 大宗商品，包括黄金、玉米、大豆、原油、铁矿石、煤炭等，同质化很严重，所以说是可流通的商品。它们广泛作为工业基础原材料，使用量大，交易量大，所以说是大宗商品。——译者注

| 第29章 |

我们上场吧

你已经知道了,是你本人,而不是你的基金经理,负责去做投资最重要的那一部分工作,决定了你的投资管理能否成功。你有两大核心责任:一是制定你的长期投资目标;二是确定一套合情合理又切实可行的投资基本方略,能够实现你制定的长期投资目标。你可以找一个专业投资顾问来帮助你制定投资目标和策略,如果你自己能行,也可以不用。

想要投资成功,你必须研究以下三个方面:一要研究基本面,了解你的投资总体实际情况;二要研究心理面,了解你在情绪上的风险容忍程度;三要研究市场面,了解投资市场的历史。还要研究这三个方面如何互相作用。因为三者之间会相互影响,有时市场现实情况堪忧,而你的财务上有很多钱需要多投资,情绪感觉很好想要多投资,可能导致你不顾现实,在市场明显过度高估时过多投资,给自己造成巨大的伤害。

基金投资者研究历史上投资的真实情况,才能够保护自己和自己的投资不受那些非常常见却并不切实可行的投资观念的毒害。这些观念包括让基金投资者误以为自己能够找到一个或者几个非常优秀的主动管理型基金的基金经理，大幅跑赢市场，因为这些基金经理见识过人、能力过人，能够在众多投资专业人士的激烈竞争中大幅胜出。

如果问题是："我们能不能找到一群优秀的基金经理，这些基金经理个个聪明能干、博学多才、见多识广、勤奋努力、经验丰富、全力以赴、追求卓越？"

答案非常响亮："能。"

但这是一个错误的问题，这里说的基金经理好不好，只是定性，没有用客观现实的业绩定量衡量标准来分析业绩好不好。你得知道，人好并不代表业绩好。正确的问题应该根据一个正确的业绩衡量标准来问："我们能不能找到这样一个优秀的基金经理，能比其他投资专业人士做得更好，衡量指标是，其投资业绩能够大幅跑赢其他所有专业人士共识形成的市场平均业绩，足以覆盖其收取的基金管理费等投资成本，并且抵消其为此承担的投资风险和不确定性？"

见多识广的投资者明白，主动管理型基金的基金经理要战胜市场，唯一的方法是他能找到并利用其他投资者的错误，多过其他投资者找到并利用他的错误。投资者明白，一个基金经理力争打败市场，很有可能会用力用过头，结果反而被市场打败，这就是过犹不及。很多基金客户坚持不断努力争取打败市场，不管是靠自己，还是靠专业的基金经理，大多数投资者最终会失望地看到结果是自己被市场打败。

令人高兴的是，有一个轻松的方式，可以让你赢得股票投资这个比赛。很简单，就是不要再用老一套打法，由于现代的证券市场已经发生了很多重大变化，那些过去流行的股票投资方式已经现在已经严重过时了。我在大约50年前发现了业余投资者最大的投资问题，于是写了 The

*Loser's Game*㊀，呼吁投资者重视这个问题。

我从小到大受的传统教育是这样的："你找到一个问题，就要找到一个解决办法。"既然我发现了这么一个重大问题，就应该给这个问题寻找到一个解决办法，这让我执着地努力思考和探索。

就像我们经常恍然大悟的那样，要找到解决问题的方法，你就要"在盒子外面思考"，跳出传统思维框架的束缚，不要固守陈规，为此你要重新界定问题。这样问题转变了，你关注的焦点也就随之转变了，原来关注的焦点是赢家相争更强者胜（努力去争取打败市场，却不知道战胜专业投资高手主导的市场几乎是不可能的），你现在把关注的焦点转变到输家相争更稳者胜，专注于你的投资大局，主要是长期投资三大成功要素：长期投资目标、资产配置、投资基本方略，然后仔细研究决策，明确自己奔向未来的总路线，接下来按照这个总路线坚定不移地前进，长期坚持不动摇。

在股票市场上，个人投资者很重要，这是因为以下三个主要原因：

第一，个人投资者人数非常多：在美国就有5000万个人投资者，在其他国家个人投资者数量也非常多㊁。

第二，大多数个人投资者真的是完全靠自己来计划长期投资基本方略和策略。（其实投资顾问完全能够提供大多数个人投资者需要的咨询服务，而且是按照小时合理收费。）

第三，大多数投资书籍，为了销售更多都自吹自擂地虚假承诺道：

㊀ 这篇文章是写于1975年，发表在《金融分析》（*Financial Analysts Journal*）杂志上，赢得了专业的"格雷厄姆和多德奖"。

㊁ 根据中国证券投资基金业协会发布的数据，截至2024年底，全国公募基金场外自然人投资者数量高达8亿。根据中国证券投资基金业协会官网发布的统计数据，截至2024年底，中国公募基金规模达到32万亿元人民币。其中股票型基金超过4.4万亿元，混合型基金超过3.5万亿元，合计接近8万亿元，约占中国股市总市值的十分之一。——译者注

"普通投资者，只要跟我这本书学，照我说的去做，就能够打败市场。"但是现在的市场是由专业机构主导的，打败市场其实就是打败所有投资专业人士共同形成的共识。专业投资者都做不到，个人投资者更没有能力做到。

幸运的是，个人投资者确实并不需要打败市场才能够获得投资成功。努力去打败市场将会把你带偏，偏离个人投资者最主要的投资任务，这个任务非常重要、非常有趣，而且投入产出比非常高，那就是设计一个切实可行的长期投资方案，将来能够成功地为你提供最适合你实际情况的投资业绩。

长期投资方案的中心是长期投资基本方略，长期投资基本方略至关重要，它是你通向投资成功的总路线，你要全面深入考虑，稳健周全构思，长期坚定遵循。要求你做到的投资行动并不复杂，读了我写的这本书，你会觉得我讲的这些投资建议非常简单，我也觉得非常简单。请你记住沃伦·巴菲特总结得很好的这句话："投资很简单，但是并不容易。"⊖真正的挑战是，承诺坚守长期投资基本原则，避免对市场短期波动过度反应。市场最擅长短期上下波动来迫使你动摇，不再坚持你的长期投资基本路线。其实市场这些短期波动都无所谓，和你真正需要做的长期投资工作没有关系。坚持不懈，坚定不移，坚持你的长期投资基本原则不动摇，这是你最主要的责任，也是你最好的机会，这样才能确保你会获得长期投资成功。

⊖ 我有两个朋友，一生从事医药和医疗研究，是业内顶尖的专家。两个人都赞同，医疗史上两个最伟大的发现，一个是发现了青霉素，另一个是发现了洗手很重要（洗手阻断了接生婆的手把细菌从一个产妇传染到另一个产妇，因为在1900年前大多数孩子都是接生婆来接生的）。此外，我这两位身为顶尖医疗专家的朋友还说，要想更长寿，活得更健康，最好的建议就是两条：一不要抽烟，二要开车系好安全带。这说明了什么道理？建议并不是越复杂越好。

努力争取打败市场，会引发两大问题，而且二者有很大不同。第一大问题是，打败市场，极其难以做到，而且往往很容易适得其反，你越是非常努力地争取将业绩做得更好，结果越是反而更差，甚至会差很多。第二大问题是，过度努力追求打败市场，会过多占用你的注意力，让你因小失大。因而不能把主要注意力放在对你长期投资成功最重要的事情上，而是要建立长远的投资目标和投资基本方略，以更好地匹配你个人的实际情况和具体需要。

努力争取打败市场，这是一个输家相争更稳者胜的比赛。想要赢，很容易，就是根本不去参与。相反，你要专注于参加赢家相争更强者胜的比赛，就是制定稳健合理的投资基本方略，并且长期坚持不动摇。这些投资策略对外适合市场环境的实际情况，对内适合你个人的实际情况，将来能够达成你的 10 年以上的长期投资目标和 10 年以内的短期或中期投资目标，而且也是现在你有能力持续坚持下去的。

保证你的投资业绩排名能够进入前四分之一，这很容易做到。只要投资并持有指数基金，你就肯定可以做到，特别是 10 年以上的长期投资业绩。时间越长，指数基金的业绩排名越靠前。（事实上，在过去 20 年里，指数基金取得的 20 年长期业绩排名，不只是前四分之一，而是前八分之一，而且获得排名这么靠前的出色业绩，根本不需要你承担过多的风险，你还是只承担市场整体平均水平的风险。）

不同投资者的需求和目标是不一样的，所以他们的投资组合也不应该是一样的。你个人的投资方法，应该主要取决于你如何回答下面这些重要的问题：你的个人财务状况如何？说得直白点，你有多少钱可以用来做长期投资？这些钱能投资多少年？你有哪些资产、收入、负债，以及你承担了哪些必须承担相应支出的责任？你觉得市场风险有多大？你能相信自己肯定会是一个坚定不移的长期投资者吗？每个投资者对这几个问题的回答会有很大不同,这就决定了每个投资者都是与众不同的,都是独一无二的。

为了履行好你对自己的投资理财责任,你需要具备以下三个特点:

第一,有纯粹真诚的兴趣去逐步全面深入地了解自己,你真正的价值观是什么,你真正的投资目标是什么。

第二,从根本上深入认识资本市场的基本特点和投资的基本特征,其中包括最重要的两点:一是市场擅长用短期波动愚弄人的聪明技巧;二是现在的市场是由专业机构里的投资专业人士所主导的。

第三,要坚守投资纪律,制定一套投资基本方略,而且长期坚持不动摇。因为你是深思熟虑才制定出来这一套投资方略的,你相信,随着时间的推移,长期坚持下去,肯定会成功地实现你切实可行的投资目标。这正是本书讲的核心所在。

尽管我在本书里猛烈地批评现代的主动投资管理这项业务有问题,但是我这本书并不是谴责主动管理型基金的基金经理这些人不行。主动管理型基金的基金经理,个个努力争取打败市场,这引发出一个重大问题,努力争取打败市场的投资专业人士实在太多了,他们个个都很有才华,都全身心投入工作,同样都能随时获得数量和质量超一流的信息,计算能力超强,这样一来,所有这些基金经理聚合在一起,就形成了一个具备高度竞争力的团队,结果这让他们任何一个人都很难打败整个群体,特别是长期而言。短期个体还能靠运气偶尔赢一次,长期只能靠实力,个人很难长期战胜群体。

我写本书,就是要非常清晰地表达这个观点:投资管理的真正目的并不是去努力打败市场,而是每个投资者都要做好自己应该做好的事。这是个人投资者自己必须要承担的投资责任,可以分成三步:第一层,界定你自己真实可信又切实可行的投资目标;第二步,制定明智的长期投资基本方略；第三步，长期坚持你的投资目标和基本方略不动摇。尽管道理看起来很明显，但投资者需要关注更多的是基金经理的资金管理方式。现实情况却相反，很多人对这一点关注得实在太少了，发现出了问题后才大量关注，却为时已晚。有些个人投资者准备自己主宰自己的投资命运，本书就是专门为此而写。

注册投资顾问应该鼓励他们的客户好好读本书，将本书作为自己的投资指南，以帮助投资者扮演自己投资过程中至关重要的主角，更加见多识广，更加积极投入，不断进步。这样你就可以成为一个成功的投资者，成为投资顾问的一个成功的客户。

我写的这本书，篇幅不长，观点清楚明确，说话直截了当，你读完了，消化了，吸收了，接受了，那么你的这门投资课程的学习就完成了，个人投资者获得真正的成功，需要知道的所有东西，现在你全都知道了。现在你已经做好充分准备去投资了，你可以去享受投资取胜的快乐了。好了，上场吧！

| 第30章 |

交卷之前再检查一遍

伟大的物理学理查德·费曼说:"不计得失,不计成败,纯真的质疑是迈向创新必需的第一步。"所以,我已经学会了要双重检查我得出的答案,特别是证据看起来越是确定无疑的时候,越要主动怀疑,问问自己:"我会不会是错的呢?"我在本书中的一番论证,建立在一些主要依据上,过去多年来,我跟很多专业人士一再核查这些主要依据是否符合实际情况,我有信心确认,下面这三条关于证券市场结构上的基本现实情况不会改变:

第一,以基金经理为代表的投资专业人士,聪明能干又勤奋努力,其总体数量不会大幅减少,所以主动型投资管理的基本特征不会改变,不会重新变回20世纪60年代到70年代那样赢家相争更强者胜的比赛,将来仍然还是输家相争更稳者胜的比赛。

第二,机构交易量占市场总交易量的比例不会下降,机构投资者会继续主宰市场,而领导机构的人都是非常厉害的专业投资高手。因此,业余投资者相比之下还是差得很远的,和专业投资高手较量,基本上必输无疑,即使你是最有才华的业余投资者,和专业高手一比水平也差远了。

第三,也许将来会有一天,实在有太多的投资者都一致认同指数投资,几乎所有的投资者都买指数基金了,以至于"最后还坚持自己选股的投资者"只剩下少数几个人,反而能一统天下,主宰整个股市的股票定价权。别做梦了,哪里可能会有这样的事!人天生容易过度自信,还是会有很多人想要自己选股力争战胜市场,就让他们去争好了。现在选择个股力争打败市场已经成了输家相争更稳者胜的比赛,你再努力也无用,只会浪费时间和金钱,我们不去参加这样的比赛。相反,我们要利用我们的时间和金钱,去参加赢家相争更强者胜的比赛,这需要我们集中时间和精力做好两件大事:一是研究决定我们的资产组合基本方略,使其适合我们真正的长期投资目标;二是对我们的投资资产进行指数投资,来赢得时间和金钱。

| 附录 A |

捐赠基金投资委员会如何做好基金管理

机构投资非常不同于个人投资,这并不仅仅是钱多钱少的事,机构投资者确实比个人投资者的资金规模大得多,就像海明威猛怼菲兹杰拉德说的那样:"是,他们更有钱。"㊀

机构投资者,比如各个大学的捐赠基金,企业年金,或者其他机构,一般都设有投资委员会。我们有些人有机会加入了大学捐赠基金等机构的投资委员会,肯定都想出一份力,提供一些帮助。我这里简单给各位普及一下,加入大学捐赠基金等机构的投资委员会之后,你会遇到哪些情况,你如何做,能够发挥的最大作用,提供的最大帮助。

大多数机构设立的捐赠基金都是永久的,或者说接近永久的。捐赠基金设有投资委员会,监管整个基金的投资,投资委员会把基金的资金委托给外聘基金经理来进行投资管理操作。捐赠基金投资委员会(以下简称为投资委员会)的主要责任并不是提供基金投资管理,而是确保捐

㊀ 可能您不太熟悉这两个大作家之间的这段交流,海明威这句回应是针对菲兹杰拉德的一句评论:"富人跟你我相比大大不同。"

赠基金有良好的治理结构。

对于大多数投资委员会来说，主要的任务和责任是有三块：第一，确立适合的捐赠基金投资目标，包括在此期间承担的市场风险水平和实现的长期收益水平；第二，决定长期投资基本方略，以实现投资风险与收益目标，并且协调好基金投资管理和财务管理各项规定，让二者相辅相成，和谐相处；第三，内部关系安定和谐之后，接下来就要协调好外部合作关系，确保投资委员会与外聘基金经理之间形成很有成效的工作关系（我在前面几章已经解释过了，越来越多的机构，把更大比例的资金用来投资指数基金。这样采取指数投资的决策很明智，这样一来投资委员会和外聘基金经理"合作"就很容易了）。

如果投资委员会管理的基金规模巨大，有好几十亿美元，管理外聘基金经理就成了一个相当复杂的事，需要雇用一个投资专业人士做全职员工来专门负责，再由投资委员会来监管，因为投资委员会拥有正式的监管责任。如果投资委员会监管的基金资产规模少于10亿美元，通常不需要聘用一个投资专业人士作为全职员工来专门负责管理外聘基金经理，而是依赖于不同的管理模式。有的是由一个内部员工作为骨干人员负责，有些是从外部聘任一个首席投资官，有些资金规模小的基金更加省事，投资委员会直接来监督管理外聘基金经理。

双方合作，一方是投资委员会作为客户，一方是外聘基金经理作为受托人，接受客户委托管理投资，好的业务合作关系都是一样的，合作双方每一方的责任和任务，应该是切实可行的，而且双方都清清楚楚地知道。具体来讲，外聘基金经理的使命应该是清晰的，白纸黑字写下来，而且双方互相认可，应该每年重新确认（或者每年修改）。投资使命，应该明显是在外聘基金经理的能力范围之内，而且相对市场来说是切实可行的。

投资委员会作为客户，委托外聘基金经理管理投资，二者之间的联系，通常是集中在定期召开的会议上，组织这些定期会议是为了加强合作而共同获得投资成功，这是双方都渴望获得的投资成功。每次会议，应该由作为客户的投资委员会来设计和控制，而不是由基金公司等外聘基金经理来设计和控制，但是事实上却经常由外聘基金经理来设计和控制。投资委员会的主席，应该建立会议日程安排，外聘基金经理应该配合提供所有相关文件，好让投资委员会各位成员有足够的时间仔细阅读会议材料，为会议召开做精心准备。我这里刻意强调只提供少而精的相关文件，因为并不需要有多大本事，就可以整出来一大堆琐碎无用的统计数据，结果会淹没整个会议的中心议题。

长期投资基本方略和投资具体操作，二者应该清晰地区分开来，因为二者有非常大的区别。形成投资基本方略，具体投资操作，是投资管理中相辅相成的两个方面，只有把二者区别开来，才能清楚地设定这两个方面的责任是什么，如何问责。当然，我们不应该把投资基本方略和投资操作完全割裂开来，互不相关。大致来说，投资决策从上到下，分成三层：长期投资目标，长期投资基本方略，具体投资操作。投资操作的业绩表现，应该客观地进行评估，以确定投资操作符合投资基本方略，与投资基本方略保持一致，而投资基本方略应该对照长期目标来客观地进行评估，以确认投资基本方略是否切实可行，行之有效。可是，往往投资委员会并没有实际控制的投资基本方略，也将其委托给了外聘基金经理，这样一来外聘基金经理既控制投资基本方略又控制投资组合管理。把投资基本方略和投资操作混为一谈，其实就是把界定问题和解决问题混为一谈，投资委员会把投资基本方略和投资操作都委托给外聘基金经理，这等于自找烦恼，容易给自己惹祸上身。

具体描述投资目标和投资基本方略，现在利用从现代投资组合理论衍生出来的那些专业术语来讲，就比以前容易多了。夏普比率（一种描述超额收益与风险的比率）加上基准收益率，运用这两个指标，让客户可以监控外聘基金经理的投资组合操作，与双方共同认同的投资基本方略保持一致的程度如何。有了这种能用具体指标准确衡量的信息，就能让每个外聘基金经理专注追求获得良好的业绩表现，这不是靠追求英雄般地打败市场，而是靠忠实合理地执行切实可靠的投资基本方略，以实现界定得很合适的投资目标。

投资委员会和他们委托的外聘基金经理应该协商后达成共识，清晰地认同投资基本方略的以下三个维度：

第一，投资组合要承受的市场风险水平。

第二，随着市场波动变化，投资组合继续保持原来的风险水平，还是改变风险水平。

第三，投资组合要承受还是回避个股风险和市场板块风险，如果承担这样的风险，预期能够为组合增加多少投资收益率？

投资委员会赋予主动管理型基金经理越来越多的权力，由外聘基金经理自行决定偏离与市场匹配的指数基金那样的投资组合，承担更多的不同类型风险，包括市场风险、股票板块风险、个股风险，这么一来，投资委员会分析投资组合在任何一个具体时间段的收益率，要确定其中多少是基金经理能力强的结果，多少是运气好的结果，评估难度就会迅速增加。

衡量和评估外聘基金经理的投资操作表现，应该直接对照具体的投资基本方略，而且是只对照具体的投资基本方略。举个例子，你去评估一个成长股投资组合或者小盘股投资组合的操作业绩表现，对比的业绩基准是整个市场的业绩水平，这样会不公平，也会误导人。经常看到的是，一个基金经理只做成长股，或者只做小盘股，因为业绩大幅跑赢市场而受到大家的欢呼，因为业绩大幅跑输市场而受到大家的讥笑，其实，这两种相反的评价，却是同样不公平。原因是，只做小盘成长股的基金能大幅跑赢市场，只是因为一波市场行情顺风顺水，整个市场特别看好小盘成长股；而大幅跑输市场，只是因为碰到一波市场行情逆风逆水，整个市场特别不看好小盘成长股；前面这两种相反的情况，都是外部市场行情因素的变化所致，与基金业绩和基金经理的能力没有多大关系。○

每一次投资委员会和外聘基金经理定期开会，一开始都应该简短回顾这个外聘基金经理也认同过的投资使命，看看是不是有必要调整一下投资目标或投资基本方略。如果投资委员会作为客户和外聘基金经理都没有提议需要修改投资使命，那么双方应该明确地再次确认以前的投资使命不变。

如果作为客户的投资委员会，或者外聘基金经理，想要提议修改投资使命，其改变的提议以及支持改变的依据，必须提前准备好，并分发给每一位与会人员，列为这个会议的准备文件之一，这样每个参加会议的人员都能在会议之前好好研究，全面深入思考拟商议的改变。讨论投资使命是否需要改变和如何改变，这将会成为会议中最重要的一个议程，这当然一点也不奇怪。

讨论具体的投资组合运作，就是买入和卖出具体的个股等证券，应该只是在例外的基础上，而且应该十分简短。投资委员会与外聘基金经理的定期会议上，这部分不应该是"有趣的"。客户不应该接受那些讲得

○ 有一个经典的案例，说了正确运用业绩数据有多么难，AR&D 公司是一个风险投资基金，在 1967 年投资了数据装备公司（Digital Equipment Corporation），规模很小，而且几乎纯粹是偶然的投资，却极其成功，对整个公司的业绩影响很大。AR&D 公司决定投资，只是因为公司觉得有道德上的义务，去支持一位麻省理工学院教授创业。这位教授认为，AR&D 公司已经承诺过了，会从财务上支持他去创办一家企业。正是靠这一笔小小的偶然投资，AR&D 公司明显跑赢了主要市场股票。如果没有做这一小笔偶然的投资，AR&D 公司成立后这 20 年的历史业绩就会跑输市场。

绘声绘色的股市如战场的交易故事，或者是讲到具体某只股票的简要分析。这些个股故事很有趣，但是讲这些只能带来娱乐，不能带来什么启发。相反，会议讨论投资操作的这个议程，应该是直截了当地确认一件事：外聘基金经理有没有合理地、忠实地遵循双方共同认同的投资基本方略，回顾投资操作和重新确认投资使命，应该只用上 5 分钟。如果用的时间超过 5 分钟，肯定是有什么地方出错了，就像美国拍的那些太空片一样，"休斯顿，我们遇到一个问题。"要么是投资使命不清晰，要么是投资业绩结果偏离了投资使命。

到此为止，会议时间还剩下一些时间，如果外聘基金经理是一个"主动管理型"基金经理的话，通常剩下来的会议时间，不会少于两个小时，最好你把这两个小时，全部用在深入思考和具体讨论一两个重要的话题上，可以从那些对投资委员会和外聘基金经理都很重要的话题之中选择一两个，目的是让双方进一步共同理解主动管理型基金经理的投资理念和投资流程。讨论的主题可以包括：影响投资组合策略的重大经济发展变化，支持投资组合重仓投资的研究，某个具体行业的投资吸引力发生变化，之所以讨论这些话题，最重要的目的，是为了能让投资委员会深入了解外聘基金经理的投资操作思考过程，也是为了有充足的时间进行真正的实质性讨论和提问。

业绩表现评估的终极价值，就是形成清清楚楚的定性质量评估。主动管理型基金经理对自己投资决策的解释合情合理吗？主动型基金经理这个季度的投资行动，跟他以前开会说的话前后一致吗？作为一个深思熟虑又很有兴趣的客户，你要看看你对外聘基金经理能力、知识、判断的信心有多大，随着你们双方讨论得越来越多，你对这个外聘基金经理的信心是越来越多，还是越来越少？投资委员会的各位成员，应该非常重视这些软的定性因素分析，因为一次又一次的经验表明，往往就是在这种定性分析中，发出最好的信号，这是在警告你，有个真正的麻烦第一次冒出了苗头，相比之下，后面还要过很长时间，那种硬的定量因素分析才会发现这个问题，那个时候小麻烦就已经变成明显的大问题了。

至少一年一次，投资委员会应该坦诚地回顾你们机构的总体财务状况，这正是你们基金的投资组合要去适应的大环境。与此类似，外聘基金经理应该每年拿出来一部分会议时间，讲讲自己所在的基金公司在专业上和业务上的发展战略，特别是重点讲讲他们基金公司有哪些长期基本方略，投入了哪些人力物力去提升专业能力水平。

会议不应该用来空谈那些大而无用的东西，但是经常有人喜欢简短回顾投资界那些大事件，说的人自以为指点江山，其实归根到底根本没有实际意义，因为都是一些非常肤浅的评论，比如：经济发展前景展望，最近利率变化，回顾股票组合行业板块配置权重的小小变化，快速回顾债券投资组合的质量评级的小幅调整，最后总结出来一些听起来很有趣的"高见"，来点评几个具体的投资决策。这些评论好听却无用，其实没有真正深入分析过去做出来的任何一个重大投资决策，却占用了不少会议时间，本来这些宝贵的时间可以用来严肃认真地讨论一些重要的主题，而这些主题将来对于投资组合可能会持续产生重要影响，所以对于投资委员会和外聘基金经理双方保持良好的长期合作关系也非常重要。

每次会议召开之后，都要写一份会议纪要，包括会议的要点、事实数据、各方表达的观点，两三页就可以了，写好之后分发给每个参加会议的成员，留作未来使用和参考。有一个很好的建议是，投资委员会作为客户应该和外聘基金经理轮流来写会议纪要。

有的投资委员会，既没有精通投资专业的专职员工，也没有投资经验丰富的专职员工，肯定有很强的理由去做指数投资，这样的投资委员会有四个层面的操作决策要做：

第一，外聘基金经理要不要换，通常的预期是不换。

第二，如果投资委员会定期评估之后，结果认定一个基金经理的业绩表现为"有待复核"，那么就应该严格地分析支持和反对采取行动的理由。要特别小心和注意不采取行动的理由。经验表明，最好的决策通常是反直觉的，你要分配更多资金给最近跑输市场的基金经理。为什么？因为你们精心选择出来的主动管理型基金经理跑输市场，往往只是因为基金经理的风格暂时不受市场青睐，而市场波动情况反复无常，后面市场情况变化，变得有利于这个基金经理的投资风格，他就会再次跑赢市场。投资委员经常会抛弃他们本来应该保留下来的基金经理，却转向投资最近刚刚完成一波最好业绩表现的基金经理，其实这种操作就是低位卖出又高位买入。换基金经理的成本很高，特别是你们终止合作的基金经理后来业绩做得很好，而新近雇用的基金经理已经到达巅峰，在你选择与其合作之后业绩开始大幅下滑，少赚加上多亏，你这样转换亏大了。

第三，继续委托其管理投资的外聘基金经理，你分配给他们管理的资产规模和管理期限，需要改变或者需要大幅调整吗？

第四，资产混合配置的长期投资基本方略，应该改变吗？如果不需要的话，那么暂时大幅度偏离是否合适？如果你的回答是"否"，那么这次会议的正式部分就结束了。

按照这个召开会议的议程，只有出现例外情况才要做出决定。会议决定采取行动，应该次数很少，而且间隔时间较长才会出现一次，因为你已经严格认真地做了功课，知道你真正的目标，而且你做出的决定，既符合你们制定的合情合理的长期投资基本方略，也符合每个外聘基金经理的具体投资使命。你已经做好长期的决策，就不需要再做什么变化了，就算需要变化，也为数很少。

好多工厂的生产过程连续不断，管理者追求的都是运行良好的连续生产过程，投资管理也应该追求达到这样的管理水平，形成运行良好的连续投资过程。在每一个生产过程连续不断的工厂中，有经验的管理者都知道，运行良好的连续生产过程，有个标志，就是根本没有什么"有意思的事情"出现，因为出现任何一个"有意思的"事情，都代表出现了一个问题。一个工厂的连续生产过程管理得很好，就不会出现问题，也就不需要调整。其实投资管理就是本身就是一个连续生产过程，持续的时间非常长，会持续好几年到好几十年，所以也应该学习工厂管理连续生产过程的经验，努力达到不出问题，也不需要调整。不幸的是，大多数主动管理型基金经理，并没有形成一个有条理又纪律严明的投资流程，可以持续用上很多年。

在工厂连续生产过程管理上，我学到的最宝贵一课，来自一次实地调研一家化工企业，这是一个化工行业巨头，下属有十几家大型化工厂，我全部都去看了。每到一家化工厂，都是由这家公司的一位高级管理人员弗瑞德陪同我参观，提前告诉我这家工厂主要看什么。只有最后一次例外。快到最后一家化工厂的时候，这位公司高管说："查尔斯·埃利斯先生，这一次参观，就是你的期末考试。我不再像前面看那十来家工厂那样，提前告诉你这家工厂主要看什么，这是最后一次参观工厂，我什么也不说。等我们结束参观之后，期末考试就开始了，我会问你一个重要的问题。"

过了一个小时，参观结束了，这位公司高管问了我他准备好的那个重要问题："你有没有看见什么有意思的事情？"

我想了老半天，也想不出来，我实在没办法了，最后只好老老实实地说："没有，什么有意思的事情也没有，我什么有意思的事情也没有看到。"

"什么也没有吗？"

"是的，什么也没有。"

"恭喜你，你的期末考试成绩是优秀。"

"为什么啊，弗瑞德？"

"因为这里根本不会看到什么有意思的事情，这恰恰正是任何一个工厂连续生产过程本来应该有的样子。"

这里有一些问题，投资委员选聘外聘基金经理时，可以问问对方：

第一，你的投资管理理念和流程，在过去10年里有没有改变过？为什么？未来10年会不会有改变？

第二，过去10年你有没有换过基金公司，以提升你的投资专业能力，提升你管理基金的资产规模？

第三，你有没有改变过你的业务发展策略？未来会不会改变？为什么？

第四，你有什么企业领导人培养计划和接班人计划？

第五，你们基金公司负责投资管理的和负责业务拓展的核心人员，薪酬水平有多少？这是如何决定的？

做好笔记，记录下来这些回答，未来你可以用来前后比较，同样的问题，或者类似的问题，你得到的回答有什么不同（因为这个方法实在太有效了，所以这个方法尽管简单，却已经用了好多年了，可能用了有好几百年了，苏格兰投资信托的高管，还有日本人，一直在用）。

如果你决定终止和一个外聘基金经理的合作，给你自己做一件好事，就是承认这一点，这次合作失败，也许并不是那个外聘基金经理的失败，也许是你们投资委员会的失败。所以你们先不要着急到处找一个新的外聘基金经理来替代，你先抽出时间和精力去好好想想，你们如何能够做好选择外聘基金经理这种事，让你能选择好每一个外聘基金经理，能合作好每一个外聘基金经理。

因为指数基金很方便买到，成本很低，你再用外聘多个主动管理型基金经理这个方式去实现可流通证券分散投资和减少风险，就没有正当理由了。只用一个简简单单的指数基金，就完全可以做到，轻松容易，成本很低。

不管你们捐赠基金采用的是什么样的支出规则，都要服从两个极其重要的基本原则。第一，设定可以长期持续保持的支出水平，大牛市投资收益率高的时候能持续保持，大熊市投资收益率低的时候也能持续保持。第二，支出比率要和投资收益率之间保持一定的差异，这部分收益要回到基金里再投资，让捐赠基金足以完全吸收通货膨胀对货币购买力的侵蚀作用，确保捐赠基金本金的购买力不会缩水。

一家企业年金基金精算时的年化收益率假设，或者一个捐赠基金的支出规则，应该根据投资业绩结果来决定，而不是用其他方式来决定。捐赠基金的理事会，作为受托管理人，从来不应该让花钱的愿望或者"需要"决定投资管理的操作或者投资基本方略。

通过清楚地区分管理工作和治理工作，最佳实践投资委员会表明，好的治理可以提供长期投资基本方略框架，并确保工作环境适合外聘基金经理做好工作，能够帮助负责具体投资操作的基金经理把工作做得更高效。

谁应该加入最佳实践投资委员会？

大学等组织的首席财务官，特别应该加入投资委员会，即使不加入也要经常跟投资委员会碰面，确保投资委员会理解这个组织在财务上面临的困难和挑战，包括近期的和长期的困难和挑战。

投资委员会需要的成员，其选择标准是，既能深入思考，又见多识广，既有能力也有时间、精力做出判断，这种判断只能来自多年积累的投资经验，所以每一个投资委员会的大多数成员，都应该有相当深厚的投资经验。

投资委员会其他少数成员，可以根据投资经验之外其他方面的理由来挑选，比如非常了解这个机构和机构的财务状况。

投资委员会所有成员，都应该表现出良好的判断力，对人、对概念、对组织都要有良好的判断力，而且每个成员都应该是"能够和别人很好地合作共事"。

投资委员会各位成员的服务期限，应该错开，而且事先计划好。每个人每届任期5年到6年，可以延续任职一届甚至两届，这样能帮助投资委员会静悄悄地去除不合适的成员，包括那些出工不出力的人，还有那些不愿意继续出力的人。投资委员会成员应该各式各样，背景、年龄、性别、经验、技能都应该各有不同。最佳实践投资委员会的任期，应该平均为6年到8年。从各类工作团体的有效程度来考虑，6年到8年这个平均年限证明是最佳的。任期少于6年到8年，经常意味着，成员之间彼此太陌生，不能互相熟悉了解，就不知道如何成为一个好的"共同聆听者"，如何作为一个真正的团队一起工作。任期长于6年到8年，就意味着，成员之间已经没法再仔细聆听对方说话了，你一开口我就知道你要说什么了。

投资委员会通常是一年四个季度开会四次，要专注于做好治理，而不是企图去做管理，应该抓大放小，组织治理是大事，投资管理是小事，这有两个原因。第一，在现在快速多变的资本市场里，投资委员会每个季度才聚会一次，并不适合做出投资操作层面的具体决策。第二，即使是投资委员会组织得最好，领导得最好，也会发现，他们要履行实现组织治理良好的责任，充满挑战，其中主要包括：设定合适的风险水平限制，设定最佳的投资基本方略和投资目标，就投资组合的资产配置结构和管理人达成一致意见，确保聪明睿智地选择外聘基金经理，在市场过度乐观和市场过度悲观焦虑的时候，都能坚持稳定的投资路线不动摇，制定合理的支出规则，和基金理事员全体成员以及财务委员会全力合作，以确保捐赠基金在整个机构的财务治理中充分扮演好自己合适的角色。

尽管所有的投资委员会都对良好的长期投资收益率很有兴趣，但是最佳实践投资委员会知道，他们第一个优先考虑的重要事项，必须一直是管理风险，特别是在市场一片乐观看涨的时候，大家都很容易忽略风险，这时候风险往往最大，最需要管理好风险。

投资委员会和每一个外聘基金经理的合作持续时间都希望是长期，理想情况下，是永远。相伴到永远听起来不现实。但并非如此。改换外聘基金经理的成本，对于周转率高的主动管理型基金来说，远远不止大家经常说的3到5个百分点的交易成本。除了这些基金转换成本，还有其他隐性的成本，本来投资委员会和机构管理层应该好好工作，严格履行自己真正的责任，就是和最好的外聘基金经理发展形成超一流的合作关系，但是如果来回更换外聘基金经理，就无法好好合作了，就会产生一些看不见的隐性成本。

尽管投资委员会都把更换外聘基金经理的原因归咎于外聘基金经理，但是真正的责任人是投资委员会自己，他们选择聘用外聘基金经理时没有耐心，有的时候只是花上短短一个小时听候选人讲讲PPT就定下来了，比"快速约会"还要快速。此后，由于投资管理委员会最主要的考虑是获得相对市场来说"好的业绩"，就是追求跑赢市场获得较高的超额收益，因此他们就会重复不断更换外聘基金经理，这样自然会增加外聘基金经理和投资委员会成员的挫败感。双方都知道，肯定会有一个更好的合作方式。有一种行为方式，很容易导致基金经理这些投资管理领域的专业人士错误理解好的机构治理，就是从投资交易开始，或者是只专注于投资交易。正常的投资交易不是治理良好的机构会关注的事儿，就像在战争中，开枪射击并不是将军关注的事儿。就像我们在影片《巴顿将军》中看到的那样，将军的工作是后勤、训练、组织。

如果你们的基金投资组合资产规模很大，包括好几个类型的资产，每一个类型的资产，都聘用了多个很专业也很投入的基金经理来具体管理投资，那么投资过程中明显会涉及大量交易，涉及具体的投资决策，这些投资决策基于复杂的信息，还基于对不确定性的估计。最好的投资管理流程，其实是精心设计出来的流程，能够呈现出最高质量水平的竞争力。

卓越的投资管理，是一个设计良好的连续过程。这也是为什么超一流投资管理的第一个维度就是从容不迫地控制和管理风险，第二个维度就是从容不迫地管理流动性，流动性是风险的一个分支。只有先把这两个维度的事处理妥当，然后，追求超一流业绩这个事，才能进入投资委员会关注的焦点。

投资委员会做得很好的治理，所承担的责任是，确保管理层理解这一系列的优先考虑，并根据这一系列的优先考虑来采取行动，为此要深刻地认识到，机构治理的目标是吸收、培养、留住一流的投资人才。可持续性是每一个卓越组织文化的主要衡量维度。领导层的继承，应该总是自然地过渡，水到渠成。最终，投资管理是一个连续生产过程，投资管理组织的正确领导者，首先是一个服务型领导，服务就是领导，领导就是服务。

投资委员会专注于聘用和开除外聘基金经理，注定要跑输市场，这有两个方面的原因。第一，这样组织安排会犯下错误，因为这么一个团体，每个季度才定期开一次会并做出决策，而能用来开会讨论决策的时间，只有半个小时到一个小时，而且决策的依据，只是从一个极其复杂的过程中，抽取短短一小段时间的样本，所以，这样做决策，几乎肯定会出现错误。抽样出来做检查分析的样本，和所有样本总体相比，实在占比太小了，说是九牛一毛也不算夸张。第二，这样做的投资委员会，把大部分时间都用在聘用和开除外聘基金经理上，就会只剩下很少的时间，去提出和探索更重要的长期问题，如果投资委员会明白实现机构实现良好治理的真正工作是什么，那么就会集中时间和精力去处理下面这些重要的长期问题：

第一，这个外聘基金经理有没有具备必需的技能、经验、信息，去实现投资委员会选择的投资目标，不是一次，而是一次又一次实现目标？如果不能的话，你有没有看出来，你们这个机构在投资管理流程的设计安排上有什么问题，或者你是否知道需要修复的问题是什么，如何修复这个问题？

第二，外聘基金经理的技能，在每一个更加重要的维度上，是在提升还是下降？按照相对的衡量指标，而不是绝对的衡量指标，投资委员会和外聘基金经理合作的过程，是在不断改善，还是在不断变差？

第三，投资委员会是不是专注于最佳的投资时间期限跨度？5年、10年、甚至更长，也许才适合评估外聘基金经理所在基金公司的组织发展情况。必须采用10年以上的更长期限，来评估你们的核心投资基本方略。

第四，我们生活在一个投资者必须竞争才能获得最好的外聘基金经理的世界，投资委员会是否创造了"不公平"的竞争优势？

第五，作为外聘基金经理的客户，你们是不是拥有，而且是不是值得拥有，一个大明星一样的"最佳客户"名声？如果让众多外聘基金经理来对客户进行评比排名，你们这家机构能够得到的排名能有多高？你们能不能排名第一？如果还不能排名第一，你们是不是很清楚如何才能

"最大幅度地改进以提升自己的排名"？

第六，你们是不是有一个精心设计的战略，去争取已成为外聘基金经理的"最佳客户"？你们是不是搞清楚了，需要去做些什么才能成为最佳客户，你们有没有客观地给你们自己这个组织评比排名，就像让外聘基金经理来给你们这些机构客户来评价排名一样？你们没有雇用的外聘基金经理会如何评估你们这个组织？

买指数基金，做指数投资，明显的优势就是低费率和低成本，但是更低的投资成本不如更好的投资业绩重要。更好的投资业绩不如下面这两件事重要，指数投资让投资委员会关注真正重要的两件大事：一是做好不同资产类型的混合配置，二是制定好长期投资基本方略。

最后再说一句：你加入一个投资委员会出上一份力，为你喜欢的组织服务，应该是投入的，开心的，满足的。要是你们的投资委员会不是按照这三条标准来衡量各位成员的服务，你就要改变了。如果你不能改变投资委员会的衡量标准，那就辞职走人，加入别的投资委员会，奉献你的服务。做到最佳实践的投资委员会，设计的就是要在这三个维度上都能获得成功。这需要领导人花很多功夫思考，深思熟虑，做好领导工作，是很辛苦，但是这也有很多乐趣。

| 附录 B |

东方快车谋杀案

阿加莎·克里斯蒂,很多年来都是世界上很受欢迎的侦探小说作家[⊖],她的侦探小说,总爱跟读者玩猜谜的游戏,她会创造出来一个令人惊奇的谜题,来挑战读者:"你能解开这个谜题吗?",其巅峰之作就是《东方快车谋杀案》。书中的线索指向各个方向,但是却没有一个确定的答案。最终情节更加复杂,赫尔克里·波洛,这个足智多谋的比利时大侦探,在本书中巧妙地引导读者得出一个很明显的最终结论:不止一个嫌疑人有罪,所有嫌疑人都有罪。

同样的实际情况,也许可以解释,为什么美国公募基金和其他机构投资者始终不能达到他们追求的投资目标,获得超一流的业绩表现,也就是说打败市场,跑赢市场。美国公募基金的表现总是令人失望;顺着线索寻找原因,指向数量众多的嫌疑人,他们之中每一个人都有可能是凶手。

⊖ 克里斯蒂女士写了 66 本侦探小说,还有 11 本短篇小说集,这些书的总销量超过了圣经和莎士比亚戏剧。

基金投资者的无心之举加剧"业绩表现不能够达到预期目标"这个问题，因为很多基金投资者把业绩目标定得非常高，他们对基金的业绩预期从投资管理的角度来看根本不现实，然后他们还会去买那些波动性高的基金，其付出的基金管理费实质就是聘请基金经理帮自己管理投资，因为这些波动性很高的基金最近业绩看起来更好。尽管从统计学上看，让超过25%的人排名都在前25%是根本不可能的，但是却有超过50%的基金声称自己能排到前25%。读过《沃伯根湖》（*Lake Wobegon*）这部小说的人，不会对此感到特别惊讶。行为经济学家也不会对此感到特别惊讶，他们的研究表明，著名的二八定律⊖在很多自我评估上都有效。

　　公募基金给自己设定的目标是打败市场，就是跑赢基金自己选择的业绩基准市场指数。我们至少应该关注的是，跑输市场的股票型基金经理数量，是跑赢市场的基金数量的1.5倍，所以基金"拖后的平均数"让人加倍地震惊。对机构投资组合业绩表现的研究表明，按照风险调整之后的业绩，24%的基金大幅落后于他们选择作为业绩基准的市场指数，他们的阿尔法（即相对于市场平均收益的超额收益）是负的；75%的基金大致跟市场持平，其超额收益为零；只有超过1%的基金，扣除成本之后取得了统计学上显著的超额收益，不过这个业绩数字很小，差不多接近于零。[1]

　　让我们看一看证据，来搞清楚原因是什么，犯罪嫌疑人是谁。

　　接近50年的研究数据表明，大量的机构新开投资账户⊜，所选择的基金经理，都是最近短期业绩一流的基金经理，大部分机构会在这些基金

⊖ 在很多团队里，在评估自己很多方面的能力和贡献时，80%的人都自我感觉过于良好，觉得自己超过平均水平，属于排名前20%的优秀人士，但是事实证明肯定有80%的人属于排名后80%的一般人士，他们给团队的贡献只有20%。——译者注

⊜ 类似于中国的社保基金，有时会新开一些A股投资账户，由其选择的基金公司的基金经理来管理投资。——译者注

经理表现最好的那几年之后聘用他们,而这些机构会在他们业绩落后市场表现糟糕的那几年之后解雇他们(另外一个经常重复出现的负面因素是,有些类型资产或者有些子类资产的市场价格大幅上升之后,有大量资金涌入,这些资金其实都是在错误的时间选择了错误的方向进入了错误的资产类型)。这种高位买入低位卖出的行为模式,让投资者付出惨重的代价,投资成本高出来好几十亿美元。⊖

图 B-1 提供的证据,像法医解剖尸体的证据一样有力,尽管机构投资者有很多竞争优势,包括有全职的工作人员和顾问,有能力去选择那些他们觉得最优秀的基金经理,但是我们像法医解剖尸体一样,解剖一下机构投资者的业绩,却发现他们一贯跑输自己所选择市场的业绩基准指数。

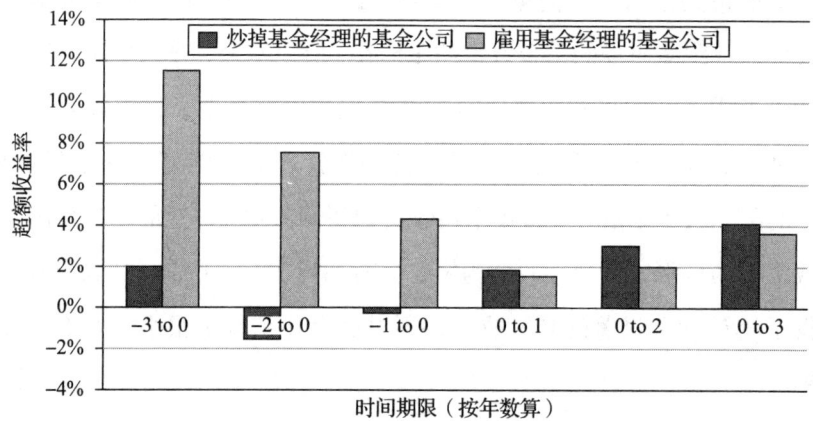

图 B-1　机构炒掉和机构雇用前后的基金经理业绩

资料来源:Amit Goyal and Sunil Wahal, *Journal of Finance* Vol. 63 no. 4. August 2008.

请注意,被炒掉的老基金经理,被雇用的新基金经理,在炒掉老的

⊖ 参见 Scott D. Stewart, John J. Neumann, Christopher R. Knittel, and Jeffrey Heisler, "Absence of Value: An Analysis of Investment Allocation Decisions by Institutional Plan Sponsors," Financial Analysts Journal 65, no. 6, November/December 2009, pp. 34–51。预计每年这样高位买入低位卖出而多增加的投资成本超过 3000 亿美元。

并雇用新的这个时间点之前，二者之间的业绩差异，在统计学上是显著的。但是更换之后，二者的业绩差异，在统计学上并不显著。简单地说，在更换基金经理之前的几年，新基金经理和老基金经理业绩差异相当大，但是更换之后的几年里，新基金经理和老基金经理业绩差异并不大。简单地说，看起来新聘用的基金经理过去业绩很好，但是实际雇用之后的业绩并不好。

有一份研究报告，研究了超过 3000 家大学捐赠基金等机构投资者，他们从外部雇用基金公司的基金经理来管理自己的资金投资。研究发现，这些机构更换基金经理，新的基金经理在得到雇用之前的那三年历史业绩相当高，相比之下，老的基金经理在被解雇之前也就是同样的那三年历史业绩相当差。这也正常，业绩不高也不会得到雇用，业绩不差也不会让人解雇[2]（将会得到雇用的基金经理，投资美国国内股票产生的超额收益相当高，得到雇用前面三年分别是 12.5%、7.8%、4.3%）。不过新的基金经理得到雇用之后的三年里，其实业绩还略低于被解雇的老基金经理。

这种差异重复发生，导致两类成本产生，随着不断重复而不断增加投资成本。很明显，影响最大的成本，并不是更换基金经理之后新基金经理比老基金经理业绩略差所带来的。这个成本微乎其微，影响最大的成本是，即将被开掉的基金经理此前三年业绩大幅落后于市场。

讽刺的是，一旦雇用了新基金经理，几乎没有人去研究为什么老基金经理的结果会这么令人失望，结果令人失望的概率又有多大。被机构客户终止合作的主动管理型基金经理也许会告诉他们自己，他们的糟糕业绩表现，只是暂时的不正常现象，会用没有事实依据的乐观主义期待以后会来一波好行情，让自己业绩好转。与此同时，机构客户告诉他们自己，他们摆脱了这些糟糕的外聘基金经理，终于解脱了，这一顿操作真是聪明又机智啊。机构投资者客户和基金经理都不能认真检查反思，不能从他们的实际经历中学习总结经验教训，那么机构投资者作为基金经理的客户，其基金投资业绩持续落后于市场的问题还会继续存在。○

如果客户确实检查了他们过去的投资经历，他们就会看出来，最大的成本来自他们在这件事上冒的严重的风险，就是他们想方设法努力辨别哪个基金经理将来能创造出来一流的投资业绩。但是根据过去的业绩表现去辨别哪个基金经理看起来未来最有可能获得超一流的业绩表现，只会加大失望的概率，因为过去的业绩表现，不管看起来多么有说服力，实际上都无法预测未来的业绩表现。

有一个幽灵，游荡在主动投资管理的世界，就是指数基金。指数基金这个"大宗商品"的管理费率非常低，它能持续提供和市场相同的收益，承担与市场相同的风险，这意味着主动管理型基金经理只有在跑赢市场时，才能创造出真正的增量价值，但是我们知道，大多数基金经理根本做不到打败市场，特别是长期来看。正如在 23 章中我们解释过的那样，从经济学基本原理出发，一分价钱一分货，多给一分货才能多收一分价钱，主动管理型基金的真实边际成本，应该是用主动管理型基金相对指数基金多收的增量管理费，对比其相对指数基金多创造的增量收益来衡量。3 按照这种正确的经济衡量指标来看，主动型投资管理服务，向客户收取的增量费用（即其高于指数基金的收费部分），远远超过其为客户创造的增量价值（即其超过指数基金的收益部分），让客户多掏的钱大大高于客户多赚的钱，也许是天底下唯一能让客户愿意出钱买的亏本服务（懂得区分真实成本和表面成本的人会提醒我们注意，一只小宠物狗

○ 社会科学家已经认识到这种现象，称之为埃托雷观察或排队悖论。这是观察排队等候服务时换队的后果而发现的有趣现象。我们大多数人都有过类似的经历，就是柜台排队的讽刺现象：你到银行办理业务，柜台只有两三个窗口，你先排了一个队，后来你等得不耐烦了，觉得另外一个队速度更快一些，于是就换过去，结果却看到你原先排的那一队变快了好多，而你后来换到的这一队反而变慢了。

的真实成本，远远不止是你购买小狗的价格。一艘游艇的真正成本，也远远不止是你付给经销商的价格）。

真正的基金管理费，要和指数基金进行比较，用增量管理费占其创造增量价值的百分比来衡量，这样一算，主动管理型基金收到的基金管理费其实超过了基金经理所创造增量价值的100%。⊖

越来越多的客户认识到，基金的管理费和运作成本，才是基金业绩持续跑输市场这个问题的主要原因，特别是在现在高度专业化的市场上更是如此。一个残酷的讽刺现象是，实在有太多主动管理型基金经理投资技能太高，太勤奋努力，太精明能干，结果他们聚合在一起的共识完全主导了整个股票市场。只有极少数投资专业人士才能够战胜市场上所有专业人士形成的共识，可令人难堪的是，机构投资人根本不知道哪个主动管理型基金经理能跑赢市场。因为只有10%的主动管理型基金经理能长期排名在前25%。根据数学计算，只有10%的主动管理型基金能跑赢指数基金，所以只要你投资指数基金，你的收益就会超过90%的基金经理，成为大多数投资者眼中的"赢家"。

对于谁是基金系统性持续跑输市场的罪魁祸首，基金经理有着重大嫌疑。过去30年来，我和全球多家大型基金公司合作过，包括欧洲、亚洲、整个北美，和这些大型基金公司一起制定业务发展战略，后来我就认识到，基金业绩长期持续跑输市场，最主要的犯罪嫌疑人，只能是基金经理。

"犯罪"的间接证据是充分的。我们大家都知道，主动管理型基金经理很有才华，勤奋努力，训练有素，一心一意深入研究投资，全心全意努力做好投资，他们深深地相信他们工作很有价值（行为经济学家称

⊖ 令人吃惊的是，有的指数基金甚至追踪的也是标准普尔指数，收取的管理费率却非常高。

之为熟悉偏见）。最终几乎每个主动管理型基金经理都屈服于现实利益，这种事大家是可以理解的，给客户讲PPT推广新产品新业务，召开季度会议向客户展示他们的历史业绩记录，都是精心包装过的，只展示出亮点。㊀在历史业绩走势图中展示的年份，都是专门挑出来的那些业绩特别好看的年份，这样能给客户留下最好的印象，用来对比的业绩基准，也通常是精心挑选出来的，原因一样，还是为了让自己的业绩显得最好看。

还有另外一个线索表明，基金公司作为投资管理人，要为基金业绩持续跑输市场而负责。这个线索是，基金公司的投资哲学和决策制定流程不管具体实施的时候会是多么复杂，只从文字表述来看，都表述得过于简化了，是用精心选择出来的数据来证明，说得简明扼要，简洁有力，好像放之四海而皆准的"普遍真理"，谁一听都只能表示信服。基金公司这样来引导潜在客户和现有客户相信，每一个管理人都已经在投资理念发展形成了令人信服的竞争优势，能在基金业绩竞争的战斗中胜出。没有一家基金公司会坦诚地说，现在投资管理变得多么难，因为上市公司公开披露的信息数量猛增，券商严格的研究分析报告数量激增，大量优秀人才加入投资管理行业，导致基金经理的竞争对手成倍增长，原来有些信息，只是主动管理型基金经理才能得到的这些内幕信息，可以说像是烹制美食的"秘密调料"，过去这是主动管理型基金经理的独家竞争优势，但是现在由于证券法强制公平披露，加上互联网的快速传播，公司信息已经变得越来越大众化、商品化了。

尽管很多基金经理希望靠优秀的业绩来为公司"打天下"，但务实的投资者会怀疑他们主要还是受经济利益驱动：抢夺新客户，留住老客户。最近30年来，我和基金公司等200多家投资管理机构合作过，各个国家

㊀ 就像美国超级歌星平·克劳斯贝（Bing Crosby）唱的那首歌表达的那样，他们最终"强化那些正面的，消除那些负面的"，不要"搞成没有主见的中间派"。

的都有，规模大中小都有，能看到很多基金客户看不到的幕后情况，这让我的观点越发倾向于那些求真务实者怀疑基金公司等投资管理机构经济利益至上的看法。近距离地观察基金公司等投资管理人的企业竞争力排名，提供了一个很有说服力的案例：我们一次又一次重复看到这样的现象，尽管有时基金公司知道，他们最近实现的超一流的基金业绩只是一时的，未来想要继续创造出来这样辉煌的业绩是极其困难的，但是基金公司一看最近的业绩数据特别好看，就会特别努力地到处宣传，猛发新的基金产品，赢得更多的市场份额。你不发新基金，别的基金公司也会发，我们业绩这么好，为什么不趁机多发新基金？求真务实的人认识到，这些基金公司趁着最近业绩特别好的时机，大力宣传老基金的好业绩，趁机多发新基金，就会赢得更多市场份额，在业绩不佳的时候有技巧地拖住客户，就能留住更多的客户，保住更多的市场份额。所以如果你问那些观察者"谁干的？"，导致机构投资者买的基金业绩不佳的罪犯是谁？证据就会指向基金公司。

不过，经过反思，我认识到还有另外一群嫌疑人也必须考虑进来，他们就是投资顾问。㊀客户付给他们钱，请他们监督现在手上持有的基金，并帮忙选择新的基金，当然，首先要开掉业绩不佳的基金。大多数投资者平时工作和生活都很忙，也不是很懂基金投资，他们的看法是，聘请一位专门评估数百个备选基金公司的专家是有意义的，他们可以系统地评估基金的"业绩表现"数据，定期与基金的核心人员见面交流，严格地比较基金经理实际行为与过去的承诺。投资顾问看起来一心一意为客户的最高利益着想，能够做出广泛又深入的基金评估，而且他们是

㊀ 客户到银行、券商、互联网平台这三大渠道买基金，这三家机构向客户推荐基金，买了之后，帮助监控、评价、分析基金，其实就是基民买基金的投资顾问。中国目前基金销售渠道以银行为主。——译者注

"独立的",能够提出客观公正的建议。

但是一个求真务实的人会注意到,投资顾问也是一门生意。尽管投资顾问确实想要帮助自己的客户取得很好的基金投资业绩,但经济利益因素几乎不可避免地会影响他们对专业化的追求。在一家投资顾问公司里,一旦完全覆盖掉评估基金经理和编写数据库的研究成本之后,每年新增基金账户带来的增量盈利超过90%。因为客户关系管理得好,能继续保持很多年,所以,客户新开基金账户的经济价值,并不只是开户第一年能收到的费用,而是未来很多年能够持续收取费用的净现值。所以投资顾问公司的管理者非常关注的是自己和基金客户的业务关系。每一位一线经理优先考虑的是:不要损失任何客户的基金账户。最终,这样优先考虑必然会主导每一家投资顾问公司中的每个人的行为。

如果你认为你的投资顾问,肯定有办法持续地辨别出来哪些基金经理有超一流的投资能力,能在未来实现超一流的业绩;哪些基金经理能力不行,其未来业绩会令人失望,这样就能及时告诉你卖出预期业绩不好的基金,买入预期业绩很好的基金。你要是这样想,就太天真了。更为明智的业务发展战略是建立一个强大的防御体系,鼓励每个客户分散投资不同的基金公司。"多多益善"地分散投资很多家基金公司的很多只基金,这样更能保护投资顾问业务,不管哪一只基金的业绩表现不好,因为分散投资,其给客户造成的损失都有限,也不会损害投资顾问与客户的关系,也就不会损害投资顾问未来能收的基金手续费。

投资顾问所在机构从经济利益上讲会专注于保住最大数量的客户基金账户,并尽可能让这些基金账户保留下来的时间越久越好。这些机构利益与客户的长期主要利益并不完全一致。尽管合作双方都不希望出现这种情况,但是你本来就应该预期到,机构和客户的行为之间肯定会发生利益冲突。

当然，采取这种基金投资组合分散化的投资策略，会导致基金客户持有多家基金公司多个基金经理管理的很多只基金，基金数量多了，其中一两只基金做出来的业绩令人失望，这种事情发生的可能性就增加了。这也会让投资者更加依赖投资顾问来监督这些基金经理以及备选的基金经理，如果现在持有的基金业绩下滑或者失败，就从备选的基金中选择加到投资组合中。同时监督这么多基金经理是很困难的，投资者不得不依赖投资顾问来提供相关信息和专业评估，甚至是做决策。

投资顾问越学越精明，为了让客户最后下定决心选择基金，他们只给客户看那些最近业绩特别好看的基金，而不给客户看那些最近业绩"令人失望"的基金，这样还要费上半天劲给这个基金经理辩护，给基金客户留下不好的印象，给自己扣分。想想看，有哪个投资顾问会这样来给你推荐一家基金公司："尽管这家基金公司最近的业绩表现不太理想，但我的专业意见是，这家基金公司有一个非常强大的投资团队，并且在市场环境不利于其风格的情况下也经受住了考验，我们相信他们未来会取得一流的业绩。"

最后，每年追踪哪些基金公司赢得客户，哪些基金公司失去客户，分析历史记录，结果表明，投资顾问的客户总是追着业绩买基金，看到基金最近几年业绩表现特别好会继续买入基金，看到手上持有的基金业绩表现特别不好就会卖出基金。所以证据指向这个结论：就是这些投资顾问干的。他们是造成投资者业绩不佳的主犯，即便不是主犯也至少是帮凶。

可是你要是更加认真仔细观察分析，就会发现，怀疑的对象指向另外一个方向：就是投资者自己，包括个人投资者和投资机构高管。作为投资管理人的基金公司很久以前就知道，一定要找那些社交能力特别强的人做销售员，代表基金公司去和基金客户打交道，这些基金销售代表有很强的能力达成交易，基金公司付给基金销售代表很高的薪酬，就是让他们来干这个活的，而且这些基金销售人员下定决心要赢得基金客户的单子，不达目的决不罢休。⊖这些基金公司的销售人员肯定会完全说服一些投资机构高管和个人投资者买下基金，其实这些买基金的投资机构高管和个人投资者本身也没有什么错，没办法，这些销售人员的销售能力实在太强了，你肯定会让他们说服下单买基金的。买基金产品，实质上买的是基金公司的投资管理服务，大多数投资者并未自己主动挑选投资服务，而是被强行推销了这些服务。最容易相信推销话术的时候，往往正是基金业绩表现最好达到历史顶峰之时。所以，一个求真务实的人不管内心多么不愿意，也只好得出这个让自己十分沮丧的结论：投资业绩不佳的主犯就是投资者自己。

但是，你不要这么快就下结论。我在亚洲、北美、欧洲和中东的多个投资机构的投资委员会任职过，其基金投资规模从1000万美元到4000亿美元不等。我已经看到了证据，而且多年下来有相当明显的可持续性，这些证据指向另一个令人感到吃惊的罪犯，就是这些机构的投资委员会。尽管投资委员会的成员，不管是个人，还是集体，都是完全出于好意，但是导致投资业绩不佳的罪犯，可能正是这些机构的最高投资决策机构，投资委员会。

很多投资委员会运作的方式，并没有反映出投资市场的巨大变化，而这些变化导致很多传统的投资观念都变得过时了（尤其是那些由经常担任投资委员会成员的高层人士所秉持的过时理念）。尽管完全并非故意，但很多机构的投资委员会错误地界定了他们的投资目标，而且投资委员会的组织方式也适得其反，会产生破坏长期投资业绩的负面效果。

⊖ 为什么不再直接从基金公司那里得到投资咨询，而是转身从基金销售机构那里提到投资咨询，有一个解释是这样的，也许是因为机构使用了数量更多而且更加专业的基金，所以他们明显想要区分开两种功能，找独立的投资顾问来监督基金公司和基金经理，就像找外部的审计师来监督本公司财务人员出具的财务报告。

正如莎士比亚说："亲爱的布鲁特斯，错误不在于我们的命运，而在于我们自己。"

但是不管你如何诱导，投资委员会的成员最多只会承认，经过客观地检查多年累积的证据之后，投资业绩不佳，投资委员会是有责任的，但并不是负有全责的，他们还有很多共犯。主动管理型基金公司和基金经理、投资顾问和咨询人员也都是有过错的。没有哪个人是无辜的，他们全都难辞其咎。

故事结尾时常常会有一个大转折，完全出乎意料，对于阿加莎·克里斯蒂侦探小说的很多读者来说，这正是让他们特别喜欢的地方。在基金投资人的投资业绩不佳这个案件中也是如此，没有人会承认自己在这一罪行中所扮演的角色。所有的嫌疑人都说他们工作很努力，都发自内心相信自己是无辜的。他们都不承认自己在犯罪活动中的角色。甚至根本没有人意识到一场犯罪活动已经实施过了，也没有人意识到除非他们自己审视了证据，并认识到自己是其中一个主动参与犯罪活动的角色，否则导致业绩不佳的主动管理行为将来还会继续实施。

参考文献

1. Laurent Barras, Olivier Scaillet, and Russ Wermers, "False Discoveries in Mutual Fund Performance: Measuring Luck in Estimated Alphas," *Journal of Finance* 65, no. 1, February 2010, pp. 179–216.
2. Amit Goyal and Sunil Wahal, "The Selection and Termination of Investment Management Firms by Plan Sponsors," *Journal of Finance* 63, no. 4, August 2008, pp. 1805–1847.
3. David F. Swensen, *Unconventional Success: A Fundamental Approach to Personal Investment* (New York: Free Press, 2005).

| 附录 C |

书目推荐

如果你想读更多的书，那么正如我所愿，我在这里给大家推荐 14 本书，你会发现这些书很有意思，值得一读。

1.《伯克希尔－哈撒韦公司年度报告》(Berkshire Hathaway Annual Reports)。沃伦·巴菲特，近几十年来全球公认最成功的投资大师，每年都会在年报里用带有几分幽默又非常坦诚的风格向股东解释他和搭档查理·芒格在做什么，为什么这么做。这 50 多年巴菲特所写的年报既有趣味性又极具教育意义，是给所有人的投资公开课。伯克希尔公司的年度股东大会也非常有名，巴菲特会用六个小时来回答提问，和巴菲特写给股东的信一样很坦诚，一样很风趣，一样很有教益。伯克希尔公司当年及历年年报，以及巴菲特历年致股东的信㊀，可以到伯克希尔公司官网上查阅：www.berkshirehathaway.com。

㊀ 巴菲特授权劳伦斯·坎宁安教授将 50 余年《巴菲特致股东的信》之精华内容整理编撰出一部精要版图书，书名为《巴菲特致股东的信》(The Essays of Warren Buffett)，该书甫一出版便登上各类推荐书单并成为超级畅销书，推荐各位读者阅读。——译者注

2.《聪明的投资者》(*The Intelligent Investor*)。本杰明·格雷厄姆公认为投资管理行业的奠基人。他的经典著作《聪明的投资者》是一本"高级入门书"。杰森·茨威格，堪称投资界最受欢迎的评论家，写了一本《聪明的投资者》点评版，在格雷厄姆原书每章后面加上一篇点评，结合现代证券市场的发展提出了很多见解和观点。如果你想要了解更深入、广泛、严谨的内容，可以阅读格雷厄姆和多德的《证券分析》，很多人经常按照两位作者的名字称这本书为"格雷厄姆和多德证券分析"。《证券分析》共出了 6 版，被视为专业投资者的"圣经"

3.《跳着踢踏舞去上班》(*Tap Dancing to Work*)。这是巴菲特的多年好友、《财富》杂志记者卡罗尔·卢米斯编辑并点评的一本文集，收集了《财富》杂志上多篇关于巴菲特的深度报道，还包括巴菲特本人写的几篇文章。

4.《博格投资：最初的 50 年》(*John Bogle on Investing：The First 50 Years*)。约翰·伯格是先锋基金的创始人，是个人投资者权利的保护者，也是一位一生推广指数基金的斗士，他思维清晰、文笔出色、见解丰富。博格讲解的很多基金投资常识值得我们好好珍惜，好好运用。

5.《机构投资的创新之路》(*Pioneering Portfolio Management*)。作者大卫·史文森是耶鲁大学捐赠基金极为成功的首席投资官。这本书详细阐述了如何利用完全现代化的方式管理一个规模巨大的免税投资组合。大卫·史文森既不用难懂的专业术语，也不用复杂的数学公式，在书中提供了许多明智的思考和判断，认真的业余人士也完全能够读懂这本书。这本书是迄今为止关于专业投资的最佳著作。史文森深入又细致地分析了耶鲁大学捐赠基金运作的方方面面，把背后的逻辑说得清清楚楚，分析解读得周密严谨，又清晰易懂，吸引甚至迫使其他机构就以下核心问题给出自己的答案：

▶ 你们的战略投资组合结构是怎样的？为什么？

▶ 你们如何挑选投资管理人？为什么？

▶ 你们的支出准则是什么？为什么？

▶ 你们的投资委员会具体承担哪些职能和责任？为什么？

6.《思考，快与慢》(*Thinking, Fast and Slow*)。这本书是丹尼尔·卡尼曼的行为经济学名著，内容精彩，引人入胜。经济学家过去一直认为我们人类的行为是完全理性的，卡尼曼在书中解读了自己和其他著名行为经济学家做的研究，这些研究的结果表明，我们人类的行为根本不像经济学家过去所认为的那样理性，而且我们的非理性行为具有高度的连贯性和可预测性。

7.《乌合之众》(*The Crowd*)。本书首次出版是在很久以前了，它描述了当理性的聪明人加入群体时，或者更糟糕的是成为乌合之众中的一员时，就会失去理性和个性。投资者常常会表现出乌合之众的"群体性行为"，从而导致泡沫的产生和恐慌的出现。

8.《你唯一需要的投资指南》(*The Only Investment Guide You'll Ever Need*)。作者是安德鲁·托比亚斯。这本书通俗易懂，毫无高高在上的姿态，它内容详尽、直截了当、生动有趣，销量已超过 150 万册。

9.《漫步华尔街》(*A Random Walk Down Wall Street*)。伯顿·马尔基尔的《漫步华尔街》是每个投资者都应该阅读的书。这本书销量超过 200 万册，是一部非常畅销的引人入胜的投资指南，讲的是所有投资者都应该知晓的东西，介绍了所有最出色且最有用的投资研究成果，告诉你如何充分利用这些投资研究成果做好你自己的投资。这本书直接呈现了普林斯顿大学最受欢迎的教授的真知灼见。

10.《投资者文选》(*The Investor's Anthology*)。这是查尔斯·埃利斯

编辑整理的一本文集。书中汇集了具有重大影响力的经典文章，这些文章提出了知名的见解和观点，为专业人士"敲响了警钟"。

11. 指数革命（*The Index Revolution*）。查尔斯·埃利斯在这本书里告诉读者，随着市场在很多方面发生巨变，积极的主动投资者如何转变为指数基金投资者，我希望尚未采用指数投资方式的投资者能好好阅读这本书，然后做出自己的决策。

12. 投资的常识（*The Elements of Investing*）。这是伯顿·马尔基尔和查尔斯·埃利斯合著的一本简短明了的投资指南，能满足投资新手的所有现实需求，仅需不到两个小时就能轻松读完。

13. 投资革命（*Capital Ideas*）。这是彼得·伯恩斯坦写的一部精彩的投资思想史，读来令人心情愉悦，书中讲述了一系列才华横溢的投资理论探索者如何改变了投资者思考投资的方式。

14. 卑微的金钱（*HumbleDollar*）。这是约翰逊·克莱门兹提供的最新投资评论精选，每天都免费发布在网上。

推荐阅读

2025全新传记
巴菲特股东大会重磅推荐

巴菲特亲笔著述授权出版的
书籍只此一本

分类	书号	书名	定价
托德·A.芬克尔作品	978-7-111-78278-0	沃伦·巴菲特：从投资家到企业家	99元
坎宁安作品	978-7-111-73935-7	超越巴菲特的伯克希尔：股神企业帝国的过去与未来	119元
	978-7-111-59210-5	巴菲特致股东的信：投资者和公司高管教程（原书第4版）	128元
	978-7-111-67124-4	巴菲特的嘉年华：伯克希尔股东大会的故事	79元
哈格斯特朗作品	978-7-111-74053-7	沃伦·巴菲特：终极金钱心智	79元
	978-7-111-66880-0	巴菲特之道（原书第3版）	79元
	978-7-111-66445-1	巴菲特的投资组合（典藏版）	59元
	978-7-111-74897-7	查理·芒格的智慧：投资的格栅理论（原书第2版·纪念版）	79元
巴菲特投资案例集	978-7-111-64043-1	巴菲特的第一桶金	79元
	978-7-111-74154-1	巴菲特的伯克希尔崛起：从1亿到10亿美金的历程	79元
王冠亚作品	978-7-111-76114-3	我读巴芒：永恒的价值	118元